全国高职高专计算机立体化系列规划教材

JSP 应用开发项目化教程

主　编　王志勃　徐义晗　杨　晔
参　编　冯　刚　毕艳茹

北京大学出版社
PEKING UNIVERSITY PRESS

内 容 简 介

本书以房屋交易信息网上发布平台、BBS 论坛、通用 POS 进销存系统 3 个完整项目为载体，以工作任务为驱动，将 JSP 知识与技能融入项目开发中。本书介绍了 JSP 开发环境的配置、Web 项目的创建与发布、JSP 基本语法、JavaBean 技术、隐式对象的使用、Servlet 编程、MVC 三层架构设计、自定义标签、项目安全以及当前在 Web 开发中比较热门的 Ajax 技术。在教学内容的组织上，3 个项目由简单到复杂循序渐进，同时融入了软件工程的设计思想，弥补了学生只会做具体技术而忽略了项目整体设计的不足。

本书共 10 章 33 个任务(详见附录 1)，每个任务均按照任务描述、任务分析、掌握技能、任务实现、项目经验 5 个环节展开讲解，力争做到知识适度够用、易于掌握。其中项目经验是编者多年项目开发的心得体会，对初学者会有比较大的帮助。本书同时提供免费的电子教案与项目源代码供使用者参考。

本书适合作为高职院校计算机专业的教材，也可作为有一定程序知识基础的读者的自学教材，对于从事 JSP 应用开发的新手也有一定的参考价值。

图书在版编目(CIP)数据

JSP 应用开发项目化教程/王志勃，徐义晗，杨晔主编. —北京：北京大学出版社，2011.7

(全国高职高专计算机立体化系列规划教材)

ISBN 978-7-301-18947-4

Ⅰ. ①J… Ⅱ. ①王…②徐…③杨… Ⅲ. ①JAVA 语言—程序设计—高等职业教育—教材 Ⅳ. ①TP312

中国版本图书馆 CIP 数据核字(2011)第 099825 号

书　　名：JSP 应用开发项目化教程
著作责任者：王志勃　徐义晗　杨　晔　主编
策 划 编 辑：李彦红　刘国明
责 任 编 辑：李彦红
标 准 书 号：ISBN 978-7-301-18947-4/TP・1171
出　版　者：北京大学出版社
地　　址：北京市海淀区成府路 205 号　100871
网　　址：http://www.pup.cn　http://www.pup6.com
电　　话：邮购部 62752015　发行部 62750672　编辑部 62750667　出版部 62754962
电 子 邮 箱：pup_6@163.com
印　刷　者：河北滦县鑫华书刊印刷厂
发　行　者：北京大学出版社
经　销　者：新华书店
787mm×1092mm　16 开本　13.5 印张　306 千字
2011 年 7 月第 1 版　2011 年 7 月第 1 次印刷
定　　价：26.00 元

前　言

作为 J2EE 技术规范的一部分，JSP(Java Server Page)技术已经成为一种广泛使用的 Web 开发手段，能够快速开发出安全、高效、跨平台的应用系统。JSP 的优势在于开发跨平台且具有良好扩充性的应用系统，许多大型商业系统、政府网站、电子商务等都采用基于 JSP 及其后续技术进行开发与实现。本书基于 Servlet 2.5 技术规范，应用 JSP 相关技术，通过项目驱动教学，在知识的选取上采用适度够用原则，按照任务的需要组织安排讲解顺序，这种做法能够更好地体现出知识的实用性，让读者在完成任务的过程中掌握相应的知识与技能。

1. 内容介绍

本书分别以房屋交易信息网上发布平台、BBS 论坛、通用 POS 进销存系统 3 个完整项目作为学习主线，采用任务驱动教学方法，内容由浅入深、循序渐进、层次分明，使初学者能够按照书中的任务向导，一步一步地完成学习内容。

工作情境一为完成房屋交易信息网上发布平台的系统实现，章节包括第 1 章 JSP 开发环境的配置、第 2 章项目分析与原型设计、第 3 章创建房屋信息系统、第 4 章房屋交易信息网上发布平台的 JSP 实现和第 5 章使用 JavaBean 实现房屋信息管理。在这个过程中主要以 JSP 的配置环境与开发工具、项目系统分析与设计、网页布局与原型设计、JSP 的基础语法、隐式对象的应用等知识内容为主。在熟练掌握基础知识之后，通过对网上房屋交易信息发布平台项目的实际开发达到掌握 JSP 基本知识的目的。

工作情境二以 BBS 论坛为开发主线，章节包括第 6 章使用 Servlet 实现 BBS 论坛和第 7 章使用 JSTL 与 EL 重构 BBS 视图层。在这个项目中，将使用 Servlet 技术实现 MVC 三层架构，同时在页面中使用 JSTL 标签和 EL 表达式简化视图层的设计，使用自定义标签丰富页面操作。第二部分的教学重点为实现 MVC 设计思想，在第一部分的基础上向前发展了一步，任务规范更加接近行业实际要求。

工作情境三为实现通用 POS 应用系统，章节包括第 8 章 POS 系统分析与设计、第 9 章项目安全处理和第 10 章富客户端技术应用。在前两个项目所应用技术的前提下，使用 Filter 过滤器实现项目的安全管理，使用数据库连接池技术实现对数据库的访问，使用 Ajax 技术实现页面无刷新的便捷操作。

2. 本书特点

特点一，本书以真实的项目开发过程为原型，将 JSP 各方面的知识融入软件开发过程中，开发过程按照软件工程开发模型进行设计。将 3 个项目设计成 3 个典型的工作情境，每个情境由若干个任务组成。3 个工作情境层层递进，应用的技术逐渐加深。

特点二，配套资源齐全。每个项目都配有完整的项目代码、数据库设计等项目资源，同时，还配有与教程对应的 PPT 资源，方便学生和培训机构使用。

特点三，在项目开发和程序设计过程中，对容易出错的地方加有“注意”、“项目经验”、“知识拓展”等提示信息，方便读者学习，并将编者多年的 J2EE 项目开发经验融入本书与读者共享。

3. 使用对象

本书适用于 JSP 的初、中级读者使用，其中的项目开发设计过程和项目经验对于高级用户也有借鉴作用。本书可作为大中专院校的 JSP 课程教材，书中完整的项目代码与丰富的数字化资源会使初学者收到事半功倍的效果，同时本书中的任务也可作为初级程序员项目开发的参考。

本书由淮安信息职业技术学院王志勃、徐义晗、杨晔主编，淮安信息职业技术学院冯刚、毕艳茹参编。第 1～2 章由杨晔编写，第 3～8 章由王志勃编写，第 9～10 章由徐义晗编写。冯刚、毕艳茹参与了本书的项目开发与多媒体课件的制作工作。在本书的编写过程中得到了淮安信息职业技术学院计算机系有关教师及其他院校同行的大力支持，在此对他们为本书的出版做出的努力表示衷心的感谢。同时，在本书的编写过程中借鉴了有关参考文献，在此对文献的作者表示诚挚的感谢。

在编写过程中，我们以严谨的态度、科学的方法，对书中的每段代码的实现都经过了认真调试、仔细斟酌，力求将最贴切的案例展示给读者。但由于水平有限，书中疏漏之处在所难免，敬请广大读者批评指正，我们将虚心接受。我们的服务邮箱是 wzbbyr@163.com，同时，也真诚地感谢各位读者选用本书，希望我们的付出能为你的成功提供有益的帮助。

编　者

2011 年 1 月

目录

第1章 JSP 开发环境的配置

学习提示

本章主要完成项目开发环境的配置，通过搭建开发环境达到熟悉相关软件安装、使用的目的。本章将介绍如何配置 JDK、Tomcat、MyEclipse 等开发环境与工具，重点介绍各个工具软件和系统环境的设定。

工作任务

- ✧ JDK 开发环境的安装
- ✧ Tomcat 服务器的安全和配置
- ✧ 简单 Web 项目的创建与发布

技术要求

- ✧ 熟练安装 JDK、Tomcat、MyEclipse 相关软件
- ✧ 能够在 MyEclipse 下创建 Web 项目
- ✧ 了解 Web 项目结构

专用单词

JDK(Java Development Kit)	Java 开发工具箱
Tomcat	一种 Web 服务器
Workspace	工作空间

1.1 开发环境配置

1.1.1 JDK 的安装

JDK(Java Development Kit)是整个 Java 的核心，包括 Java 运行环境、Java 工具和 Java 基础的类库。任何 Java 应用程序都需要 JDK 的支持，因此掌握 JDK 是学好 Java 和后续知识的第一步。目前，主流的 JDK 是 Sun 公司发布的 JDK，可以登录 Sun 公司的网站 http://java.sun.com/javase/downloads/index_jdk5.jsp 进行下载。

【任务 1.1】 JDK 环境的安装

【任务描述】 下载 Java 开发环境工具包 JDK 并安装到电脑中。

【任务分析】 该任务锻炼学生动手上网查找资料的能力，并且根据下载的 JDK 软件进行安装调试，最终达到可以运行 Java 程序的目的。

【掌握技能】 通过该任务应该掌握如下技能。

(1) 了解 JDK 的下载、安装过程。

(2) 测试 JDK 是否能正常应用。

【任务实现】

第一步，下载 JDK(略)。

第二步，双击下载好的 JDK 5.0 安装文件，进入安装页面，按照向导提示进行安装。在安装过程中，最好将安装目录由默认路径改成 C:\jdk1.5.0_05\，以方便今后设置，之后单击[下一步]按钮继续安装 JRE(Java Runtime Environment)，同样，修改安装路径为 C:\jre1.5.0_05\。

设置运行环境参数：右击【我的电脑】，选择【系统属性】命令，选择【高级】选项卡，如图 1.1 所示，单击【环境变量】按钮，具体页面如图 1.2 所示。

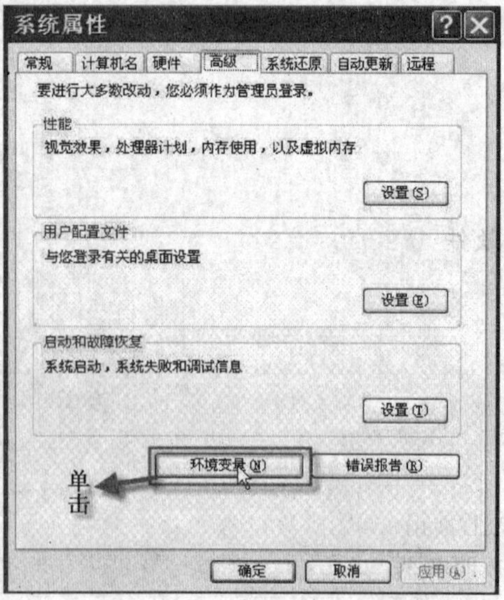

图 1.1　Java 系统环境变量配置

图 1.2　系统环境变量的创建与编辑

(1) Java 路径的配置：JAVA_HOME= C:\jre1.5.0_05。

(2) Java 相关启动文件搜索路径的设置：Path=%JAVA_HOME%\bin。

(3) Class 路径的配置：CLASSPATH=%JAVA_HOME%\lib。

JAVA_HOME 环境变量的值就是 JDK 所在的目录，一些 Java 版的软件和一些 Java 的工具需要用到该变量，设置 Path 和 CLASSPATH 的时候也可以使用该变量以方便设置。

Path 指定一个路径列表，用于搜索可执行文件。执行一个可执行文件时，如果该文件不能在当前路径下找到，则依次寻找 Path 中的每一个路径，直至找到。Java 编译命令(javac)、执行命令(java)和一些工具命令(javadoc、jdb 等)都在其安装路径下的 bin 目录中，因此应该将该路径添加到 Path 环境变量中，以方便令后在任何地方执行与调用。

CLASSPATH 也指定一个路径列表，用于搜索 Java 编译或者运行时需要用到的类。在 CLASSPATH 列表中除了可以包含路径外，还可以包含 Jar 文件。Java 查找类时会把这个 Jar 文件当作一个目录来进行查找。通常，需要将 JDK 安装路径下的 jre\lib\rt.jar 包含在 CLASSPATH 中。

第三步，测试 JDK 是否安装成功。在命令行窗口下，输入 java -version 命令可以查看到安装的 JDK 版本信息；输入 java 命令，可以看到此命令的帮助信息；输入 javac 命令可以看到此命令的帮助信息。

【项目经验】JDK 是面向开发人员使用的 SDK，它提供了 Java 的开发环境和运行环境。SDK 是 Software Development Kit 的首字母缩写，一般指软件开发包，可以包括函数库、编译程序等。安装 JDK 就是在本地机上安装一个 Java 虚拟机，它为你所编写的 Java 程序提供编译和运行的核心环境。在 JDK 安装完成后，要对目录下的各个文件夹有所了解，具体列举如下。

(1) /bin/——JDK 中所包含的可执行文件、一些命令行工具，包括 Java 编译器的启动命令。

(2) /lib/——系统环境 Jar 包目录，里面有个 tool.jar，它包括支持 JDK 的工具和实用程序的非核心类。dt.jar 是 BeanInfo 文件的 DesignTime 归档，BeanInfo 文件用来告诉交互开发环境 IDE 如何显示 Java 组件以及如何让开发人员根据应用程序自定义它们。

(3) /jre/——Java Runtime Environment，Java 程序运行环境。

(4) /demo/——演示文档、例子，可以参照学习。

(5) /include/——本地的方法文件，编写 JNI 等程序需要的 C 头文件。

(6) /src/——部分 JDK 的源码的压缩文件。

(7) /sample/——同样也是一些示例程序。

1.1.2 Tomcat 6.0 安装

Tomcat 6.0 是 Java Web 开发的必备软件，其作用是为 B/S 系统提供 Web 服务器，如同 Windows 下的 IIS。类似的 Web 服务器还有很多，如 WebShpere、WebLogical、JBoss 等。Tomcat 6.0 可以到 Apache Tomcat 官方网站下载，地址是 http://tomcat.apache.org/，在该网站还可以下载到 Tomcat 的前期版本。

【任务 1.2】Tomcat 6.0 安装

【任务描述】下载 Tomcat 6.0 服务器软件并安装到计算机中，调试配置使 Tomcat 服务器能够正常工作。

【任务分析】Tomcat Web 服务器是 JSP 应用开发的基础运行环境，除了要安装 JDK 外，必须有一款 Web 服务器支持 JSP 的运行与发布。Tomcat 6.0 是一款比较稳定的服务器，适用于中小型项目及学习使用。

【掌握技能】通过该任务应该掌握如下技能。

(1) 掌握 Tomcat 的下载、安装方法。

(2) 服务器的启动、停止，测试 Tomcat 服务器。

【任务实现】

第一步，双击下载好的 apache-tomcat-6.0.18.exe 安装文件，进入到安装界面，接受协议并选择默认安装组件后进入安装目录选择界面。建议修改 Tomcat 6.0 的默认安装目录为 C:\Tomcat 6.0，以方便今后其他相关配置对 Tomcat 的引用。单击【下一步】按钮进入 Tomcat 6.0 的 HTTP 端口设置，默认设置为 8080，后台管理员用户名默认为 Admin，这些参数一般情况下不用进行修改，之后依次单击【下一步】按钮完成 Tomcat 6.0 Web 服务器的安装。

第二步，安装完成后，需要测试 Tomcat 6.0 服务器是否成功安装，因此需要进入 Tomcat 的安装目录下面的 bin 目录，即 C:\Tomcat 6.0\bin\，找到 startup.bat 文件，双击运行启动 Tomcat 服务。启动后会出现如图 1.3 所示的运行窗口。

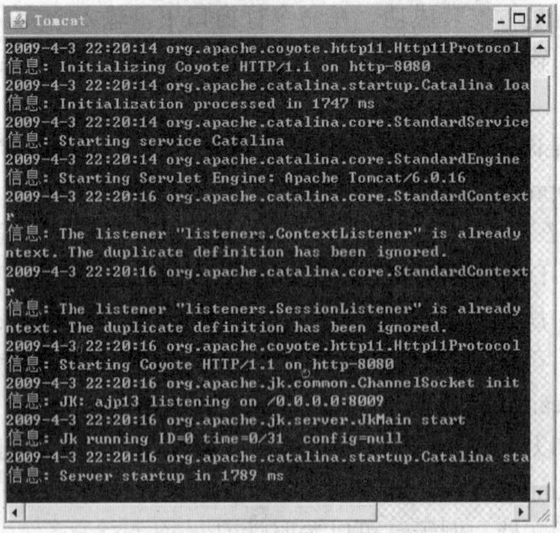

图 1.3　Tomcat 运行窗口

服务启动后打开 IE 浏览器，在网页地址栏中输入：http://localhost:8080/启动 Tomcat 的主页，若能正常显示，如图 1.4 所示，说明 Tomcat 安装正确、服务正常。

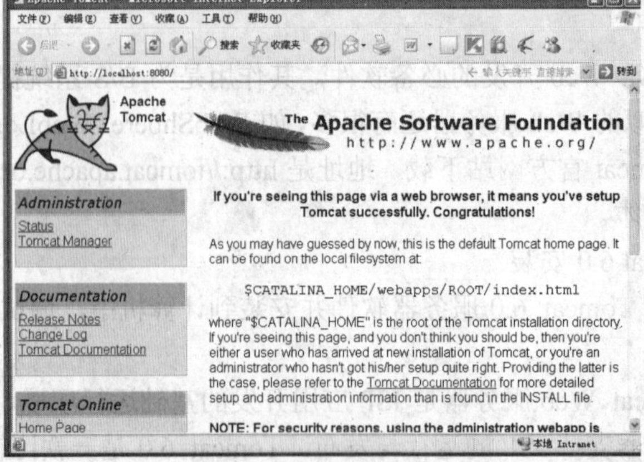

图 1.4　服务器启动后 Tomcat 的主页

【项目经验】Tomcat 服务器目录结构

要使用 Tomcat 作为 Web 服务器，就要对 Tomcat 有比较全面的了解。首先，要对 Tomcat 安装目录下面的子目录的功能和作用有一定的了解。下面就以 Tomcat 6.0 为例，列出其子目录的各项功能。

(1) \bin\——Tomcat 中的一些可执行文件和批处理文件，用于启动、停止服务等。

(2) \cong\——存放 Tomcat 中的各种全局配置文件。

(3) \lib\——Tomcat 运行库文件。

(4) \logs\——运行日志。

(5) \temp\——临时目录。

(6) \webapps\——项目发布目录。

(7) \work\——存放 JSP 编译后生成的 Java 代码和 class 类。

1.1.3 MyEclipse 开发工具

MyEclipse 是众多 Java 开发工具中的佼佼者，受到广大 Java 程序员的青睐，同时，也是大多数公司开发项目的首选工具。早期，MyEclipse 作为 Eclipse 的插件，为 J2EE 应用程序开发提供了 IDE 开发环境。目前，MyEclipse 6.0 作为独立安装文件存在。在 MyEclipse 中主要提供了 J2EE 项目的开发平台和 J2SE 应用程序的开发平台，同时，还提供了 UML 设计、数据源管理、项目版本控制(CVS)等多种功能。

MyEclipse 企业级工作平台(MyEclipse Enterprise Workbench，简称 MyEclipse)是对 Eclipse IDE 的扩展，利用它可以在数据库和 J2EE 的开发、发布以及应用程序服务器的整合方面极大地提高工作效率。它是功能丰富的 J2EE 集成开发环境，包括了完备的编码、调试、测试和发布功能，完整支持 HTML、Structs、JSF、CSS、JavaScript、SQL、Hibernate。

在结构上，MyEclipse 的特征可以分为以下 7 类。

(1) J2EE 模型。

(2) Web 开发工具。

(3) EJB 开发工具。

(4) 应用程序服务器的连接器。

(5) J2EE 项目部署服务。

(6) 数据库服务。

(7) MyEclipse 整合帮助。

对于以上每一种功能，MyEclipse 中都有相应的功能部件，并通过一系列的插件来实现功能的扩展。MyEclipse 结构上的这种模块化，可以让人们在不影响其他模块的情况下，对任一模块进行单独的扩展和升级。简单而言，MyEclipse 是 Eclipse 的插件，也是一款功能强大的 J2EE 集成开发环境，支持代码编写、配置、测试及除错，MyEclipse 6.0 以前的版本需先安装 Eclipse，然后再安装 MyEclipse 插件。从 MyEclipse 6.0 以后，版本安装时不需安装 Eclipse。

1.2 Web 项目的创建

1.2.1 创建 Web 项目、规划项目结构

【任务 1.3】Web 项目的创建

【任务描述】在完成 JDK 与 Tomcat 软件安装后，使用 MyEclipse 创建一个简单的 Web 项目，最终能够发布运行该项目。

【任务分析】该任务通过在 MyEclipse 中创建第一个 Web 项目，尝试在项目 src 中创建用于存放后台类的 Java 程序包，同时也可尝试在 WebRoot 下创建 JSP 页面。之后要掌握对项目的发布部署、启动、停止服务器服务等操作，学会在 IE 浏览器中访问创建的 JSP 页面资源。

【掌握技能】通过该任务应该掌握如下技能。

(1) 在 MyEclipse 中创建 Web 项目。

(2) 掌握、规划项目结构。

【任务实现】

启动 MyEclipse 6.0 的过程如下。

第一步，创建或选择工作空间(Workspace，工作空间)，进入后默认的视图为 MyEclipse 视图。Workspace 指出 MyEclipse 的工作目录，以后创建的项目都将保存在这个工作空间中。

第二步，选择 File|New|Web Project 命令，出现创建 Web 项目的窗口，在 Project Name 中填入项目名称如 test，单击 Finish 按钮完成。项目创建完后，形成如图 1.5 所示的项目结构。

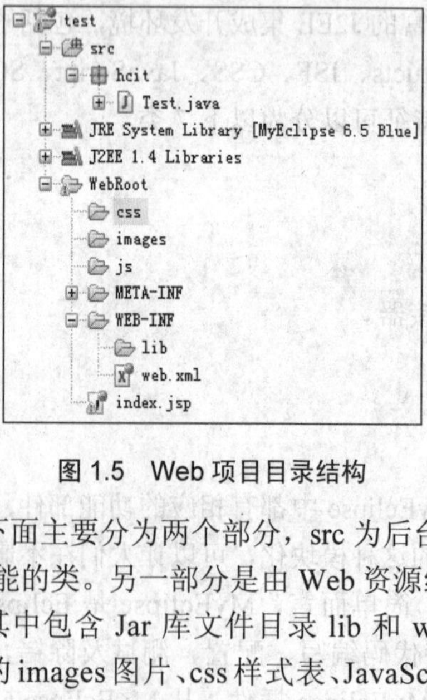

图 1.5　Web 项目目录结构

项目名称为 test，在项目下面主要分为两个部分，src 为后台类代码区，可以在 src 下面创建不同的包，用于存放不同功能的类。另一部分是由 Web 资源组成的 WebRoot 目录，主要包括 JSP 页面、Web-Inf 目录(其中包含 Jar 库文件目录 lib 和 web.xml 配置文件)，另外，用户还可以将 Web 项目中必备的 images 图片、css 样式表、JavaScript 脚本等资源放在 WebRoot 目录下。

1.2.2 项目的发布、启动和访问

项目创建完成后，可以通过发布将项目部署到 Tomcat 服务器中，这样启动 Tomcat 服务

器后即可访问项目页面。通过本节使读者能够正确使用 MyEclipse 开发环境对项目进行发布、部署，同时使用 MyEclipse 中相关配置工具管理 Tomcat 启动与停止，最终达到熟悉开发环境、熟练掌握 Web 项目创建流程的目的。

【任务 1.4】项目发布、启动和访问

【任务描述】通过使用 MyEclipse 集成开发工具实现对 Web 项目的发布、服务器的启动和项目的访问。

【任务分析】Tomcat 服务器可以选择 MyEclipse 6.0 自带的，也可以选择在 1.1.2 节中安装的 Tomcat 6.0 服务器，建议选用后者。

【掌握技能】通过该任务应该掌握如下技能。

(1) 掌握在 MyEclipse 中发布项目、启动停止服务器操作。

(2) 观察 MyEclipse 控制台启动停止信息。

【任务实现】

第一步，外置 Tomcat 6.0 的配置。选择 MyEclipse 菜单中的 Window|Preferences 命令，进入到配置环境界面，在左边的工具条中，展开 MyEclipse Blue Edition 目录树下的 Servers，单击 Tomcat，如图 1.6 所示。

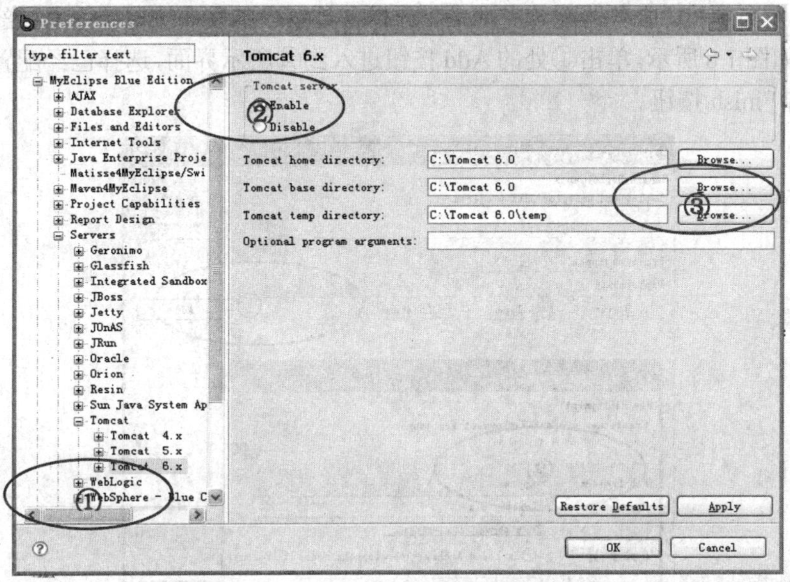

图 1.6　Tomcat 在 MyEclipse 中的配置

其中，在①处选择有应用的 Tomcat 的版本 Tomcat 6.0，②处选择 Enable，③处选择计算机中 Tomcat 6.0 的安装根目录，在弹出如图 1.7 所示对话框的④处单击 Tomcat 6.x 前面的加号，选择 JDK，⑤处单击 Add 按钮，出现⑥，单击 Browse 按钮，找到 JDK 的安装目录，选择完成后，单击 OK 按钮，结束服务器的配置。

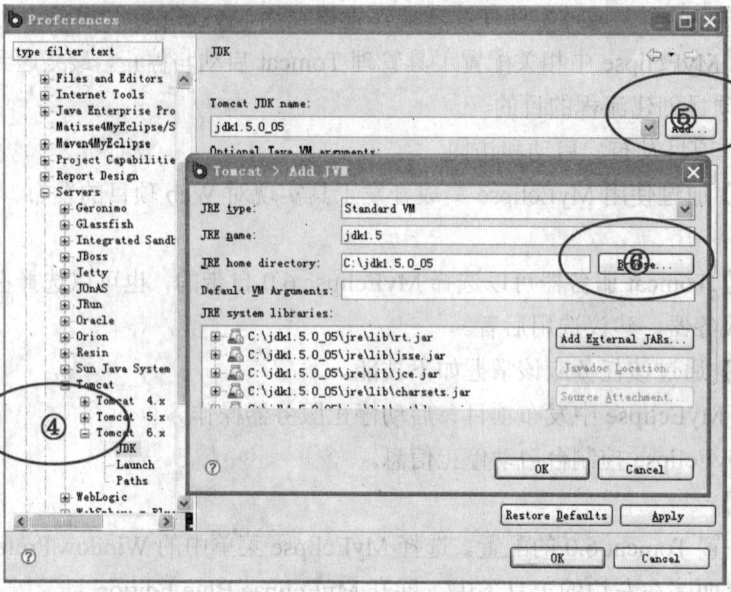

图 1.7　Tomcat 参数配置

第二步，发布项目。服务器配置完成后，选择工具条中的发布工具，将项目部署到 Tomcat 中。发布界面如图 1.8 所示。单击①处的 Add 按钮进入到②所示界面，选择已经配置好的 Tomcat 服务器，单击 Finish 按钮。

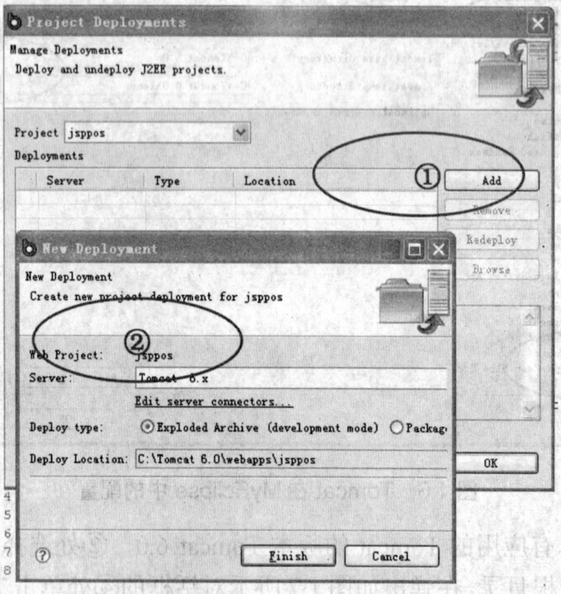

图 1.8　项目发布界面

第三步，启动服务器。项目成功发布后，选择工具条中的服务器启动工具，如图 1.9 中②所示图标，选择配好的 Tomcat 6.0 服务器，选择 Start 命令启动服务器，同时在控制台会显示启动成功信息：“信息: Server startup in 2264 ms”。

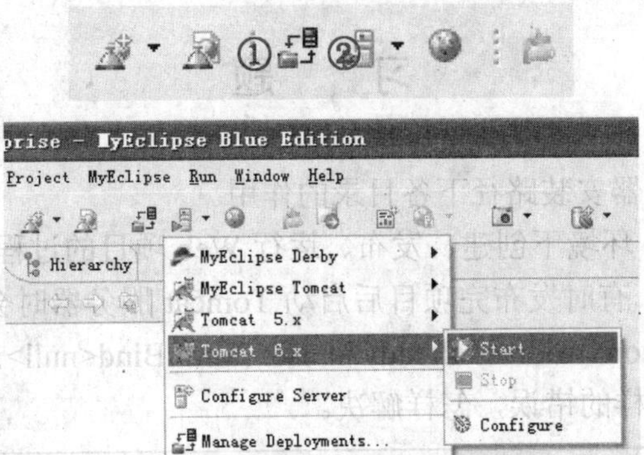

图 1.9　Tomcat 服务器启动

第四步，启动 IE 浏览器。在地址栏中输入项目地址 http://localhost:8080/test/index.jsp，启动项目，如图 1.10 所示。

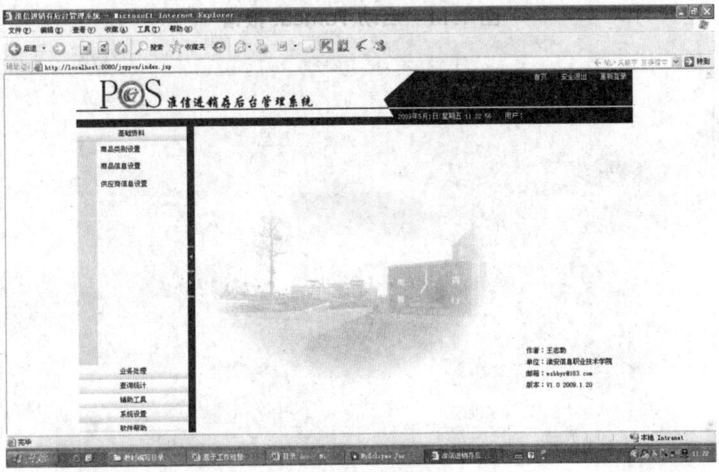

图 1.10　系统主页面

至此，Web 项目的创建和发布、启动过程就全部完成了。

本 章 小 结

本章讲述了 JSP 应用开发环境的配置、基本 Web 项目的创建过程以及项目的发布启动过程，其中重点阐述了 Tomcat 服务器的配置、启动调试方法。一般是在集成开发环境中引用安装好的 Tomcat，有些集成开发环境自身也带有 Tomcat 服务器，如 MyEclipse 就带有 Tomcat 服务器。

读者应了解 Tomcat 安装路径下各个目录的作用，如 Tomcat 中的 work 目录是用来存放编译后的 JSP 所对应的 Java 类的地方；Tomcat 下的 webapps 目录是 JSP 项目的基本根路径，所有的 JSP 项目最后都发布到这个目录下。

最后在本章中还讲述了使用集成 IDE 开发环境 MyEclipse 创建 Web 项目的基本过程。配置好 JSP 的运行环境，并熟练使用 MyEclipse 工具是学好 JSP 技术的第一步。

习　题

1．简述 Tomcat 服务器安装路径下各目录的作用。

2．归纳在 MyEclipse 环境下创建、发布、运行 Web 项目的过程。

3．在 MyEclipse 中，有时发布完项目后启动 Tomcat 服务器时会报出如图 1.11 所示的错误："java.net.BindException: Address already in use: JVM_Bind<null>:8080"，试根据所学知识和错误提示盘点这是什么样的错误，怎样解决。

```
信息: The APR based Apache Tomcat Native library which allows optimal performance in
2010-12-2 21:19:04 org.apache.coyote.http11.Http11Protocol init
严重: Error initializing endpoint
java.net.BindException: Address already in use: JVM_Bind<null>:8080
        at org.apache.tomcat.util.net.JIoEndpoint.init(JIoEndpoint.java:502)
        at org.apache.coyote.http11.Http11Protocol.init(Http11Protocol.java:176)
        at org.apache.catalina.connector.Connector.initialize(Connector.java:1058)
```

图 1.11　启动 Tomcat 报错

第 2 章 项目分析与原型设计

学习提示

本章要求掌握项目的需求分析过程，并从中提取项目功能和用户角色，形成项目功能列表，能够根据项目需求分析进行对应数据库设计，掌握项目主页界面设计制作流程，熟练使用 Photoshop、Dreamweaver 等工具，利用 Table 元素进行网页布局，掌握快速原型软件开发工作流程，在设计过程中注重 JavaScript 和 CSS 的使用。

工作任务

- ✧ 对系统进行需求分析，提取软件功能，确认系统角色
- ✧ 设计项目数据库
- ✧ 掌握页面布局，设计项目原型

技术要求

- ✧ 能够使用例图描述系统需求
- ✧ 掌握数据库表及多表关联设计
- ✧ 熟练掌握页面设计流程，使用 Table、iFrame 实现网页布局
- ✧ 能够根据系统需求，设计项目原型 Demo

专用单词

Action	动作	Form	表单
Frame	框架	Option	操作
Select	选择	Radio	单选按钮

2.1 系统需求分析

2.1.1 软件的生命周期

软件的开发要遵循一定的规律，在软件工程中将项目的开发过程定义为 6 个步骤，每个步骤都完成项目一个阶段的设计，具体步骤如下。

1. 问题的定义及规划

此阶段是软件开发方与需求方共同讨论的阶段，主要确定软件的开发目标及其可行性。

2. 需求分析

在确定软件开发可行的情况下，对软件需要实现的各个功能进行详细分析。需求分析阶段是一个很重要的阶段，这一阶段做得好，将为整个软件开发项目的成功打下良好的基础。

3. 系统设计

此阶段主要根据需求分析的结果对整个软件系统进行设计，如系统框架设计、数据库设计等。软件设计一般分为总体设计和详细设计。好的软件设计将为软件程序编写打下良好的基础。

4. 系统实现

此阶段是将软件设计的结果转换成计算机可运行的程序代码。在程序编码中必须要制定统一、符合标准的编写规范，以保证程序的可读性、易维护性，提高程序的运行效率。

5. 软件测试

在软件设计完成后要经过严密的测试，以发现软件在整个设计过程中存在的问题并加以纠正。整个测试过程分单元测试、组装测试及系统测试 3 个阶段。测试的方法主要分为白盒测试和黑盒测试两种。在测试过程中需要建立详细的测试计划并严格按照测试计划进行测试，以减少测试的随意性。

6. 运行维护

软件维护是软件生命周期中持续时间最长的阶段。在软件开发完成并投入使用后，由于多方面的原因，软件，将不能继续适应用户的要求。要延续软件的使用寿命，就必须对软件进行维护。软件的维护包括纠错性维护和改进性维护两个方面。

2.1.2 房屋交易信息网上发布平台的需求分析

【任务 2.1】房屋交易信息网上发布平台系统需求分析

【任务描述】完成对房屋交易信息网上发布平台系统的功能确定。

【任务分析】在系统需求分析阶段，以教师为主导，向学生介绍、分析房屋交易信息网上发布平台系统的功能构成，同时向学生介绍软件项目的开发过程，说明各个阶段要完成的主要任务。

【掌握技能】通过该任务应该掌握如下技能。

(1) 了解软件开发生命周期各个阶段的任务。

(2) 学会对项目进行需求分析。

【任务实现】

房屋交易信息网上发布平台是应用 JSP 技术，基于 B/S 模式开发的一套用于二手房个人交易的信息发布管理网站。通过在本网站注册，可以将个人的二手房信息发布到该网站上；有需要二手房信息的用户，可以通过查询相关信息进行浏览。本网站技术简单，实用性强，比较适合初学者进行演练和模拟。

本书将以房屋交易信息网上发布平台项目的实现作为第一学习阶段的任务驱动，从系统的需求分析入手，了解软件的开发流程，同时将 JSP 语法、指令等各方面知识融入该项目中，使学生在完成项目的同时掌握比较全面的软件开发技巧和 Java Web 相关知识。

1. 总体功能说明

本信息交易平台主要为二手房提供个人交易的信息发布、查询功能。用户可以通过注册网站用户，发布个人出售住房信息，并且可以对已经发布的信息进行修改和删除操作。任何人都可以访问本网站，通过选项查询符合条件的二手房信息。

2. 详细功能设计

根据房屋交易信息平台的业务要求，系统主要完成以下几个方面的功能。

(1) 系统用户管理：实现对系统中的用户管理，包括新用户注册、用户注销、用户登录、修改用户密码。

(2) 房屋信息管理：用户进行登录后能够执行二手房信息管理，包括二手房信息发布、已发布信息修改、已发布信息删除。

(3) 房屋信息浏览：任何访问者都可以浏览本网站，通过填入、选择检索条件进行信息查询，包括房屋交易信息查询、房屋信息查询。

本章将使用 Visio 设计工具实现对用户功能需求分析的辅助表述，绘制需求分析用例图。用例图(Use Case Diagram)是由软件需求分析到最终实现的第一步，它描述人们如何使用一个系统。用例图会显示谁是相关的用户、用户希望系统提供什么样的服务，以及用户需要为系统提供什么样的服务，以便使系统的用户更容易理解这些元素的用途，也便于软件开发人员最终实现这些元素。用例图在各种开发活动中被广泛的应用，但是它最常用来描述系统及子系统。

用例图主要包含 3 个元素，分别是参与者(Actor)、用例(Use Case)、关联关系(Association)。在绘制用例图时，主要从软件的功能出发，提取其中的用户角色，如在本系统中有普通用户、系统管理员等用户角色。用例图是 UML 统一建模语言当中的一部分，UML(Unified Modeling Language，统一建模语言)是用来对软件密集系统进行可视化建模的一种语言。UML 是为面向对象开发系统的产品进行说明、可视化和编制文档的一种标准语言。UML 建模工具有很多，目前比较常用的建模工具有 IBM 公司的 Rational Rose、Microsoft 公司的 Visio 等，有些 Java 开发工具中也能够进行 UML 模型的设计，如 JBuilder、MyEclipse 等。

3. 需求分析中的用例图描述

图 2.1 表述了普通用户在本系统中能够使用的功能为以下两个方面：首先能够通过网站的注册功能进行注册，成为网站的注册用户；其次是不需要登录就能够浏览网站上的二手房公共信息。

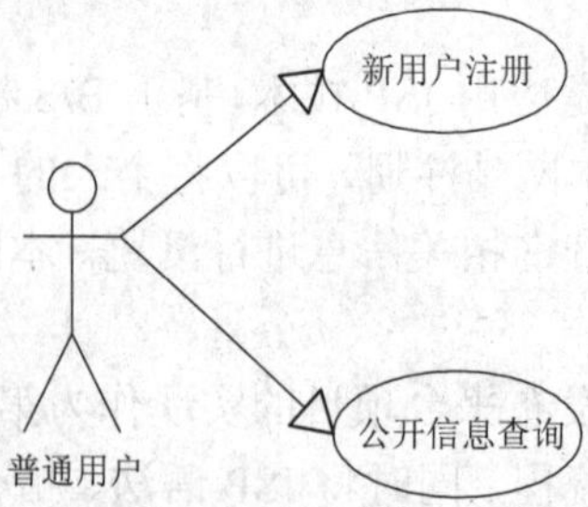

图 2.1　普通用户需求用例图

图 2.2 展示了注册用户能够实现的系统功能：用户登录、用户注销、用户退出和信息管理。信息管理中又包括信息发布、信息修改、信息删除等具体工作。

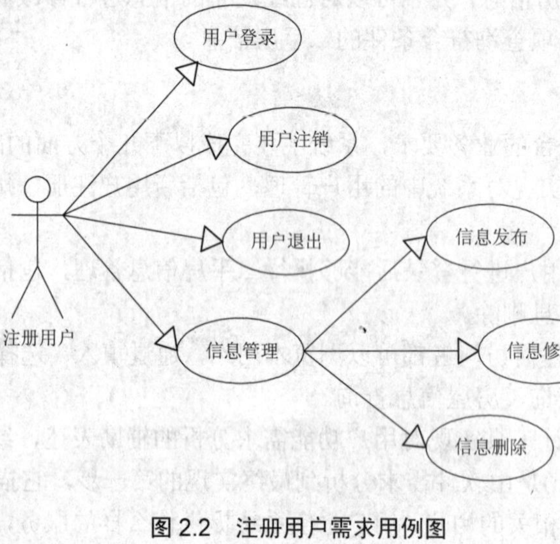

图 2.2　注册用户需求用例图

2.1.3　数据库设计

1．系统总体数据库的设计

系统总体数据库的设计包括以下 4 个数据表。

(1) userinfo——用户信息表：用于存储用户名和用户密码，见表 2-1。

(2) district——区(县)数据字典表：用于存储城市区县名称，用作软件中的数据字典进行调用，见表 2-2。

(3) street——街道数据字典表：用于存储城市街道名称，用作软件中的数据字典进行调用，同时使用 district 表中的主键作为外键，进行多表级联，见表 2-3。

(4) houseinfo——房屋信息表：用于存储发布的房屋信息，见表 2-4。

表 2-1　用户信息表

序号	字段名	字段描述	类型	长度	主键	外键	空	备注
1	user_id	用户 ID 号	int		Y		N	自增列
2	username	用户名	varchar	50				
3	userpass	登录密码	varchar	50				

表 2-2　区(县)数据字典表

序号	字段名	字段描述	类型	长度	主键	外键	空	备注
1	district_id	区县 ID 号	int		Y		N	自增列
2	district_name	区县名称	varchar	50				

表 2-3　街道数据字典表

序号	字段名	字段描述	类型	长度	主键	外键	空	备注
1	street_id	街道 ID 号	int		Y		N	自增列
2	street_name	街道名称	varchar	50				
3	district_id	区县 ID 号	varchar	50		Y	N	外键

表 2-4　房屋信息表

序号	字段名	字段描述	类型	长度	主键	外键	空	备注
1	house_id	信息 ID 号	int		Y		N	自增列
2	user_id	用户 ID 号	int			Y	N	外键
3	district_id	区县 ID 号	int			Y	N	外键
4	street_id	街道 ID 号	int			Y	N	外键
5	room	几室	int					
6	hall	几厅	int					
7	price	售价	float					
8	title	信息标题	varchar					
9	date	发布日期	datetime					
10	telephone	联系电话	varchar	50				
11	contract_nam	联系人	varchar	50				
12	area	房屋面积	float					
13	floor	楼层	int					
14	owner_name	物业名称	varchar	50				
15	owner_type	物业类型	varchar	50				
16	house_age	楼龄	int					
17	house_type	房屋类型	varchar					
18	remark	情况说明	varchar	2000				

2. 数据库各个表间关系

数据库各个表间关系如图 2.3 所示。

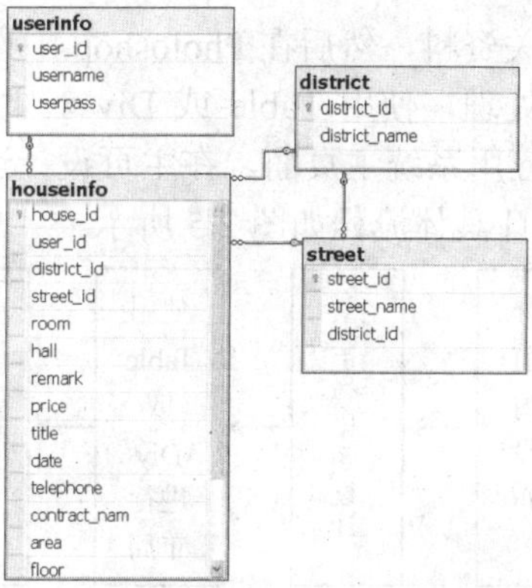

图 2.3　房屋信息数据库表间关系

2.2 项目原型设计

一般 B/S 架构的开发顺序为静态原型——视觉效果——前端功能拟合——后台业务实现。其顺序也不是直线型发展的，前 3 步应该是循环迭代进行的。在 Web 系统设计的过程中，常常使用快速原型开发模式，快速原型是一种有效的开发方法。快速原型设计方法是在软件设计之初，根据需求分析快速设计用户功能静态界面，最大限度地模拟实现需求中的设计功能。在软件开发之初最关键的步骤就是确切定义出需求，明确软件要实现的功能是什么，而这恰恰也是最困难的过程。因为现在许多用户在初期只有一个隐约的、大致的考虑，根本不可能提出具体明确的需求。这种情况下，使用快速原型反复与客户进行交流、细化需求，就成为一种更加有效的方法。一个软件的原型主要模拟重要的功能和界面，但是一般不考虑运行效率，也不考虑系统的健壮性，出错处理也考虑不多，它的目的只是为了实际描述概念中的结构，使用户能够检测与其概念的一致性和可用性。

2.2.1 系统主页模板设计

B/S 模式的应用系统主页面的设计与普通商务网站的设计流程大体相似，但在页面布局上有一些区别。在应用系统中，要有一个相对比较大的区域用作软件的操作区域，一般的布局采用以下几种模式，如图 2.4 所示。

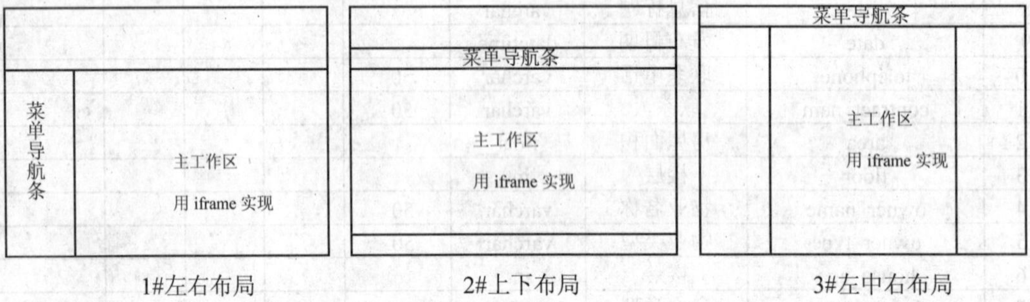

图 2.4 网页常用布局模式

系统主页面的设计流程一般有以下几个步骤：

(1) 根据系统的需求分析完成应用程序主页的策划，其中包括布局、样式、风格等各种要素的确定。

(2) 根据策划的结果收集相关资料，然后在 Photoshop 中设计整体的效果图。

(3) 通过对效果图进行切片处理，使用 Table 或 Div 对主页进行布局，并配合 JavaScript 和 CSS 样式设计出美观实用的应用系统主页面。在主页设计过程中一般要用到 Photoshop 和 Dreamweaver 工具软件。网页设计具体流程如图 2.5 所示。

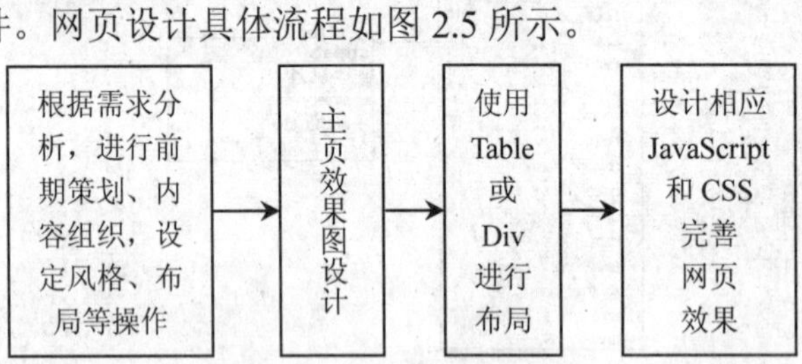

图 2.5 网页设计开发流程

【任务 2.2】房屋交易信息网上发布系统主页模板设计

【任务描述】从无到有设计完成房屋交易信息网上发布平台系统主页面，确定软件页面整体样式与风格。

【任务分析】主页面的设计一般会参照比较成熟的成功网站设计案例制定本项目主体页面设计方案。设计过程中要综合应用到 Photoshop、Dreamweaver 等网页设计软件。

【掌握技能】通过该任务应该掌握如下技能。

(1) 使用 Photoshop 设计项目界面主页效果图。

(2) 综合运用所学 HTML 知识，整合主页面。

【任务实现】

项目主页面开发的设计过程一般采用：草图设计——收集资料——效果图设计——切片处理——网页静态页面处理等几个过程，下面分别就不同的步骤进行说明。

第一步，根据系统的功能需求，选定 1#左右布局格式。首先设计网页的结构草图、收集基本素材并在 Photoshop 中设计相应的效果图形。设计好的效果如图 2.6 所示。

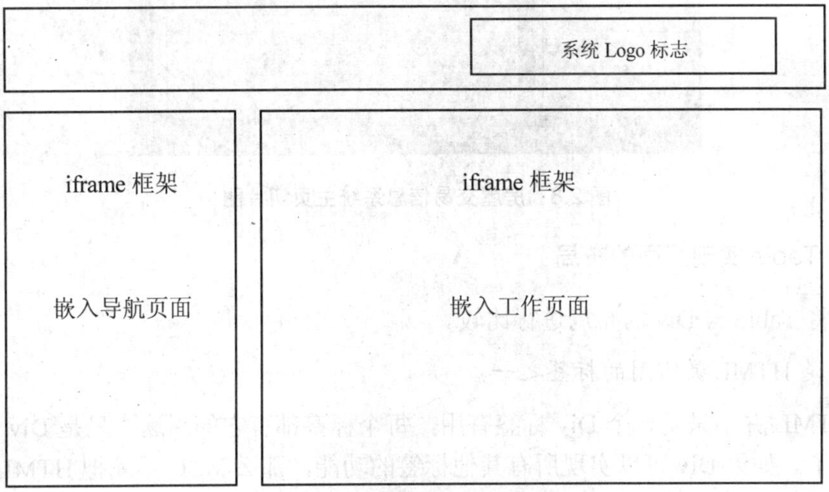

图 2.6　房屋交易信息系统主页草图设计

通过使用 Photoshop 工具对设计草图进行效果图实现，设计好的整体效果图如图 2.7 所示。

图 2.7　房屋交易信息系统主页效果图

第二步，使用 Photoshop 的切片工具对设计好的整体效果图进行切片处理，可以得到与效果图对应的应用程序主页静态网页，并且将切割好的图片存入 images 目录中，从而形成最基本的静态 HTML 类型网页。可对效果图片按照事先设计好的布局进行切片处理，将有效的图片保留下来，而对于左右空白处的图片就不用再进行切片处理了。具体切片完成后的效果图如图 2.8 所示。

图 2.8　房屋交易信息系统主页切片图

2.2.2　利用 Table 实现页面的布局

首先，将 Table 与 Div 的布局进行比较。

1. Div 是 HTML 最常用的标签之一

显然 HTML 并不只是一个 Div 标签有用，每个标签都有它的用途，只是 Div 是其中最有用的一个罢了。如果 Div 可以实现所有其他标签的功能，那么 W3C 早就把 HTML 精简了！

Table 也不是一无是处，用 Table 比较简单、容易上手，在早期被广泛推广。Table 在处理网页数据的表现上是其他标签无法替代的，只是它不适合用来对整个页面进行布局。

2. 代码的可读性

纯 Div+CSS 的网站的代码的可读性无疑是非常差的，Table 还可以通过 tr 和 td 来区分行和列，而一堆 Div 堆砌在一起，如果没有注释，根本不知道某个部分是做什么用的。

3. 语义化与结构化

现在，在开发 CSS 的时候，提得越来越多的是语义化，归根到底即代码的可读性问题。语义化就是让代码更易读，更加易懂，比如.text_01{color:red} 就没有.text_red{color:red} 容易理解。

HTML 同样如此，比如看到<ol>就知道这是个有序列表；看到<p>就知道这是一个段落，内容为文字；看到<span>就知道这个是比<p>还小的文字单位；看到<h1>、<h2>之类的就知道它们是标题。

显然，全部是 Div 的页面，是看不出来这些的。

页面的结构化亦是如此，比如<div><div><div><div>…..</div></div></div></div>这样的代

码，显然是很难理解其 DOM 结构的，但是<div><p><h2><span>…..</span></h2></p></div>就要清晰很多。

相信开发人员对代码的语义化和结构化的理解会更加深刻。

4. 团队合作

如果代码可读性低、结构化和语义化差，团队其他成员学习和维护难度就会提高，这对于一个团队来说，是很浪费时间和精力的。

其实，Div+CSS 的说法已经把人们从 Table 带到了另外一个极端，正确的网页设计不是一个标签雄霸天下，而是每个元素都使用合适的标签。

所以说，将 Div+CSS 改为(X)HTML+CSS 更合适。

【任务 2.3】使用 Table + iFrame 布局页面

【任务描述】在上一任务中通过 Photoshop 创建的页面效果图及通过切片工具产生的首页 HTML 页面只是简单的效果页面，还不能达到项目功能的需要、还要使用 HTML 的相关知识进一步地设计规划项目主页功能。在本任务中将使用 HTML 中的 Table 元素和 iFrame 框架对主页进行规划布局，实现主页要求的功能。

【任务分析】在项目主页上要同时实现对导航与主显示区域的控制，采用了 Table 方式规划页面布局，同时使用 iFrame 框架嵌入导航页面和中心显示页面。

【掌握技能】通过该任务应该掌握如下技能。

(1) 掌握使用 Table 规划布局页面。

(2) 学会使用 iFrame 框架，将页面嵌入到主页中。

(3) 掌握简单的 JavaScript 使用与导入。

【任务实现】

第一步，在任务一完成后，生成了静态的 index.html 页面(图 2.9)，对页面中的 Table 进行修改，使用 tr 和 td 进行框架的布局，调整后的页面代码如下：

```
<html>
<head>
   <title>zf</title>
   <meta http-equiv="Content-Type" content="text/html; charset=gb2312">
   <link href="css/style.css" rel="stylesheet" type="text/css">
</head>
<body bgcolor="#FFFFFF" leftmargin="0" topmargin="0" marginwidth="0" marginheight="0">
<table id="__01" width="850" align="center"
      height="620"  border="0" cellpadding="0" cellspacing="0">
    <tr> <!--标题-->
        <td  colspan="5"><img  src="images/zf_01.jpg"  width="850"  height="169"
alt=""></td>
    </tr>
    <tr>
        <td colspan="5"><img src="images/zf_02.jpg" width="850" height="44" alt=""></td>
    </tr>
    <tr> <!--左边框-->
        <td> <img src="images/zf_03.jpg" width="37" height="341" alt=""></td>
        <td width="199" height="341"><!--左页面-->
```

```
        <iframe name="left" width="100%" height="100%" scrolling="no"
        frameborder="0" src="left.html"></iframe> </td>
      <td> <img src="images/zf_05.jpg" width="48" height="341" alt=""></td>
      <td  width="524" height="341"><!--右页面框-->
        <iframe name="main" width="100%" height="100%" scrolling="no"
frameborder="0" src="main.html"></iframe> </td>
<!--右边框-->
      <td><img src="images/zf_07.jpg" width="42" height="341" alt=""></td>
    </tr>
    <tr><!--下边框-->
      <td colspan="5"><img src="images/zf_08.jpg" width="850" height="23" alt=""></td>
    </tr>
    <tr><!—页脚信息-->
      <td colspan="5" background="images/zf_09.jpg" height="43" class="td">
        <P align="center">2010 东方房产信息有限公司 版权所有</P>
    </td>
    </tr>
</table></body></html>
```

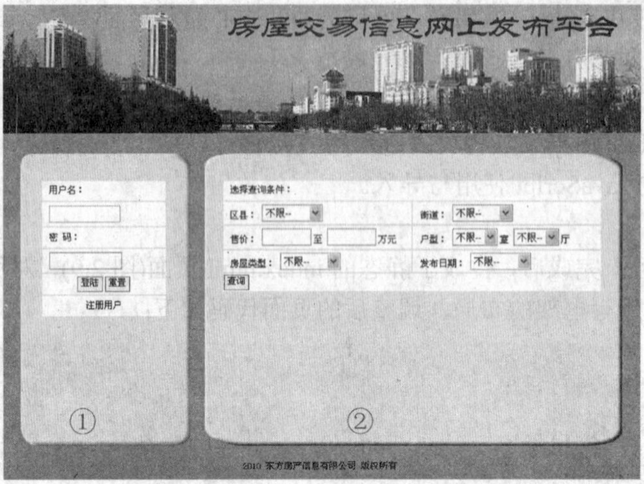

图 2.9　房屋交易信息系统主页切片图

第二步，在上面的框架代码的①、②处分别加入 iframe 框架，其中 src 属性中标注的是引用页面的具体文件地址，代码如下：

```
<iframe name="left" width="100%" height="100%" scrolling="no"
                    frameborder="0" src="left.html"></iframe>
<iframe name="main" width="100%" height="100%" scrolling="no"
frameborder="0" src="main.html"></iframe>
```

提示：在用表格布局的时候，在表格的属性中一般都要加入 border="0" cellpadding="0" cellspacing="0"，否则在表间就会出现缝隙。

第三步，设计其他功能的静态页面功能。

(1) 登录页面(图 2.10)的设计，页面文件名为 left.html。

图 2.10　登录页面

```
<html>
<head><meta http-equiv="Content-Type" content="text/html; charset=utf-8" />
<title></title>
<script language="javascript">
<!--function login(){
        if( document.myForm.uname.value =="" ){
            alert("用户名不能为空");  return false;
        }else if(document.myForm.upass.value == ""){
            alert("密码不能为空");   return false;
        } else {return true;}
    }
-->
</script>
<link href="css/style.css" rel="stylesheet" type="text/css">
</head>
<body background="images/zf_04.jpg"  >
<form  action="afterlogin.html"  target="_self"  method="post"  name="myForm"
onSubmit="return login()">
<table align="center" width="95%" >
    <tr>    <td colspan="2" class="ltd">用户名：</td>    </tr>
    <tr> <td colspan="2" class="ltd">  <input type="text" name="uname" size=10"
> </td> </tr>
    <tr>    <td colspan="2" class="ltd">密  码：</td> </tr>
    <tr> <td colspan="2" class="ltd">
<input type="password" name="upass" size=12"> </td></tr>
    <tr>    <td class="td"> <input type="submit" value="登录"  class="button">
                    <input type="reset" value="重置" class="button"></td></tr>
    <tr> <td class="td"><a href="register.html" target="main" class="link">注册
用户</a></td>
    </tr>
    </table>
  </form>
</body>
</html>
```

(2) 登录后的显示页面(图 2.11)，页面文件名为 afterlogin.html。

(3) 系统查询主页显示(图 2.12)，页面文件名为 main.html。

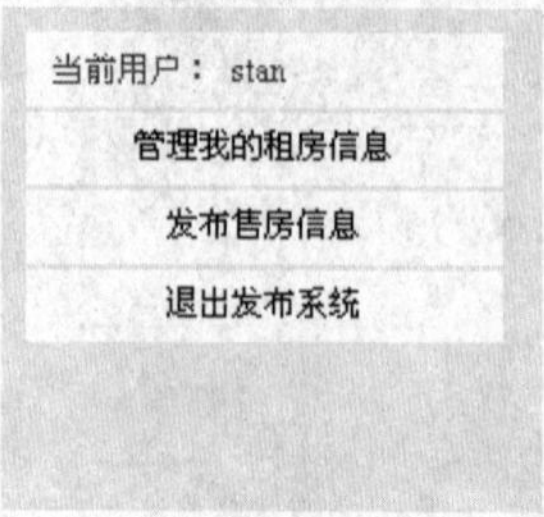

图 2.11　登录后显示页面

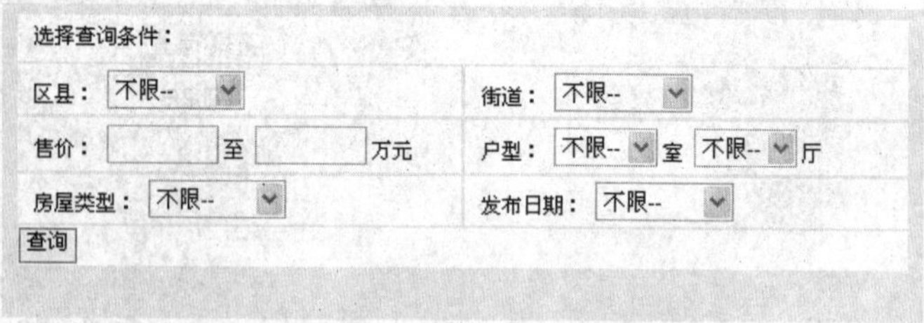

图 2.12　系统查询主页

(4) 房屋信息查询结果页面显示(图 2.13)，页面文件名为 searchlist.html。

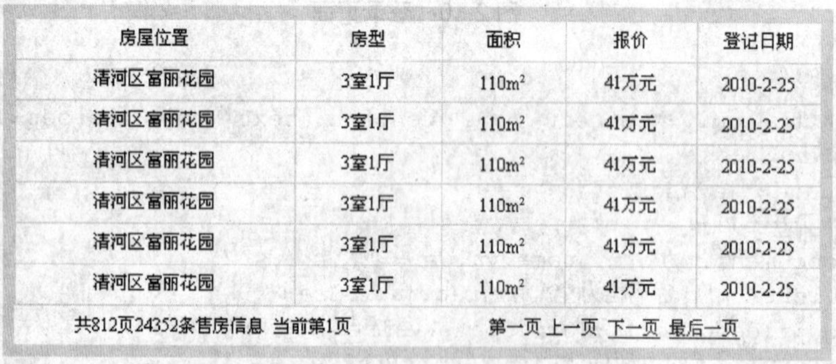

房屋位置	房型	面积	报价	登记日期
清河区富丽花园	3室1厅	110m²	41万元	2010-2-25
清河区富丽花园	3室1厅	110m²	41万元	2010-2-25
清河区富丽花园	3室1厅	110m²	41万元	2010-2-25
清河区富丽花园	3室1厅	110m²	41万元	2010-2-25
清河区富丽花园	3室1厅	110m²	41万元	2010-2-25
清河区富丽花园	3室1厅	110m²	41万元	2010-2-25
共812页24352条售房信息 当前第1页		第一页 上一页 下一页 最后一页		

图 2.13　房屋信息查询结果页面

(5) 信息发布页面(图 2.14)，页面文件名为 sendinfo.html。

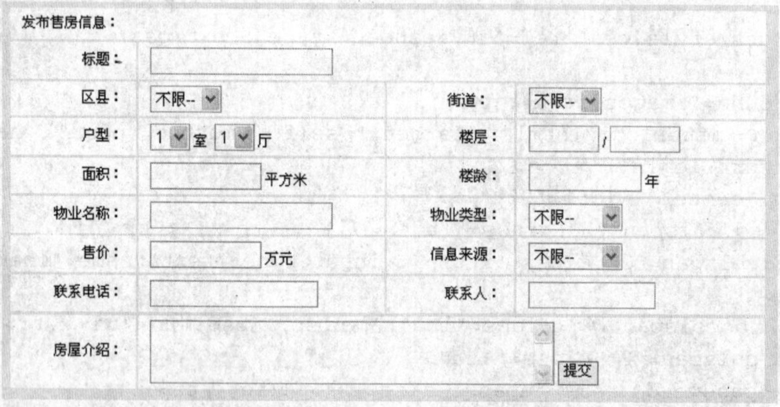

图 2.14　房屋信息发布页面

(6) 用户注册页面(图 2.15)，页面文件名为 register.html。

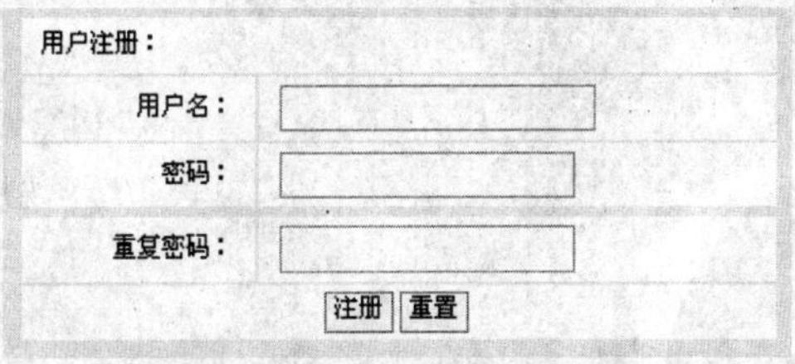

图 2.15　用户注册页面

(7) 个人房屋信息管理页面(图 2.16)，页面文件名为 myinfolist.html。

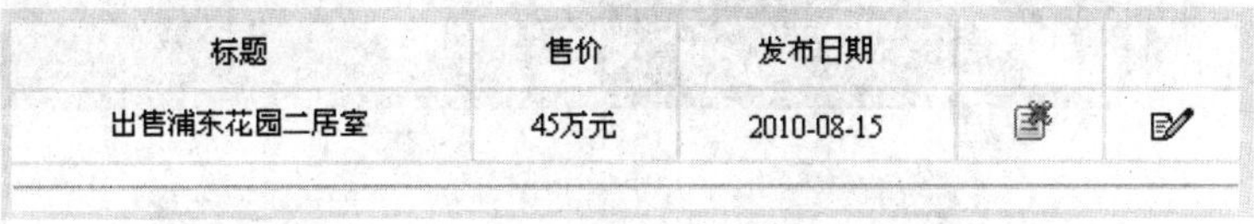

图 2.16　个人房屋信息管理页面

以上各静态页面的代码可参照本书提供的相关数字化资源中的项目代码，在本章中不再详细列出，相关知识点将在第 3 章中进行介绍。

本 章 小 结

本章介绍了软件开发生命周期的 6 个阶段，即问题的定义及规划、软件需求分析、系统设计、系统实现、测试、维护，阐述了每个阶段的工作任务。

以房屋交易信息系统为项目案例，重点介绍了如何进行软件的需求分析。

在项目页面设计中使用快速原型方法实现了项目的敏捷开发，快速原型设计方法能够在系统建立之初迅速建立软件模型，减少后续项目因为需求不明确而带来的麻烦。

在模板页的设计中综合使用了 Photoshop、Dreamweaver 软件设计各个页面的效果图，规划项目的样式，使用了统一的 CSS 样式规范页面风格，使用 Table、iframe 进行框架的设计。

习　　题

1．通过在网上进行资料检索，归纳静态 HTML 页面由哪几部分组成？
2．HTML 页面中的常用标签有哪些？
3．写出 iframe 标签的常用属性。

第3章 创建房屋信息系统

学习提示

本章要求熟练掌握 JSP Web 项目的创建过程，统一规划 Web 项目框架结构，合理地创建 src 下的相关包，能够创建项目应用基础类。掌握使用 JDBC 访问数据库的常用方法，设计数据库访问基础类。熟悉 HTML 基本页面元素，重点能够利用 JavaScript 脚本实现页面上的数据校验、导航、特效功能，使用 CSS 级联样式表规划页面风格。

工作任务

- ✧ 完成进销存项目框架的创建
- ✧ 数据库连接类的设计
- ✧ 实现页面 JavaScript 校验功能

技术要求

- ✧ 规划 Java Web 项目结构
- ✧ 熟练使用 JSP 页面技术
- ✧ 使用 JDBC 访问数据库
- ✧ 使用 JavaScript 实现客户端数据校验

专业单词

Connection	连接	ResultSet	记录集
Statement	会话	Query	查询
Document	文档(对象)	Action	动作

3.1 项目创建与框架规划

3.1.1 创建新的 Web 项目

启动 MyEclipse 后进入到 IDE 的主工作环境，选择 File|New|Web Project 命令，创建新的 Web 项目，创建项目的向导页面如图 3.1 所示。

图 3.1 Web 项目创建视图

其中 Project Name 是项目名称，本项目名称为 first。Source folder 是源代码路径，默认的名字是 src，这里主要存放 Java 后台类。Web root folder 是 Web 项目的根路径，其下主要存放项目的 JSP 页面、网页上面的图片、JS 函数库、CSS 样式表等。Context root URL 是服务器中地址的根路径。单击 Finish 按钮完成 Web 项目的创建。创建完成的项目结构如图 3.2 所示。

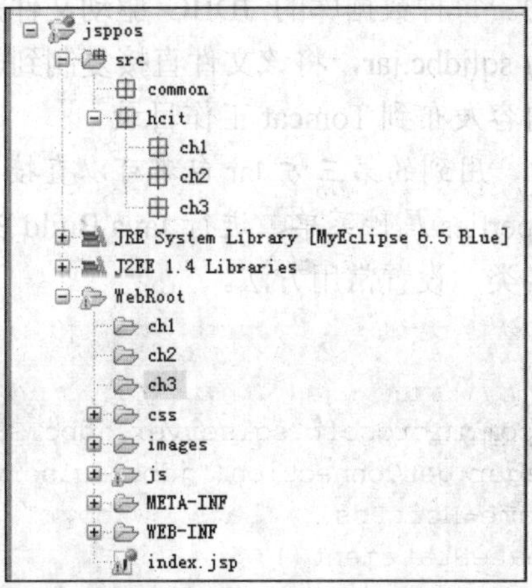

图 3.2 Web 项目结构图

项目创建后，根据项目具体需求规划项目结构。在项目中分为两大类资源，src 是后台类根目录，WebRoot 是网站资源目录。为了学习的方便，今后将每章所涉及的相关类、JSP 页面资源分别放入不同章节目录，如 ch2 即第 2 章的类存放路径或页面目录，同时将公共类存入 Common 包中，将公共页面放入到 WebRoot 根目录中。项目创建完成后，可分别进入后台类和 Web 资源的编辑开发中。

3.1.2 数据库连接类的设计

软件项目中不可避免地要访问数据库资源，在本书中是通过 JDBC 方式访问数据库的。JDBC(Java Data Base Connectivity，Java 数据库连接)是一种用于执行 SQL 语句的 Java API，可以为多种关系数据库提供统一访问，它由一组用 Java 语言编写的类和接口组成。简单地说 JDBC 可以完成 3 件事，即与数据库建立连接、发送 SQL 语句、处理结果。在使用 JDBC 操作数据库之前，要引入相应的数据库驱动 Jar 包，通过对 JDBC Jar 包的引用达到使用数据库操作的目的。

【任务 3.1】数据库连接类的设计

【任务描述】根据已有的 Java 知识设计数据库连接类，实现所提供数据库的连接，学习常用操作数据库 SQL 语句的调用。

【任务分析】可以说任何信息管理系统都离不开数据库的支持，因此为项目创建操作数据库的公共类是非常有必要的。建立项目的公共基本类首先要考虑数据库连接类的建立。读者在学习 JSP 课程之前一般学习过 Java 相关课程知识，在前期课程的 Java 学习中，一定会应用到对数据库的操作，可以直接将数据库连接类复制到 Common 包中，然后稍加修改。若读者没有基础也不要紧，在任务中从数据库驱动的加载，到数据库连接特征字符串的编写，以至于最终的数据库增删改查的 SQL 语句操作方法的设计，都会有详细的讲解与说明。

【掌握技能】通过该任务应该掌握如下技能。

(1) 熟练操作 JDBC 数据库连接方法。

(2) 提高 Java 类的设计能力。

(3) 了解查询和更新方法的返回值类型。

【任务实现】

第一步，添加数据库驱动。每种数据库的 JDBC 驱动文件是不一样的，本书中采用的是 SQL Server 2005，驱动文件为 sqljdbc.jar，将该文件直接复制到\WebRoot\WEB-INF\lib 下面，项目会自动将该文件夹下的内容发布到 Tomcat 工作目录。

提示：在项目开发过程中，用到的第三方 Jar 包都可以直接复制到该目录下面，或者通过用鼠标右击该项目，选择 Properties 属性菜单，进行 Java Build Path 设置。

第二步，创建数据库连接类，设置常用方法。

```
public DBConnect(){
try
 {   Class.forName("com.microsoft.sqlserver.jdbc.SQLServerDriver");
     conn =DriverManager.getConnection("jdbc:sqlserver://localhost:1433;
          databasename=HcitPos", "sa", "wzbbyr");
     stmt = conn.createStatement();
 }catch (SQLException ex)
 {
```

```
        System.out.println(ex.getMessage() + "路径错误");
    }catch (ClassNotFoundException ex)
    {
        System.out.println(ex.getMessage() + "驱动错误");
    }
}
```

在类的构造方法中实现了数据库的连接，SQLServerDriver 是数据库 SQL Server 2005 的驱动文件。jdbc:sqlserver://localhost:1433;databasename=HcitPos 为数据库连接特征字符串。这里 localhost 指定由本机作为服务器，若是访问其他服务器可将其他服务器的 IP 地址写在此处。HcitPos 为本项目中数据库的名称，同时，在数据库操作公共类中还定义了以下 4 个方法。

```
//返回 PreparedStatement 对象
public PreparedStatement getPs(String sql) throws SQLException {
    try {
        ps = conn.prepareStatement(sql);
        conn.commit();
        return ps;
    } catch (Exception e) {
        return null;
    }
}
//返回查询后的记录集
public ResultSet executeQuery(String ssql) throws SQLException{
  try{
     rs = stmt.executeQuery(ssql);
     return rs;
  }
  catch(SQLException se){
   System.out.println("DBBean.executeQuery() ERROR:"+se.getMessage());
  }
  return rs;
}
//执行数据表更新，返回影响记录数
public int executeUpdate(String ssql) throws SQLException{
   int iupdate = 0;
   try{
     iupdate = stmt.executeUpdate(ssql);
     return iupdate;
   }
   catch(SQLException se){
    System.out.println("DBBean.executeUpdate() ERROR:"+se.getMessage());
   }
   return iupdate;
}
//释放数据库连接资源
public void free() throws SQLException{
   try{
     if(rs  != null) rs.close();
     if(stmt != null) stmt.close();
     if(conn != null) conn.close();
   }
```

```
    catch(SQLException se){
        System.out.println("DBBean.free() ERROR:"+se.getMessage());
    }
  }
```

【项目经验】

在上述任务中使用了以下几方面的实用技术。

JDBC 数据库连接技术：首先通过 Class.forName 方法实例化数据库驱动类，接下来使用 DriverManager.getConnection 创建连接，通过连接创建数据库操作的会话对象。

在数据库操作方法中有两大类：一类是查询操作，包括 select 命令，返回值的类型是 ResultSet 结果集，另一类是更新操作，包括 insert、delete、update 命令，返回值的类型为整型，表示影响数据库表中记录的个数。

代码测试：在项目中创建完成数据库连接类，在本测试过程中通过编写一个带有 main 方法的测试类对数据库连接类进行测试。测试类一般位于被测试类的同一包下。大家有兴趣可以深入地使用 JUnit 单元测试对目标类进行测试。

```
package common;
import java.sql.SQLException;
public class DBConnectTest {
    public static void main(String[] args) {
        DBConnect db = new DBConnect();
        String sql = "insert into userinfo values (wzb,123)";
        try {
            int result = db.executeUpdate(sql);
            if(result==1){
                System.out.println("测试成功！");
            }else{
                System.out.println("测试失败！");
            }
        } catch (SQLException e) {
        }
    }
```

测试类运行后，得到以下错误信息。

错误一：出现该类错误时是由于没有正确地将数据库驱动 Jar 包导入到项目中而引起的，具体报错的信息如图 3.3 所示。解决的办法是将 sqljdbc.jar 包复制到\WebRoot\WEB-INF\lib 目录中，然后按 F5 键刷新项目重新执行。

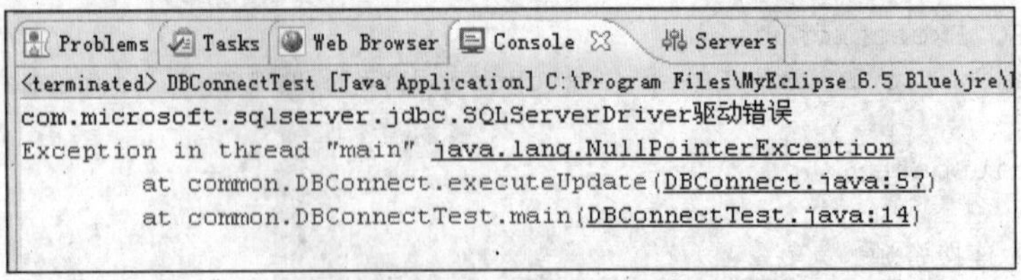

图 3.3　数据库连接类测试错 1

错误二：该类错误(图 3.4)出现时，可能是由于以下原因引起的。

(1) SqlServer2005 服务没有启动。

(2) SqlServer2005 服务启动，但服务器的 TCP/IP 服务没有启动。

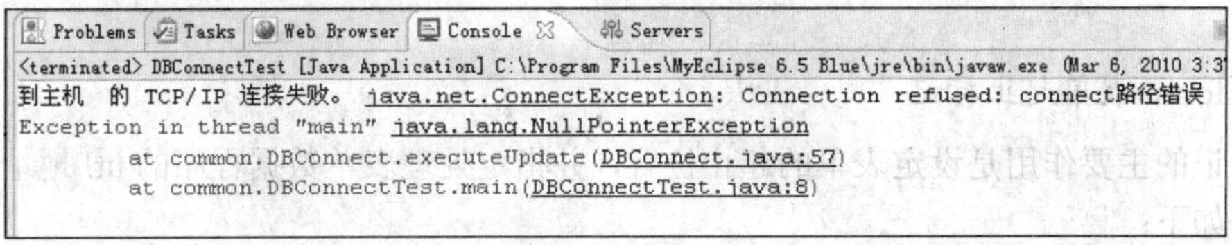

图 3.4　数据库连接类测试错 2

3.1.3　Web 资源规划与导入

在 Web 项目中，除了后台的业务类就是 WebRoot 下面的相关资源了。一般情况下 WebRoot 目录下包含以下常用目录。

(1) js——存放 JavaScript 脚本文件的目录，将项目中用到的所有 JS 文件存放其中。

(2) images——存放网页中所用到的图片文件。

(3) css——存放在页面上用到的样式表文件。

(4) 页面目录——用于存放各种功能页面，如 HTML、JSP 等。

以上内容可以从事先建好的静态页面中直接复制到 WebRoot 目录下面，为进一步的开发提供素材。本系统中提供了一组静态 DEMO，同学们也可以根据自己的设计习惯和系统功能要求自行设计项目的静态页面，这一步一定要在事先完成。

3.2　静态 HTML 页面相关知识

3.2.1　HTML 中常用标记介绍

HTML 里的 form 元素用来创建一个表单，实现与本页或其他页面的数据交互。form 标记有 method 和 action 两个主要属性：method 定义页面提交方式是 get 或 post；action 能指定用来接收本页面请求的服务器中的其他页面或资源的地址。当单击【提交】按钮向服务器提交的时候，由 action 指定由某一特定的 JSP 页面接收请求。

表单在 HTML 页面中起着重要作用，它是与用户交互信息的主要手段。一个表单至少应该包括说明性文字、用户填写的表格、提交和重填按钮等内容。用户填写了所需的资料之后，单击【提交】按钮，这样所填资料就会通过专门的接口传到 Web 服务器上。网页的设计者随后就能在 Web 服务器上看到用户填写的资料，从而完成了从用户到设计者之间的反馈和交流。

form 表单中主要包括下列元素：

① button——普通按钮

② radio ——单选按钮

③ checkbox——复选框

④ select ——下拉式菜单

⑤ text ——单行文本框

⑥ textarea——多行文本框

⑦ submit——提交按钮

⑧ reset——重填按钮

HTML 设计表单常用的标记有<form>、<input>、<option>、<select>、<textarea>和<isindex>等标记。

1. <form>表单起止标记

该标记的主要作用是设定表单的起止位置，并指定处理表单数据程序的 url 地址，其基本语法结构如下：

```
<form  action=url method=get|post name=value target=window> </form>
```

其中：

(1) action：用于设定处理表单数据程序的 url 地址。这样的程序通常是 CGI 应用程序，采用电子邮件方式时，用 action="mailto:你的邮件地址"。

(2) method：指定数据传送到服务器的方式，有两种主要的方式，当 method=get 时，将输入数据加在 action 指定的地址后面传送到服务器；当 method=post 时，则将输入数据按照 HTTP 传输协议中的 post 传输方式传送到服务器。

(3) name：用于设定表单的名称。

(4) target：指定输入数据结果显示在哪个窗口，这需要与<frame>或<iframe>标记配合使用。

2. <input>表单输入标记

此标记在表单中使用频繁，大部分表单内容需要用到此标记，其语法如下：

```
<input aligh=left|righ|top|middle|bottom  name=value
type=text|textarea|password|checkbox|radio|submit|reset
|file|hidden|image|button value=value  src=url  checked
maxlength=n  size=n  onclick=function onselect=function>
```

其中：

(1) align：用于设定表单的位置是靠左(left)、靠右(right)、居中(middle)、靠上(top)还是靠底(bottom)。

(2) name：设定当前变量名称。

(3) type：决定了输入数据的类型，其选项较多，各项的意义列举如下。

① type=text：表示输入单行文本。

② typet=textarea：表示输入多行文本。

③ type=password：表示输入数据为密码，用星号表示。

④ type=checkbox：表示复选框。

⑤ type=radio：表示单选按钮。

⑥ type=submit：表示提交按钮，数据将被送到服务器。

⑦ tyPe=reset：表示清除表单数据，以便重新输入。

⑧ type=file：表示插入一个文件。

⑨ type=hidden：表示隐藏按钮。

⑩ type=image：表示插入一个图像。

⑪ type=button：表示普通按钮。

(4) value：用于设定输入默认值，即如果用户不输入的话，就采用此默认值。

(5) src：是针对 type=image 的情况来说的，设定图像文件的地址。

(6) checked：表示选择框是否选中，此项被默认选中。

(7) maxlength：表示在输入单行文本的时候，最大输入字符个数。

(8) size：用于设定在输入多行文本时的最大输入字符数，采用 width，height 方式。

(9) onclick：表示在按下鼠标时调用指定的子程序。

(10) onselect：表示当前项被选择时调用指定的子程序。

3. <option>选项标记

该标记为下拉菜单中一个选项，语法很简单：

```
<option selected value=value>
```

其中：

(1) selected 表示当前项被默认选中。

(2) value 表示该项对应的值，在该项被中之后，该项的值就会被送到服务器进行处理。

4. <select>下拉菜单标记

用<select>标记可以在表间中插入一个下拉菜单，它需与<option>标记联用，因为下拉菜单中的每个选项要用<option>标记来定义。<select>标记的语法如下：

```
 <select name=nametext size=n multiple>
```

其中：

(1) name 用于设定下拉式菜单的名称。

(2) size 用于设定菜单框的高度，也就是一次显示几个菜单项，一般取默认值(size="1")。

(3) multiple 用于设定为可以进行多选。

5. <textarea>多行文本输入标记

这是一个建立多行文本输入框的专用标记，其语法格式为 <textarea name=name cols=n rows=n wrap=off|hard|soft>其中：name：文本框名称；cols：宽度；rows：高度(行数)；wrap：换行控制，off：不自动换行；hard：自动硬回车换行，换行标记一同被传送到服务器中去。

soft：自动软回车换行，换行标记不会传送到服务器中去。

综合上述 HTML 元素构建用户注册静态页面，在页面中采用 Table 布局，形成 form 表单的代码结构如下。

```
<html>
<head>
<meta http-equiv="Content-Type" content="text/html; charset=utf-8" />
<title></title>
</head>
<body background="images/zf_04.jpg"  >
    <form  action="index.htm"  method="post"  name="myForm"  onSubmit="return
pass()">
        <table align="center" width="80%">
            <tr>
                <td colspan="2" class="ltd">用户注册：</td>
            </tr>
            <tr>
                <td class="rtd">用户名：</td>
```

```
            <td class="ltd"><input type="text" name="uname"></td>
        <tr>
            <td class="rtd">密码：</td>
            <td class="ltd"><input type="password" name="upass"></td>
        <tr>
        <tr>
            <td class="rtd">重复密码：</td>
            <td class="ltd"><input type="password" name="upass1"></td>
        <tr>
            <td class="td" colspan="2">
            <input type="submit" value="注册"  class="button">
                <input type="reset" value="重置" class="button">
          </td>
        </tr>
      </table>
    </form>
</body>
</html>
```

上面的代码<form>标签中：

(1) action="index.htm"定义了页面提交后由 index.htm 页面接收处理 HTTP 请求数据。

(2) method="post"定义提交的方式为 post 形式。

(3) name="myForm"定义本表单名称属性。

(4) onSubmit="return pass()"定义表单提交时要调用 JavaScript 函数。

3.2.2 页面中的 JavaScript 脚本

JavaScript 的前身是 LiveScript。自从 Sun 公司推出著名的 Java 语言之后，NetScape 公司引进了 Sun 公司有关 Java 的程序概念，将自己原有的 LiveScript 重新进行设计，并改名为 JavaScript。JavaScript 是一种基于对象和事件驱动并具有安全性能的脚本语言，使用后可使网页变得生动。使用目的是与 HTML 超文本标识语言、Java 语言一起实现在一个网页中链接多个对象，与网络客户进行交互，从而可以开发丰富的客户端应用程序。它通过嵌入在标准的 HTML 语言中实现功能。

JavaScript 具有很多优点。

(1) 简单性。JavaScript 是一种脚本编写语言，它采用小程序段的方式实现编程，像其他脚本语言一样，JavaScript 同样也是一种解释性语言，它提供了一个简易的开发过程。它的基本结构形式与 C、C++、VB、Delphi 十分类似，但它不像这些语言需要先编译，而是在程序运行过程中被逐行地解释。它与 HTML 标识结合在一起，从而方便用户操作。

(2) 动态性。JavaScript 是动态的，它可以直接对用户或客户的输入做出响应，无需经过 Web 服务器运行。它对用户的反映响应是采用以事件驱动的方式进行的。所谓事件驱动，就是指在页面中执行了某种操作所产生的动作，简称为“事件”，比如按下鼠标、移动窗口、选择菜单等都可以视为事件。事件发生后，可能会引起相应事件的响应。

(3) 跨平台性。JavaScript 依赖于浏览器本身，与操作环境无关，只要是能运行并支持 JavaScript 的浏览器就可以正确执行。

(4) 节省互联网服务器资源。随着互联网的迅速发展，有许多服务器提供的服务要与浏览者进行交流，确认浏览者填写数据的有效性、服务的内容等，如果这些工作都由服务器完成，将增大网络的通信量，进而影响服务器的服务性能；服务器为一个用户运行一个应用时，需要一个进程为它服务，它要占用服务器的资源(如 CPU 服务、内存耗费等)，如果用户填表出现错误，交互服务占用的时间就会相应增加；被访问的热点主机与用户交互越多，服务器的性能影响就越大。所以，通过在页面中加入 JavaScript 函数，对提交的数据进行必要的校验，将没有错误的数据提交到服务器进行处理，大大降低了服务器的负荷。

网页中引入 JavaScript 的方法。

方法一：直接在页面中加入 JavaScript 代码，这是最常用的方法。

```
<script language="JavaScript">
    <!--
     document.writeln("这是 JavaScript！采用直接插入的方法！");
//-JavaScript 结束
-->
    </script>
```

在这个例子中：

(1) <script>……</script>用于编写 JavaScript 函数。

(2) <script language="JavaScript"> 用来告诉浏览器这是用 JavaScript 编写的程序，需要调动相应的解释程序进行解释(w3c 已经建议使用新的标准：<script type="application/JavaScript">)。

<!--和-->用来去掉浏览器所不能识别的 JavaScript 源代码，这对不支持 JavaScript 语言的浏览器来说是很有用的。

方法二：引用外部 JS 文件。

如果已经存在一个 JavaScript 源文件(以 JS 为扩展名的脚本文件)，则可以采用引用的方式将 JavaScript 函数引入到当前页面中，以提高程序代码的利用率，其基本格式如下：

```
   <script src="url" type="text/JavaScript"></script>
```

其中的 url 就是 JS 程序文件的地址。同样地，这样的语句可以放在 HTML 文档头部或主体的任何部分。

3.2.3　页面中的 CSS 样式

CSS 样式表在网页设计中占有极其重要的地位，CSS 是 Cascading Style Sheet 的首字母缩写，译为“层叠样式表单”。CSS 功能强大，其表现如下。

(1) CSS 几乎可以定义所有网页元素的属性和表现形式。最常见的有：定义字体大小，用 CSS 定义的字体大小不会由浏览器的字体设置而改变；使用 CSS 去掉超链接下划线、改变超链接颜色等。

(2) CSS 可以大量减少网页代码，从而为网页减肥。原理是在网页中自定义样式表的选择符，然后在网页中引用这些选择符。

目前大部分网站都是使用 class 来引用 CSS 中定义的样式。CSS 中 class 和 id 的作用相似，在实际应用中 class 对文字、表格等排版比较有用，而 id 则对宏观布局和设计放置各种 Div 元素较有用。

id 的使用方法：在网页<STYLE>和</STYLE>之间定义选择符名，选择符名前加#，这些选择符号可以是字母、数字或组合，然后在网页的元素中使用 id=**来引用样式表中已经定义的样式。在一定条件下，使用 id 来引用可能不起作用或报错或与 JavaScript 的 id 发生冲突，这种情况下，可以使用 class 来引用样式。

class 的使用方法与 id 一样，所不同的是在网页的<STYLE>和</STYLE>之间定义选择符名，名前加.(即点)，例如<STYLE>.a1{color:FF0000}</STYLE>，然后用 class=a1 引用它。

下面简要介绍在页面中如何使用 CSS。有两种方式定义应用 CSS。

其中一种是写在页面上，在<head>和</head>之间加入语句<STYLE></STYLE>，然后所有的样式表都定义在<STYLE>和</STYLE>之间。

如

<STYLE>.td{font-size:9pt;line-height:150%}</STYLE>表示网页的字体大小为 9 磅，行距 150%，td 是“单元格”元素，这句也就是对单元格内的字体起作用。这里的<style>后面的 td，表示选择符，对网页内所有的<td>元素都会起作用。这些选择符可以是所有的 HTML 标记，例如<p>、<table>、<hr>等，只有少数的像
这样的标签除外。

<STYLE>.a{color:FF0000}input{font-size:9pt}</STYLE>表示超链接都为红色，单行文本框的字体是 9 磅。

另一种方式是引入已经定义好的 CSS 文件，把样式表定义成一个或多个 CSS 文件，然后相关页面都指向这些样式表文件来调用它，可使用<link href=***.css rel=stylesheet>来连接 CSS 文件。

3.3 房屋信息系统中的 JS 与 CSS 设计

3.3.1 房屋信息系统中的 JS 设计

在本项目中 JS 主要负责完成两方面的工作：一是对页面的数据进行有效性的校验；二是实现页面中多处功能集成的导航任务。

下面分别结合需求功能和页面中的功能设计完成其中的 JS 代码编程部分。

【任务 3.2】用户注册页面的 JS 校验

【任务描述】实现对用户注册页面数据有效性的校验：第一，所有字段不能为空；第二，两次密码输入必须一致。

【任务分析】用户注册页面如图 3.5 所示，JavaScript 要完成对页面中输入的姓名、密码，且密码重复不为空的校验，同时要完成对两次密码是否一致的校验。

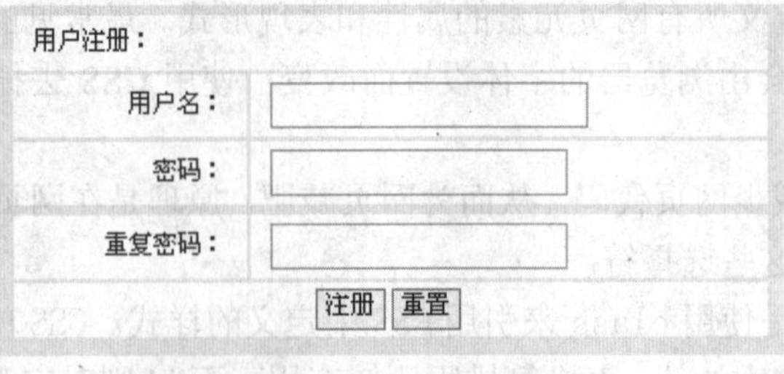

图 3.5 用户注册页面

【掌握技能】通过该任务应该掌握如下技能。

(1) 掌握在页面中创建 JavaScript 脚本的基本方法。

(2) 能够比较熟练地使用 JavaScript 各种语句、函数进行编程。

【任务实现】

在 register.html 页面的<head></head>中间加入以下 JavaScript 代码：

```
    <script lang="JavaScript">
    <!--  function pass(){
            var pass = false;
            if( document.myForm.uname.value =="" ){
                alert("用户名不能为空");
                pass= false;
            }else if(document.myForm.upass.value == ""){
                alert("密码不能为空");
                pass = false;
            } else if(document.myForm.upass.value != document.myForm.upass1.value){
                alert("两次密码不一样");
                pass = false;
            } else {
                pass = true;
            }
        return pass;
    }
    -->
</script>
```

【项目经验】

在本段代码中使用了 JavaScript 的 document 对象。常见的 window 对象是一个顶层对象，window 是指窗体而不是另一个对象的属性，即浏览器的窗口。而 document 代表当前显示的文档，它是 window 对象的一个属性，本身也是一个对象。document 指页面，是 window 的一个子对象，可以通过 document 对象一层一层地访问其下子对象的属性和数据。如在上述代码中的 document.myForm.uname.value 语句，表示在 document 下的名称为 myForm 的表单中的名称为 uname 的对象，value 是该对象的具体属性，代表这个对象在运行过程中的值。JavaScript 中的对象层次图如图 3.6 所示。

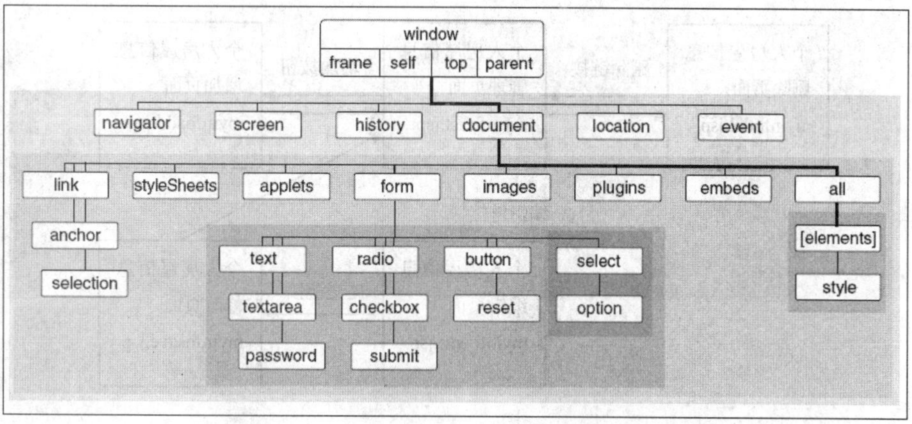

图 3.6　JavaScript 对象层次图

参照用户注册页面的 JS 校验，同样可以编写出用户登录的 JS 校验函数，当用户名与用户密码有一个为空时，不允许页面进行提交处理。

```
<script language="javascript">
<!--
    function login(){
        if( document.myForm.uname.value =="" ){
            alert("用户名不能为空");
            return false;
        }else if(document.myForm.upass.value == ""){
            alert("密码不能为空");
            return false;
        } else {return true;}
    }
-->
</script>
```

【任务 3.3】个人房屋信息管理页面多导航的 JS 实现

【任务描述】通过使用 JavaScript 实现用户个人房屋信息页面中 3 种操作的超链接处理，这 3 种操作分别是房屋信息的增加、删除和修改的导航功能。

【任务分析】在用户个人住房信息管理页面中存在着多种导航信息，如图 3.7 所示，其中有为信息【增加】按钮、信息的【删除】和【修改】的超链接处理。

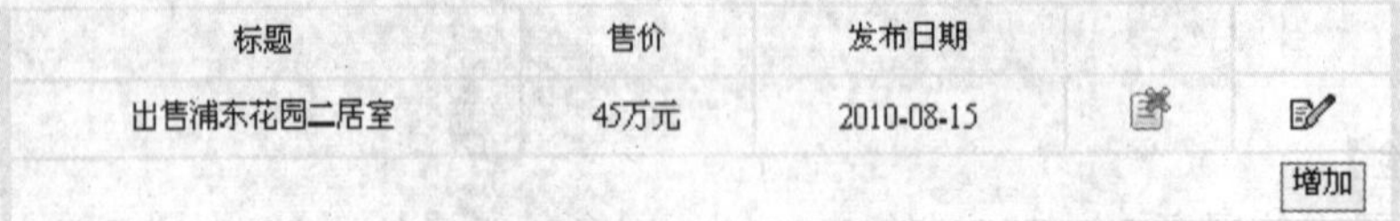

图 3.7 个人房屋信息管理页面

任务 3.3 要求实现从一个页面到另一个页面的多种导航功能。个人房屋信息管理页面处在一个信息中心和中转枢纽的位置，如图 3.8 所示，要求在理解任务需求的基础上完成页面间跳转的设计。本例中的 myinfolist.jsp 为信息显示中心，当单击页面中的【删除】按钮后通过 JS 导航到 myinfodel.jsp 页面，可进行当前信息的删除操作；当单击【增加】按钮时导航到信息添加页面 myinfoadd.jsp，可进行增加信息操作；当单击【修改】按钮时导航到 myinfoedit.jsp 页面。

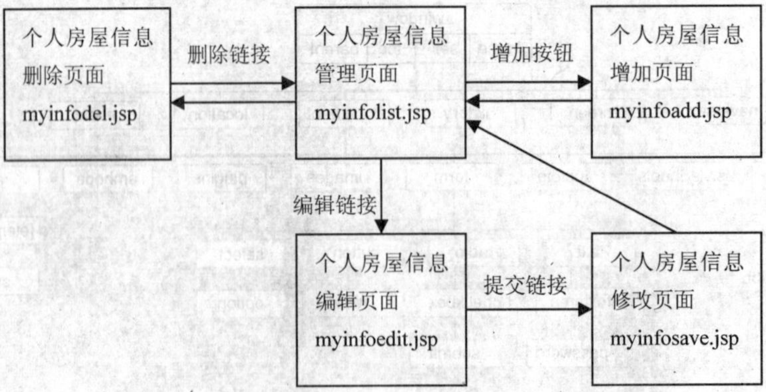

图 3.8 个人房屋信息增、删、改模块功能集成分析

【掌握技能】通过该任务应该掌握如下技能。

(1) 学会使用 JavaScript 脚本中的 with()语句。

(2) 学会利用 JavaScript 实现多种导航功能。

【任务实现】

1. 信息编辑、删除动作实现

使用超链接标签实现编辑导航，这类链接适用于文字或图片，代码如下：

```
    <a href="/ch3/modify.jsp>
        <img border="0" src="images/edit.gif" alt="编辑/查看">
</a>
```

上面的代码使用了<a href>显示的内容</a>超链接标签。同样，下面是实现页面删除图片超链接的代码：

```
<a href='#' class="link">
        <img border="0" src="images/del.gif" alt="删除">
    </a>
```

2. 信息增加动作实现

提交按钮类动作。在页面<form>中按钮的动作类型分为两类：

一种类型是 type="submit"提交类型。在一个<form>中"submit"执行的按钮动作以<form>中的 Action="XXXX.jsp"中的地址为目标进行提交和请求。如：

```
 <input type="submit" value="删  除" name="B5" >
```

同时配合 form 中的 action 地址，当提交产生时将向服务器按照 action 中的地址发出请求，具体如下代码：

```
 <form name="product" method="post"
action="/ch3/ myinfolist.jsp ">
```

另一种类型是 type=button 普通类型，即本身不能产生提交动作，要通过使用 JavaScript 脚本实现定位跳转和动作，如本例子中的【增加】按钮的动作设定。下面的应用是当单击按钮时去定位请求 window.location="/ch3/myinfoadd.jsp"。

```
<input type="button" value="增加" name="B4"
        onclick='window.location="/ch3/myinfoadd.jsp"'>
```

还可通过调用 JavaScript 函数进行动作提交，如在下面的按钮定义中当产生单击事件时调用事先编辑好的 add()函数。add()函数是由 JavaScript 编写的脚步函数。在本函数中使用了 JavaScript 语言中的 with 语句。with 语句定义了一个作用域，在本例中作用域定义为本页面的名为 product 的表单元素。

```
<input type="button" value="增加" name="B4"  onclick='add(); '>
```

add()函数通过下面的 JavaScript 函数定义：

```
    <script type="text/javascript">
        function add(){
            with(document.product){
                action="/ch3/myinfoadd.jsp";
                submit();
            }
        }
    </script>
```

其他功能页面按照以上方法进行创建。

下面是个人房屋信息管理静态页面的完整代码：

```
<html><head>
<meta http-equiv="Content-Type" content="text/html; charset=utf-8" />
<title></title>
<script type="text/javascript">
    function add(){
        with(document.myinfo){
            action="/ch3/myinfoadd.jsp";
            submit();
        }
    }
</script>
<link href="css/style.css" rel="stylesheet" type="text/css">
</head>
<body background="images/zf_04.jpg">
<form name="myinfo" >
    <table width='100%' border='0'>
       <tr><TD class="td">标题</TD>
           <TD class="td">售价</TD>
           <TD class="td">发布日期</TD>
           <TD class="td"> </TD>
           <TD class="td"> </TD></tr>
       <tr><td class="td">出售浦东花园二居室</td>
           <td class="td">45 万元</td>
           <td class="td">2010-08-15</td>
           <td class="td">
               <a href='myinfodel.jsp' class="link">
                  <img border="0" src="images/del.gif" alt="删除">
               </a>
           </td>
           <td class="td" >
             <a href='myinfoedit.jsp'>
                  <img border="0" src="images/edit.gif" alt="编辑">
             </a>
           </td>
       </tr>
       <tr><td colspan='5' class="rtd">
          <input type="button" value="增加" onclick="add();" class="button">
       </td></tr>
    </table>
</form>
</body>
</html>
```

【项目经验】

在本例中综合应用了 JS 实现页面的跳转，但在实现导航和跳转过程中有两种类型的跳转：一种是通过超链接实现的导航，而另一种是通过提交按钮或在 JS 函数中的 submit 的提交类型的跳转。这两种不同类型的跳转有本质的区别，最重要是 submit 可以将表单中的各个字段作为参数，将数据一起提交到服务器端，而超链接不能提交页面表单中的数据，数据要用参数的形式进行传递，如下面代码片段所示，在超链接的链接地址中可以动态地加入参数变量，作为数据一起提交到超链接请求的页面中。

```
<a href='myinfodel.jsp? infoid=23' class="link">
<img border="0" src="images/del.gif" alt="删除">
</a>
```

超链接在本质上属于一个网页的一部分，它是一种允许人们同其他网页或站点之间进行连接的元素。各个网页链接在一起后，才能真正构成一个网站。所谓的超链接是指从一个网页指向一个目标的连接关系，这个目标可以是另一个网页，也可以是相同网页上的不同位置，还可以是一个图片、一个电子邮件地址、一个文件，甚至是一个应用程序。而在一个网页中承载超链接的对象可以是一段文本或者是一个图片。当浏览者单击已经链接的文字或图片时，链接目标将显示在浏览器上，并且根据目标的类型来打开或运行。

3.3.2 房屋信息系统中的 CSS 设计

在项目中为了保证系统中的页面风格一致，采用了统一的 CSS 样式表，在每个页面上引用该样式表修饰本页面元素，这样就到达了页面风格一致的设计要求。在样式表中，可以对页面中的所有元素进行修饰限定，包括字体、前景色、背景色、边距、表格等。样式表一般在设计静态页面的同时进行设计，一般采用 Dreamweaver 工具。下面展示了本项目中样式表中的主要元素的样式设计信息，样式表文件为 style.css，位于 webroot/css/目录下面。

```
.body{
    FONT-SIZE: 9pt;
    background-color:#E1E1E1;
        scrollbar-face-color:#ffffff;
        scrollbar-shadow-color:#ffffFF;
        scrollbar-highlight-color:#ffffFF;
        scrollbar-3dlight-color:#4c7094;
        scrollbar-darkshadow-color:#4c7094;
        scrollbar-track-color:#ffffFF;
        scrollbar-arrow-color:#4c7094;
}
.ltd{
        font-size:9pt;
        font-family: 宋体;
        color:#000000;
        text-align:left;
LINE-HEIGHT: 20px;
        padding-left:10;
        padding-top:3;
padding-right:10;
        padding-bottom:3;
}
.table  {
        border-style: outset;
        border: 1 #000066;
        background-color: #000066;
        border-width: 0;
        padding: 1;
```

```
        text-align : center;
        PADDING-BOTTOM: 10px;
        PADDING-LEFT: 10px;
        PADDING-RIGHT: 10px;
        PADDING-TOP: 10px;
        line-height: 10pt;
}
.button
{
    border: 1px #4c7094 solid;
    background-color: #e9f3fc;
    font-size:9pt;
        font-family: 宋体;
}
.page:link{
        FONT-SIZE: 9pt;
    COLOR: #000000;
    text-decoration:none;
        und
}
```

本 章 小 结

本章以 Web 项目的创建为起点，实现在 JSP 项目中的数据库访问类的设计，同时讲述了数据库连接过程中常见的错误与调试。

本章的另一个重点是 HTML 页面标签的使用与页面客户端 JavaScript 脚本代码的编写过程。

数据库连接是信息管理项目中必不可少的基础类，项目中使用 JDBC 方法实现对数据库的连接操作，在数据库连接类中设计了 4 个方法用于实现常用的数据库的增、删、改、查操作。

在页面中加入 JavaScript 用于对界面数据进行有效的客户端校验，使用 JS 函数实现页面的多种导航方式，使用 CSS 样式表规范页面的统一风格，要注意 JS 和 CSS 样式在页面中的导入方式。

习　　题

1．class.forname 方法的作用是什么，其中 class 类属于哪个包?

2．在 JSP Web 项目开发过程中经常会用到第三方的 Jar 包，在本书中以数据库连接为例演示了对外部第三方 Jar 包的应用过程，其是将第三方 Jar 包放入到项目中的 lib 目录下。如果不是放入项目的 lib 目录下而是其他路径，怎样在项目中引用第三方 Jar 包？

(提示：通过项目属性中的 Java Build Path 进行设置。)

3．写出 JS 与 CSS 样式在页面中的引用方法。

4．在 Web 项目中什么是相对路径，什么是绝对路径，怎样表示?

(提示：在项目中使用如 JS 与 CSS 或其他资源时，常常要写出资源路径，在网页中经常会有./或../的表述，试区分这些表述的作用。)

第 4 章 房屋交易信息网上发布平台的 JSP 实现

学习提示

本章主要应掌握 JSP 页面指令、JSP 基本语法、隐式对象等基础知识，熟悉 JSP 的运行原理，掌握 JSP 与后台类之间的相互作用关系，利用所掌握的技术实现系统房屋信息平台的各项功能。

工作任务

- ✧ 完成房屋交易信息平台 Web 项目的创建
- ✧ 完成用户注册与用户登录功能

技术要求

- ✧ 掌握 JSP 基本语法和页面指令
- ✧ 熟悉 JSP 工作原理与过程
- ✧ 处理页面请求中的汉字乱码

专用单词

Session	会话	Request	请求
Response	响应	Application	应用

4.1 掌握 JSP 基础知识

4.1.1 MyEclipse 中 JSP 页面的创建

JSP 页面是在原有静态 HTML 页面中加入服务器可以执行的 Java 代码和 JSP 指令，从页面结构上看与静态的 HTML 很相似。在 MyEclipse 中创建 JSP 页面的过程非常简单，通常是在已有的静态 HTML 页面基础上改造创建 JSP 页面。以用户注册为例，在已有的 register.html 静态页面基础上创建 register.jsp 动态页面的过程如下：首先，选中项目中的 WebRoot 节点，右击选择 New 命令创建新的 JSP 页面。也可以通过菜单项中的【文件】菜单的【新建】或工具条中的【新建】按钮来实现本操作。图 4.1 中展示了新建 JSP 页面的图形化向导，在向导中选择 default JSP 模板，给新建 JSP 页面文件命名，制定创建页面的存储位置，单击 Finish 按钮完成 JSP 页面的创建。

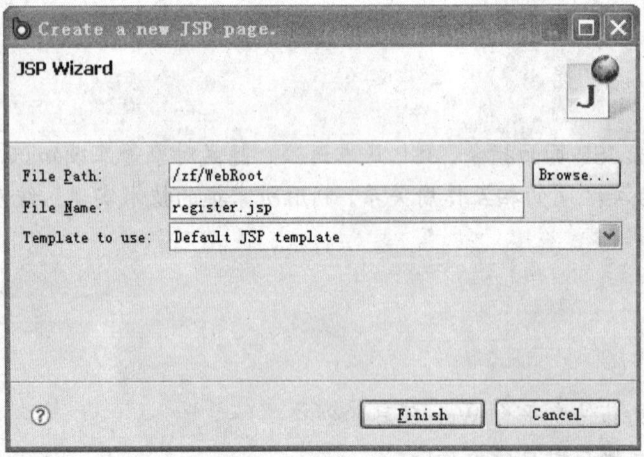

图 4.1　JSP 创建向导

图 4.2 是创建完的 JSP 页面。由于项目中已经设计好登录静态 HTML 页面原型，故可以快速地将 HTML 转换成 JSP。在创建完 JSP 页面后，保留第一行信息，如下所示：

```
<%@ page language="java" import="java.util.*" pageEncoding="ISO-8859-1"%>
```

将其中的 pageEncoding 的值设定为“GBK”或者“gb2312”，保证页面中的汉字能够以正常的编码形式保存。将 JSP 页面中的其余部分全部删除，将静态页面的所有内容全部复制到本 JSP 页面上，保存完成。至此完成了从静态 HTML 页面向 JSP 页面的转换，这个过程中充分利用了在前一章事先创建好的静态 HTML 原型。

也可以通过 MyEclipse 中的可视化设计功能对 JSP 页面进行布局和设计。可视化设计功能提供了常用的 HTML 控件，同时支持 Struts 和 JSF 页面控件的设计，如图 4.2 所示。但在一般情况下不使用 MyEclipse 的可视化设计工具。

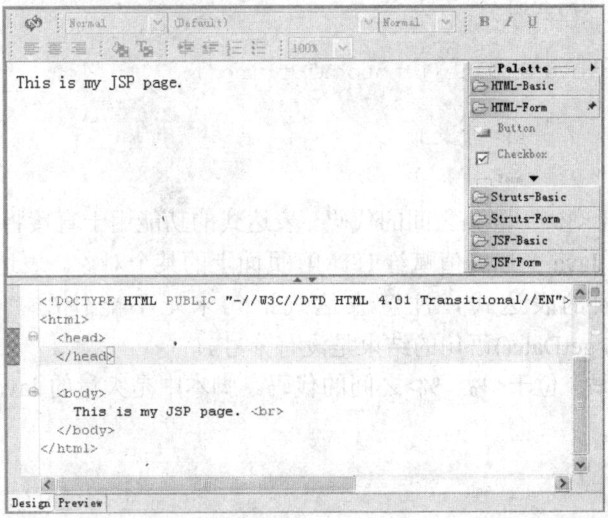

图 4.2　MyEclipse 中 JSP 页面图形化界面设计器

4.1.2　JSP 基本语法介绍

JSP 页面元素主要由模板元素(HTML 标签)、页面注释、Java 脚本元素和页面指令组成。

1. 模板元素

指 JSP 页面中的静态 HTML 内容，是页的框架，它影响页面的结构和外观。

如：

```
<input type=password  name=pwd  size=20>
```

2. 注释

(1) 显式注释：注释形式为<! - -注释内容 - -> ，这种注释在客户端通过查看页面的源代码就能够显示出来，在 IE 浏览器中查看源文件可以看到注释中的内容。

(2) 隐藏注释：注释形式为<%- -隐藏注释- -%> ，这种注释在 JSP 页面编译时被忽略，并且不能够在客户端看到注释内容。

(3) Java 片段注释：注释形式//注释　　/**注释*/，这种注释只能用在 JSP 页面中的<% %>中的 Java 代码上。

3. Java 脚本元素(Java Scriptlet)

在 JSP 页面中有 3 种 Java 脚本形式，即声明、表达式、Java 脚本。

(1) 声明：在 JSP 程序中声明合法变量与方法的 JSP 语法形式如下：

```
<%! declaration; [ declaration; ]+ ... %>
```

一次性声明多个变量和方法，只要以";"结尾就行，此声明与 Java 中的变量声明是一致的，具体如下所示：

```
<%! int i = 0; %>
<%! int a, b, c; %>
<%! Circle a = new Circle(2.0); %>
<%!
```

```
String getDate()    //声明一个方法
  {
     return new java.utilDate().toLocalString();
}
int count=0;         //声明一个变量
%>
```

(2) 表达式：位于<%=   %>之间的代码。表达式的功能用于直接将 Java 中的变量值显示在当前页面上，或将 Java 变量的值赋给 HTML 页面上的某个对象。表达式元素能够包括任何在 Java 语言中有效的表达式，注意表达式语句末尾不能使用“;”作为结束符，如<%=getDate()%>中的 getDate()语句的结束是没有分号。

(3) Java 脚本代码：位于<%   %>之间的代码。脚本中是大量的 Java 业务逻辑代码。

如：

```
<%
 String name="";
 Int i=1;
%>
```

4. 页面指令

JSP 中的页面指令共有 3 个，分别是 page、include、taglib 指令。

(1) page 指令：<%@ page %>指令作用于整个 JSP 页面，对包含在本页面的静态包含文件起作用。无论把<% @ page %>指令放在 JSP 文件的哪个地方，它的作用范围都是整个 JSP 页面。不过，为了 JSP 程序的可读性，以及好的编程习惯，最好还是把它放在 JSP 文件的顶部。可以在一个页面中用上多个<% @ page %>指令，但是其中的属性只能用一次。唯一例外就是 import 属性。import 属性和 Java 中的 import 语句一样，用于引入 Java 类，可以多次使用引入需要的 Java 后台类到当前页面。

如下面这条 page 指令：

```
<%@ page language="java" import="java.util.Date"
contentType="text/html; charset=gb2312"%>
```

其中：

language="java"声明脚本语言的种类，暂时只能用"java"。

import="java.util.Date"用来导入 Java 包的列表。

contentType="mimeType [;charset=characterSet]" / "text/html;charset=ISO-8859-1"用来设置 MIME 类型，默认 MIME 类型是: text/html，默认字符集为 ISO-8859-1。

(2) include 指令：在 JSP 中包含一个静态的文件，同时解析这个文件中的 JSP 语句。<%@include %>指令会在 JSP 编译时插入一个包含文本或代码的文件，当使用<%@include %>指令时，这个包含的过程是静态的。静态的包含是指这个被包含的文件将会在编译的过程中被插入到包含<%@include %>指令的 JSP 文件中去，这个包含的文件可以是 JSP 文件、HTML 文件或文本文件。如果包含的是 JSP 文件，这个包含的 JSP 文件中的代码将会被执行。

如果仅仅只是用 include 来包含一个静态文件，那么这个包含的文件所执行的结果将会插入到 JSP 文件中放<%@ include %>的地方。

如果被包含文件是 HTML 文件，要注意在这个包含文件中不能使用<html>、</html>、

<body>、</body>标记，因为这将会影响在原 JSP 文件中同样的标记，从而导致错误，下面是<%@ include %>指令的参考例子：

```
<%@ include file="head.jsp" %>
<%@ include file="body.html" %>
<%@ include file="footer.jsp" %>
```

(3) taglib 指令：要引入系统标签或定义一个标签库及其自定义标签的前缀，必须在使用自定义标签之前使用<% @ taglib %>指令，可以在一个页面中多次使用，但是前缀只能使用一次。

属性 uri="URIToTagLibrary"是根据标签的前缀对自定义的标签进行唯一的命名，prefix="tagPrefix"是在自定义标签之前的前缀，前缀是可以开发者自己命名的，但不要用 jsp、jspx、java、javax、servlet、sun、sunw 等关键字和专属名词作为前缀，下面是在页面中使用的 taglib 指令的例子：

```
<%@ taglib uri="/WEB-INF/struts-bean.tld" prefix="bean" %>
<%@ taglib uri="/WEB-INF/struts-html.tld" prefix="html" %>
```

4.2　实现用户注册与登录

4.2.1　用户注册功能的实现

用户注册功能实现了新用户的添加，在这个过程中能够综合地使用到 JSP 的基本语法、页面指令、导航、后台类的调用等各方面的知识。

【任务 4.1】用户注册功能实现

【任务描述】在该任务当中，主要分为以下几个方面。

(1) 设计用户注册页面，在页面中包括有效的 JavaScript 校验功能，用来校验用户名、用户密码不为空，两次密码是否一致。

(2) 设计用户注册处理页面，实现用户数据访问，且注册成功或注册失败都有相应的提示信息。

【任务分析】任务中涉及两个 JSP 页面，一个是用户注册信息页面 register.jsp，在这个页面上实现对注册信息的收集和校验，通过页面中的提交按钮实现对服务器的请求，将客户端数据发送到服务器端。另一个是在服务器端用于处理接收数据的页面 rec_register.jsp，该页面中有专门用于接收 HTTP 请求数据的语句，并且在该页面中创建访问数据的对象，实现与数据库的数据操作。用户注册实现原理如图 4.3 所示。

【掌握技能】通过该任务应该掌握如下技能。

(1) 掌握基本的 JSP 页面的创建、设计、调试。

(2) 熟练使用 JSP 的基本语句和页面元素。

(3) 掌握页面中 JS 的校验方法。

(4) 能够在页面中调用 Java 类，实现数据库的操作。

【任务实现】

第一步，按照图 4.3 所示，根据 4.1.1 节中介绍的 JSP 创建方法，在 register.html 静态页面的基础上创建 register.jsp 动态页面。具体创建完的 register.jsp 页面如下：

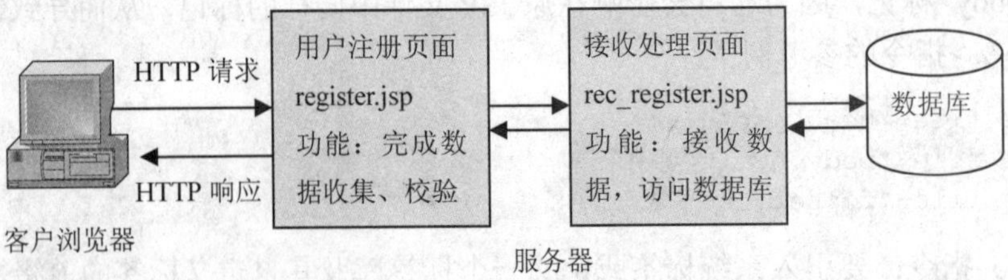

图 4.3　用户注册实现原理图

```
<%@ page language="java" import="java.util.*" pageEncoding="gbk"%>
<html>
<head>
<title></title>
<script lang="JavaScript">
    <!--
    function pass(){
        var pass = false;
        if( document.myForm.uname.value =="" ){
            alert("用户名不能为空");
            pass= false;
        }else if(document.myForm.upass.value == ""){
            alert("密码不能为空");
            pass = false;
        } else if(document.myForm.upass.value != document.myForm.upass1.value){
            alert("两次密码不一样");
            pass = false;
        }  else {
            pass = true;
        }
        return pass;
    }
    -->
</script>
<link href="css/style.css" rel="stylesheet" type="text/css">
</head>
<body background="images/zf_04.jpg"  >
    <form action="index.htm" method="post" name="myForm" onsubmit="return pass()">
        <table align="center" width="80%">
            <tr>
                <td colspan="2" class="ltd">用户注册：</td>
            </tr>
            <tr>
                <td class="rtd">用户名：</td>
                <td class="ltd"><input type="text" name="uname"></td></tr>
            <tr>
                <td class="rtd">密码：</td>
                <td class="ltd"><input type="password" name="upass"></td></tr>
            <tr>
                <td class="rtd">重复密码：</td>
                <td class="ltd"><input type="password" name="upass1"></td></tr>
```

```
            <tr>
                <td class="td" colspan="2">
                <input type="submit" value="注册"  class="button">
                    <input type="reset" value="重置" class="button">
              </td>
            </tr>
        </table>
    </form>
</body>
</html>
```

对上述代码，有几处关键点应注意。

(1) 将 page 指令中的 pageEncoding 属性设置为 gbk 或 gb2312，如果保留 pageEncoding 的原有属性会影响页面中汉字的保存与正常显示。

(2) 对页面中的 uname、upass 等字段进行有效性的 JS 校验。在页面中出现了使用 JavaScript 语言编写的校验函数，目的是对页面提交的数据进行合法性校验。

(3) 将页面中 form 表单中的 action 属性值设为接收处理页面地址，在表单的提交事件 onsubmit="return pass()"中调用校验函数。校验函数通过校验后将向服务器发出请求，请求的地址为 action 中指定的页面地址。

第二步，创建用于接收用户注册数据的介绍页面 rec_register.jsp。在本页面中主要完成以下 3 项功能：

(1) 接收注册页面 register.jsp 的提交数据。

```
<%@ page language="java" import="common.DBConnect,java.sql.*" pageEncoding="GBK"%>
<%--Java 脚本部分 --%>
<%
    String username;     //定义用于接收用户名变量
    String userpass;     //定义用于接收用户密码变量
    DBConnect db = new DBConnect();  //定义创建数据库连接对象

    //利用 JSP 的 request 隐式对象接收请求中的数据
    username = request.getParameter("uname");
    userpass = request.getParameter("upass");
    //向控制台打印获得的用户信息
    System.out.println("username"+username);
    System.out.println("userpass"+userpass);
%>
<html>    <!--静态 HTML 部分为空-->
  <head></head>
  <body></body>
</html>
```

在这段代码中，将 Java 脚本语句都写在了<%与%>中间，分别完成了变量定义、数据的获得和数据的输出打印功能。

在数据获得过程中，使用了 request 隐式对象的 getParameter 方法，有关隐式对象更多的说明在任务总结如下。

```
username = request.getParameter("uname");
```

```
userpass = request.getParameter("upass");
```

其中用双引号引起来的是请求页面中的输入文本框的 name 属性名，必须与提交页面的 name 属性一致才能获得提交数据，这一点初学者要特别注意。

在本段代码中，为了验证数据是否正确接收，将通过 System.out.println("username"+username) 语句将得到的结果输出到 MyEclipse 控制台。对比数据输入、输出效果，如图 4.4 所示。

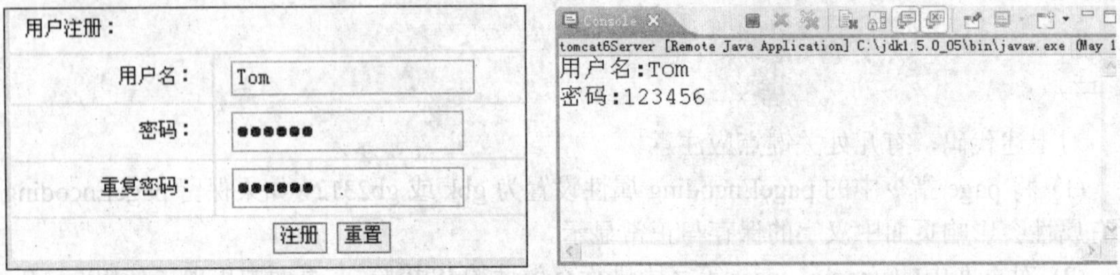

图 4.4　用户注册及数据接收

(2) 连接数据库，将数据存入用户表。接下来的任务是将接收到的数据通过 JDBC 存入到数据库相应的表中。这个过程与在 Java 程序设计中的设计方法是一样的，如果没有 Java 程序数据库编程基础，可以参考本书的任务 3.1 中有关数据库连接类设计的相关知识。

在数据插入的设计过程中：首先在<%@ page%>指令中通过 import 属性引入了必要的数据库连接类 DBConnect 和数据库操作的 JDBC 的支持包 java.sql.*。在具体 sql 语句执行过程中，使用了预编译会话对象 PreparedStatement。executeUpdate 方法执行的结果返回一个整型值，代表操作影响表中的记录条数。插入(insert)操作返回整数 1，删除(delete)、更新(update)操作返回 0～n 的整数。

(3) 根据数据操作结果，向客户端发送“用户注册成功！”或“该用户名已经存在，请重新注册”等提示信息。

提示：信息与导航的处理采用 out 隐式对象的 println 方法实现。Out 对象的 println 方法直接将字符串写到浏览器中。本例中将提示信息和导航的 JavaScript 语句作为字符串写到浏览器中，相当于在网页中执行这些 JavaScript 脚本。

该页面的主要功能不是用于数据显示，而是用于数据的处理，所有页面中 HTML 部分都是空的，没有任何显示内容出现。下面是完整的 rec_register.jsp 页面代码：

```
<%@ page language="java" import="common.DBConnect,java.sql.*" pageEncoding="GBK"%>
<%--Java 脚本部分 --%>
<%  String username;          //定义用于接收用户名变量
      String userpass;        //定义用于接收用户密码变量
      //利用 JSP 的 request 隐式对象接收请求中的数据
      username = request.getParameter("uname");
      userpass = request.getParameter("upass");
      //定义创建数据库连接对象
      DBConnect db = new DBConnect();
      //创建数据库操作的 sql 语句，以字符串的形式表示
      String sql = "insert into userinfo (username,userpass) values (?,?)";
      //创建数据库操作会话对象 PreparedStatement
      PreparedStatement ps = db.getPs(sql);
```

```
        //将得到的数据，通过 ps 对象写入到 sql 语句中的？中，
        //其中的 1 代表第一个？，2 代表第二个？，？是一个预置的参数
        ps.setString(1,username);
        ps.setString(2,userpass);
        //在 try 中捕获数据库操作异常
        try{
            //执行数据库更新操作，将操作结果存入 result 变量中
            int result = ps.executeUpdate();
            //判断执行结果，若影响记录条数为 1，成功，否则失败
            if(result==1){
                //使用 out 对象向页面写入 JavaScript 脚本，实现提示和导航
                out.println("<script lang='JavaScript'>");
                out.println("alert('注册成功！');");
                out.println("location='/zf/register.jsp'");
                out.println("</script>");
            }else{
                out.println("alert('注册成功！');");
            }
        }catch(SQLException e){
            System.out.println("rec_register.jsp"+e);
        }
 %>
<html>
  <head></head>
  <body></body>
</html>
```

4.2.2　用户登录功能的实现

用户登录功能实现了已注册用户的后台登录功能。登录后台页面时对用户名与用户密码进行校验，若用户密码、用户名正确，则导航到个人信息管理页面，不正确还要返回到登录页面给出“用户不存在或密码错误！”提示信息。在这个过程中能够使用到 JSP 的基本语法、页面指令、导航、后台类的调用等各个方面的综合知识。

【任务 4.2】用户登录功能实现

【任务描述】在该任务完成过程中，主要分解为以下几个子任务。

(1) 核心任务是设计登录 JSP 页面，使其能够完成用户信息的提交功能。

(2) 页面上要有对客户输入的数据的 JavaScript 有效性校验功能。

(3) 登录页面中要有登录不成功后的出错提示信息：“用户名不存在或密码错误”。

(4) 设计登录数据接收页面 rec_login.jsp，在该页面中接收登录页面提交的数据，并访问数据库，判断用户的有效性，最后导航到正确的页面。

【任务分析】用户登录过程中涉及两个 JSP 页面：一个是登录页面，在任务中命名为 left.jsp；另一个是 JSP 页面，用于接收登录请求数据，并负责向数据库提交查询的后台业务功能页面，在任务中命名为 afterlogin.jsp。在 afterlogin.jsp 页面中还要根据在数据库中检索的情况进行相应的导航，同时还要在登录页面中设计显示用户提示信息，用于说明用户登录失败的提示。具体的任务逻辑关系如图 4.5 所示。

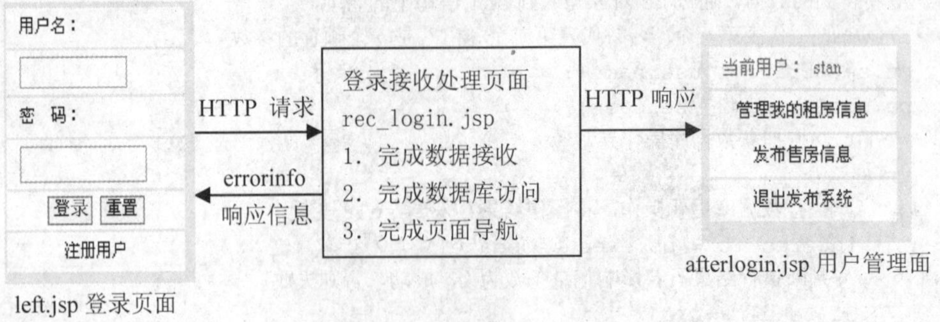

图 4.5　用户登录设计方案

【掌握技能】通过该任务应该掌握如下技能。

(1) 进一步熟悉 JSP 页面的创建、设计、调试功能。

(2) 熟练使用 JSP 的基本语句和页面元素。

(3) 掌握页面中 JavaScript 的校验方法。

(4) 能够在页面中调用 Java 类，实现数据库的操作。

(5) 会使用 response 隐式对象中的页面导航方法。

【任务实现】

第一步，按照图 4.5 所示设计 left.jsp 页面。在用户登录页面中有以下几方面的注意事项。

(1) 表单的设计：表单中的 action 属性定义了接收页面的地址为 action="rec_login.jsp"；新页面打开窗口 target="_self"定义为自身窗口；method="post"定义了数据的提交方式为 post 方式。

(2) 对提示信息的显示控制：当登录失败后，登录界面要负责向用户显示失败的提示信息“该用户不存在或密码错误！”，这个信息在页面上的显示要有选择性，选择的条件是判断向登录页面提交的请求中是否含有 errorinfo 这个变量，也就是说这个变量内容不为空的时候说明发生了登录错误，这时就要显示报错信息。errorinfo 信息是通过登录处理页面对数据库的访问后，由于用户不存在等原因而设定的标志信息。注意其下面的代码是两段 Java 脚本代码形成的一个完整的 if 语句，中间夹杂着受控制的 HTML 代码，这部分的 HTML 代码要根据 Java 脚本的逻辑进行显示。

```
<%  //从请求 request 中读取参数“errorinfo”
String errorinfo = request.getParameter("errorinfo");
   //判断 errorinfo 参数值是否为空，如果不为空，就说明有错误产生
if(errorinfo!=null){
%>
   <!—在网页上显示提示信息，这个位置属于 HTML 页面-->
   该用户不存在或密码错误！
<% } %>
```

(3) 页面的 JS 校验：在页面数据有效性校验的 JavaScript 函数 login()中，document 对象通过控件的 name 属性获得本窗体中各个控件的 value 值，当用户名与用户密码为空时返回 false，否则返回 true。下面是页面的代码，其中包括了实现校验的 JavaScript 函数。

```
<%@ page language="java" pageEncoding="gbk"%>
<html><head><title></title>
<script language="javascript">
<!--
```

```
        function login(){
            if( document.myForm.uname.value =="" ){
                alert("用户名不能为空"); return false;
            }else if(document.myForm.upass.value == ""){
                alert("密码不能为空"); return false;
            } else {return true;}
        }-->
</script>
<link href="css/style.css" rel="stylesheet" type="text/css">
</head>
<body background="images/zf_04.jpg">
    <form action="rec_login.jsp" target="_self" method="post" name="myForm">
    <table align="center" width="95%" >
        <tr> <td colspan="2" class="ltd">用户名: </td> </tr>
        <tr> <td colspan="2" class="ltd">
            <input type="text" name="uname" size=10" >
            <%  String errorinfo = request.getParameter("errorinfo");
                if(errorinfo!=null){
            %>
                该用户不存在或密码错误!
            <% } %>
         </td></tr>
        <tr> <td colspan="2" class="ltd">密  码: </td> </tr>
        <tr> <td colspan="2" class="ltd">
        <input type="password" name="upass" size=12" ></td></tr>
        <tr> <td class="td">
        <input  type="submit"  value=" 登 录 "   class="button"  onclick="return
login();" >
        <input type="reset" value="重置" class="button">
        </td></tr>
        <tr> <td class="td">
            <a href="register.html"  target="main" class="link">注册用户</a>
         </td></tr>
      </table>
   </form>
</body>
</html>
```

第二步，按照图 4.5 所示，设计登录接收处理页面 rec_login.jsp。在登录接收处理页面中需要完成以下几方面功能。

(1) 接收登录页面表单提交的用户名和用户密码的数据，使用 request 的 getParameter 方法实现数据的提取，其中 uname 与 upass 是登录页面中的数据输入字段的 name 属性名。具体如下。

```
String username = request.getParameter("uname");
String userpass = request.getParameter("upass");
```

(2) 数据库的访问，在页面的 page 指令中引入相关类和 java.sql 系统包。在本段代码中实现了数据库的查询操作，使用了预编译会话 PreparedStatement 对象的 executeQuery 方法，得到数据查询记录集 ResultSet。

(3) 根据数据库查询结果进行相应的导航。当查询记录集不为空，说明用户存在，可直接导航到用户管理页面，即 afterlogin.jsp 页面；当查询记录集为空时，说明用户不存在，使用 respons 的 sendRedirect 方法导航到登录页面，即 left.jsp 页面，在导航过程中要将报错参数的值设为任意一个不空的字符，以备在 left.jsp 页面中获得报错参数。

```
<%@ page language="java" import="common.*,java.sql.*" pageEncoding="gbk"%>
<%//通过 request 隐式对象获得登录信息
    String username = request.getParameter("uname");
    String userpass = request.getParameter("upass");
    //创建数据库连接对象
    DBConnect db = new DBConnect();
    //定义查询结果记录集
    ResultSet rs;
    //定义查询语句，其中？代表参数
    String sql = "select * from userinfo where username = ? and userpass = ?";
    //创建预编译数据库会话对象
    PreparedStatement ps = db.getPs(sql);
    try{
        //按顺序置入参数
        ps.setString(1,username);
        ps.setString(2,userpass);
        //执行查询，将结果存入记录集对象中
        rs = ps.executeQuery();
        if(rs.next()){
            //结果集不为空，说明用户名、密码正确，导航到 afterlogin.html
            response.sendRedirect("afterlogin.html");
        }else{
            //结果集为空，用户名错误，导航到登录页面，设报错参数 errorinfo='t'
            response.sendRedirect("left.jsp?errorinfo='t'");
        }
    }catch(SQLException e){
        System.out.println("rec_login.jsp"+e);
    } %>
<html> <head> <title></title> </head>
  <body></body>
</html>
```

【项目经验】

在任务 4.1 和任务 4.2 中都有一部分 JSP 页面的作用不是为了显示内容，而是为了执行对应的业务逻辑，如任务 4.1 中的 rec_register.jsp 页面和任务 4.2 中的 rec_login.jsp 页面，这部分页面在今后的任务将被 Java 后台类所代替，而 JSP 页面将主要用在客户端的数据显示功能。

4.2.3 JSP 的执行原理

JSP 的大部分工作就是与客户端进行交互。客户端一般指的是浏览器，它们与置于服务器端的 JSP 页面进行交互。JSP 脚本中所有的 Java 语句都在服务器执行。服务器接收客户端提交的请求，通过一定的处理之后，将结果返回给客户端，客户端得到的仅仅是 HTML 代码。

在一般的客户端和服务器端的交互中使用 HTTP 协议，HTTP 协议是一种无状态记录的通信协议，客户端通过下面 4 个步骤与服务器端进行交互。

(1) 客户端和服务器建立连接。

(2) 发送客户端请求。

(3) 服务器返回应答给客户。

(4) 客户端关闭连接。

所有的请求都是由客户端主动发出的，而服务器一直处于被动的监听状态。用户在浏览器输入要访问的地址，按 Enter 键确认后，浏览器开始与服务器建立连接，从这时开始就建立了一次交互过程。浏览器通过一段时间的等待后，从服务器得到响应，并且把相应的信息以 HTML 方式呈现给用户。用户在浏览网站的过程中，实际上包含了很多这样的交互应答过程。在客户端与 JSP 页面的交互过程中，只有服务器接收请求和返回应答的动作可能不一样，其他与上面过程基本一致。基本情况如下。

(1) 服务器在收到一个请求后首先要分析这个请求，如果请求的页面只是一般的 HTML 页面，服务器就直接读出 HTML 页面并返回给客户端。

(2) 如果客户端请求的是 JSP 页面，服务器调用 JSP 引擎翻译处理所请求的 JSP 页面，并将翻译和处理之后的 HTML 返回给客户端。

(3) 如果遇到 JavaBeans 组件，JSP 引擎将调用相应的 JavaBeans 组件，得到 JavaBeans 的返回值，最后返回给 JSP 页面。

当一个 JSP 页面第一次被访问的时候，JSP 引擎将执行以下步骤。

(1) 将 JSP 页面翻译成一个 Servlet，这个 Servlet 是一个 Java 文件，同时也是一个完整的 Java 程序。

(2) JSP 引擎调用 Java 编译器对 Servlet 进行编译，得到可执行文件 class。

(3) JSP 引擎调用 Java 虚拟机来解释执行 class 文件，生成向客户端发送的应答，然后发送给客户端。

以上 3 个步骤仅仅在 JSP 页面第一次被访问时才会执行，以后的访问速度会因为 class 文件已经生成而大大提高。当 JSP 引擎接到一个客户端的访问请求时，首先判断请求的 JSP 页面与对应的 Servlet 比是否有变化。如果发生了改变，对应的 JSP 需要重新编译，否则将直接调用已经生成的 Java 类进行执行。

在交互过程中，服务器必须从客户端得到一些数据来帮助处理过程的进行。这些数据包括用户身份验证数据(如用户名、密码等)以及其他重要信息，而这些数据的载体，就是用户提交的请求。请求的组成主要有两部分：头信息包含请求的方法(get 和 post)、请求的 URL 和浏览器信息等信息；其他信息包含了一些数据信息。JSP 执行的具体过程可通过图 4.6 详细展示出来。

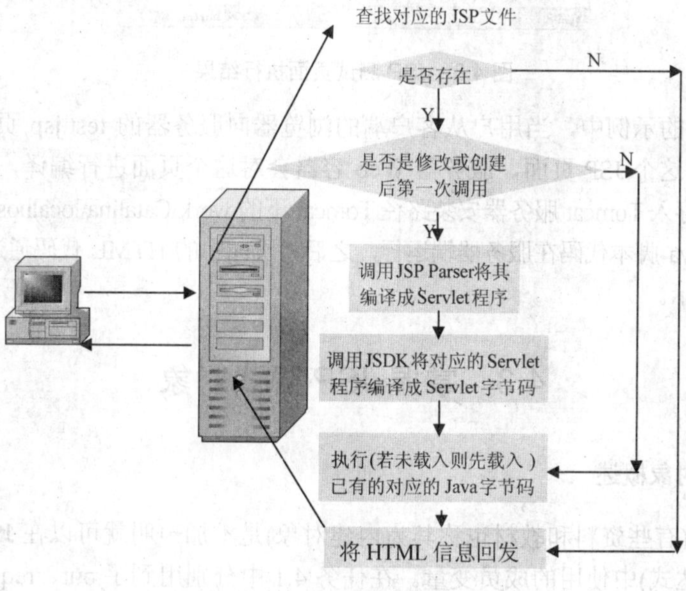

图 4.6　JSP 运行原理

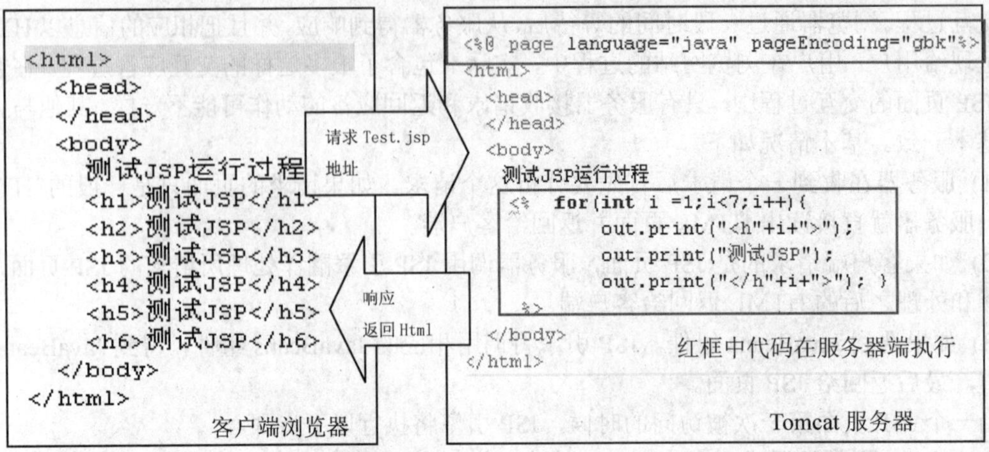

图 4.7　JSP 页面执行编译过程

在图 4.7 中对比了 JSP 页面和 JSP 页面向客户端回馈代码的情况。JSP 测试页面执行结果如图 4.8 所示。

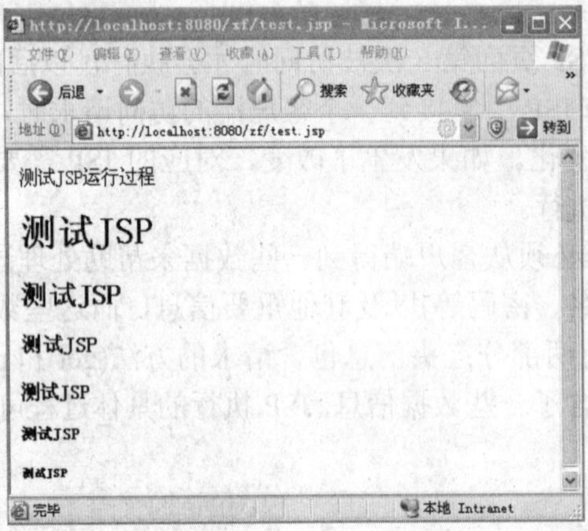

图 4.8　JSP 测试页面执行结果

在图 4.7 所示的示例中，当用户从客户端的浏览器向服务器的 test.jsp 页面发送请求后，如果是第一次请求这个 JSP 页面，服务器 Web 容器会对这个页面进行编译，生成对应的 Java 代码和 class 类，被存入 Tomcat 服务器安装路径 Tomcat 下的\work\Catalina\localhost\zf\org\apache\jsp\目录。页面中的 Java 脚本代码在服务器端运行，之后将页面中的 HTML 代码通过响应发送到客户的浏览器中进行显示。

4.3　掌握 JSP 隐式对象

4.3.1　JSP 隐式对象概述

JSP 隐式对象(有些资料和教材也称其为内建对象)是不加声明就可以在 JSP 页面脚本(Java 程序片和 Java 表达式)中使用的成员变量。在任务 4.1 中分别用到了 out、request、response 隐式对象，在以后使用过程中对隐式对象将会有一些了解。JSP 隐式对象是在 Web 中系统定义的“系统变量”，存在于服务器的内存中，实现对临时数据的存储，应用程序可以利用 JSP 的各种隐式对象完成后台数据与前台页面的交互功能。不同的隐式对象的作用范围不一样。JSP 的 9 种基本隐式对象见表 4-1。

表 4-1　JSP 9 种基本隐式对象

隐式对象名称	代表内容	范围
request	客户端发的 HTTP 请求	request
response	向客户端发的应答	page
session	为请求的客户创建的 session 对象	session
application	从 Servlet 配置对象获得的 Servlet 上下文(如在 getServletConfig(), getContext()的调用中)	application
out	向输出流写入内容的对象	page
pageContext	本 JSP 的页面上下文	page
page	实现处理本页当前请求的类的实例	page
config	本 JSP 的 ServletConfig	page
exception	表示 JSP 页面运行时产生的异常	page

4.3.2　常用 JSP 隐式对象介绍

1. out 对象

out 对象是 JspWriter 类的实例，它能把字符串输出到当前网页上。最常用到的方法是 out.println(String name)和 out.print(String name)，它们两者最大的差别在于 println 在输出的数据后面会自动加上换行的符号，例如：在 MyEclipse 的 Console 的窗口下，发现输出数据后会自动换行；print 不会在输出数据后自动换行。

out 对象除了这两种方法最常使用之外，它还有一些方法，这些方法主要是用来控制管理输出的缓冲区(Buffer)和输出流(Output Stream)。默认情况下服务器端输出到客户端的内容不直接写到客户端，而是先写到一个输出缓冲区中。只有在下面 3 种情况下才会把该缓冲区的内容输出到客户端上。

(1) 该 JSP 网页已完成信息的输出。

(2) 输出缓冲区已满。

(3) JSP 中调用了 out.flush 或 response.flushbuffer 方法。

out 对象常用方法见表 4-2。

表 4-2　out 对象常用方法

方　法	功　能
void clear()	清除缓冲区的内容
void clearBuffer()	清除缓冲区的当前内容
void flush()	清空流
int getBufferSize()	返回缓冲区字节数的大小，如不设缓冲区则为0
int getRemaining()	返回缓冲区还剩余多少可用
boolean isAutoFlush()	返回缓冲区满时，是自动清空还是抛出异常
void close()	关闭输出流

2. request 对象

该对象封装了用户提交的信息，通过调用该对象相应的方法可以获取封装的信息，即使用该对象可以获取用户提交的信息。常用的方法有 request. getParameter(String name)、request. getParameterValues(String name)、request.getAttribute(String name)、request.setAttribute (String name)、request.setCharacterEncoding(String name)，具体见表 4-3。

表 4-3　request 对象常用方法

方　法	功　能
String getParameter(String name)	获得HTTP请求中指定名称的值
String[] getParameterValues(String name)	获得HTTP请求中指定名称集合的所有值
void setAttribute(String key,Object obj)	在request范围内创建属性并赋值
object getAttribute(String name)	返回指定属性的属性值
Enumeration getAttributeNames()	返回所有可用属性名的枚举
Enumeration getParameterNames()	返回可用参数名的枚举
String getCharacterEncoding()	返回字符编码方式
setCharacterEncoding(String name)	设置请求中的汉字编码形式

在任务 4.1 中就是通过使用 getParameter(String name)的方法获得了请求中的用户名和用户密码值。

request 对象还包含了一些其他与获得 HTTP 请求头部信息和获得 IP、主机等有关网络信息的方法，由于这些方法在项目开发中使用率比较低，所以在此不做详细的介绍。

3. response 对象

response 对象包含了响应客户请求的有关信息，但在 JSP 中很少直接用到它，可以使用 response 的 sendRedirect(URL 导航地址)方法实现客户的重定向。response 是 HttpServletResponse 类的实例。response 对象的常用方法见表 4-4。

表 4-4　response 对象常用方法

方　法	功　能
String getCharacterEncoding()	返回响应用的是何种字符编码
PrintWriter getWriter()	返回向客户端输出字符的一个对象
void setContentType(String type)	设置响应的MIME类型
sendRedirect(java.lang.String location)	重新定向客户端的请求到新页面

4. session 对象

session 对象指的是客户端与服务器的一次会话，从客户连到服务器的一个 WebApplication 开始，直到客户端与服务器断开连接为止，它是 HttpSession 类的实例。服务器会为该 session 对象产生一个唯一的编号，这个编号称为 SessionID，服务器以 Cookie 的方式将 SessionID 存放在客户端。当浏览器再次访问该服务器时，会将 SessionID 作为 Cookie 信息带到服务器，服务器可以通过该 SessionID 检索到以前的 session 对象，并对其进行访问。需要注意的是，此时的 Cookie 中仅仅保存了一个 SessionID，而相对较多的会话数据保存在服务器端对应的 session 对象中，由服务器来统一维护，这样在一定程度上保证了会话数据的安全性，但增加了服务器端的内存开销。

存放在客户端的用于保存 SessionID 的 Cookie 会在浏览器关闭时清除。把从用户打开一个浏览器访问某个应用开始，到关闭浏览器为止的交互过程称为一个“会话”。在一个“会话”过程中，可能会向同一个应用发出多次请求，这些请求将共享一个 session 对象，因为这些请求携带了相同的 SessionID 信息。对于一个企业级应用而言，session 对象的管理十分重要。session 对象的信息一般情况下置于服务器的内存中，当服务器由于故障重启，或应用重新加载时，session 信息将全部丢失。为了避免这样的情况，在某些场合可以将服务器的 session 数据存放在文件系统或数据库中，这样的操作称为 session 对象的持久化。session 对象在持久化时，存放在其中的对象以序列化的形式存放，这就是为什么一般存放在 session 中的数据需要实现可序列化接口(java.io.Serializable)的原因了。

Tomcat 服务器提供两个类用于 session 对象的管理，这两个类分别是 org.apache.catalina.session.StandardManager 和 PersistentManager。Tomcat 默认的方式是使用 StandardManager 来管理 session。Tomcat 默认会在服务器关闭或应用重新加载时建立一个名为 session.ser 的文件，并将该应用对应的 session 对象存放在其中，该文件位于“Tomcat 主目录\work\Catalina\localhost\应用名”路径下。session 对象的常用方法见表 4-5。

表 4-5　session 对象常用方法

方　法	功　能
String[] getValueNames()	返回session中所有可用属性的数组
void removeValue(String name)	删除session中指定的属性
Void setAttribute(String name，Object val)	在session中存入对象
Object getAttribute(String name)	从指定的session对象中提取数据

5. page 对象

page 对象指向当前 JSP 页面本身，有点像类中的 this 指针，它是 java.lang.Object 类的实例。

6. application 对象

application 对象实现了用户间数据的共享，可存放全局变量。它开始于服务器的启动，直到服务器的关闭，在此期间，此对象将一直存在。这样在用户的前后连接或不同用户之间的连接中，可以对此对象的同一属性进行操作。在任何地方对此对象属性的操作，都将影响到其他用户对此对象的访问。服务器的启动和关闭决定了 application 对象的寿命，它是 ServletContext 类的实例。

7. exception 对象

exception 对象是一个运行异常对象，当一个页面在运行过程中发生意外时就会产生这个对象。如果一个 JSP 页面要应用此对象，就必须把 isErrorPage 设为 true，否则无法编译。它实际上是 java.lang.Throwable 的对象。exception 对象的常用方法见表 4-6。

表 4-6　exception 对象常用方法

方　法	功　能
String getMessage()	返回描述异常的消息
String toString()	返回关于异常的简短描述消息
void printStackTrace()	显示异常及其栈轨迹
Throwable FillInStackTrace()	重写异常的执行栈轨迹

8. pageContext 对象

pageContext 对象提供了对 JSP 页面内所有的对象及名字空间的访问，也就是说它可以访问到本页所在的 session，也可以取本页面所在的 application 的某一属性值，它相当于页面中所有功能的集合。

9. config 对象

config 对象是用于一个 Servlet 初始化时 JSP 引擎向它传递信息，此信息包括 Servlet 初始化时所要用到的参数(通过属性名和属性值构成)及服务器的有关信息(通过传递一个 ServletContext 对象)。

这 9 大隐式对象的分类见表 4-7。

表 4-7 隐式对象的分类

类　型	对　象
输入输出	request,response,out
作用域之间通信	session,application,pageContext
Servlet对象	page,config
错误对象	excepiton

其中 application 作用范围最广，只要服务器启动，application 中存入数据，以后无论是哪个资源都可以取得这个数据，直到服务器停止。其次是 session，一次会话中，在 session 中存入数据，可以在本次会话中得到，应用到的例子如购物车。接下来是 request，在请求中传递数据，请求结束后数据不可访问，用于页面之间的值的传递。范围最小的为 pageContext，只是在本页面中存数据，数据也只能在本页中得到，出了本页，数据就不可访问。

4.4 编程经验归纳

4.4.1 JSP 编程中汉字乱码的解决

在完成新用户注册或其他项目功能过程中，常常会遇到提交的数据中包含有汉字的情况，这时接收类中汉字会出现乱码情况，最终导致保存到数据库中的汉字出现乱码，如保存到数据库中的汉字都是？？？？形式的符号。这是由于 Java 的内核和 class 文件是基于 unicode 的编码形式，这使 Java 程序具有良好的跨平台性，但也带来了一些中文乱码问题。原因主要有两方面：Java 和 JSP 文件本身编译时产生的乱码问题和 Java 程序与其他媒介交互产生的乱码问题。

首先 Java(包括 JSP)源文件中很可能包含有中文，而 Java 和 JSP 源文件的保存方式是基于字节流的，如果在 Java 和 JSP 编译成 class 文件过程中，使用的编码方式与源文件的编码不一致，就会出现乱码。基于这种乱码，建议在 Java 文件中尽量不要写中文(注释部分不参与编译，写中文没关系)，对于 JSP 页面，在文件头加上如下代码基本上就能解决这类乱码问题。

```
<%@ page contentType="text/html;charset=GBK"%>或
<%@ page contentType="text/html;charset=gb2312"%>
```

其次，第二类乱码情况是 Java 程序与其他存储媒介交换数据时产生的乱码。很多存储媒介，如数据库、文件、流等的存储方式都是基于字节流的，Java 程序与这些媒介交换数据时就会发生字符(char)与字节(byte)之间的转换，具体情况如下。

(1) 从页面 form 提交数据到 Java 程序：byte→char。

(2) 从 Java 程序到页面显示：char→byte。

(3) 从数据库到 Java 程序：byte→char。

(4) 从 Java 程序到数据库：char→byte。

(5) 从文件到 Java 程序：byte→char。

(6) 从 Java 程序到文件：char→byte。

(7) 从流到 Java 程序：byte→char。

(8) 从 Java 程序到流：char→byte。

如果在以上转换过程中使用的编码方式与字节原有的编码不一致，很可能就会出现乱码。图 4.9 展示了在服务器与客户端之间数据通信时汉字编码的转换形式。

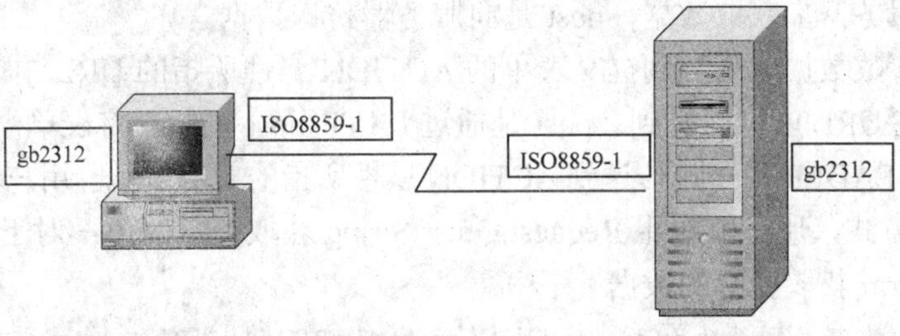

图 4.9 网际传输中的字符编码转换

汉字的乱码解决方法如下。

第一种方法，指定 request 获取参取编码。在 JSP 获取页面参数时一般采用系统默认的编码方式，如果页面参数的编码类型和系统默认的编码类型不一致，很可能就会出现乱码。解决这类乱码问题的基本方法是在页面获取参数之前，指定 request 获取参数的编码方式，具体如下所示。

```
request.setCharacterEncoding("GBK")或
request.setCharacterEncoding("gb2312")
```

如果在 JSP 将变量输出到页面时出现了乱码，可以设置响应对象 response 的编码格式，具体如下所示。

```
response.setContentType("text/html;charset=GBK")或
response.setContentType("text/html;charset=gb2312")
```

第二种方法，强制类型转换。在接收页面使用如下语句：首先使用 request 隐式对象的 getParameter()方法获得请求数据，再通过创建新字符串的方法强制将字符的编码形式由 ISO-8859-1 转换成 gb2312 格式，编码类型重新构造，具体如下所示。

```
String userName = request.getParameter("username");
userName = new String(userName.getBytes("iso8859-1"),"gb2312")
```

第三种方法是通过过滤器对所有请求进行统一的汉字编码类型转换，有关过滤器方面的知识将在后续任务中介绍。

4.4.2 页面中的 form 表单

表单(form)允许客户端的用户以标准格式向服务器提交数据。表单的创建者为了收集所需数据，使用了各种控件设计表单，如 INPUT 或 SELECT 控件。通过单击【提交】按钮即可向服务器发送数据，服务器上的脚本会处理这些数据。

如果数据要发送出去的话，必须定义每个控件元素的 NAME 标签属性。表单中的元素可使用 name 属性或 id 属性引用。

form 中的 action 属性用于说明提交页面后服务器的接收处理请求地址，如在上例中有 action="/jsppos/ch3/logincheck.jsp"，表示当用户提交页面进行登录校验时，由服务器中的 logincheck.jsp 页面进行接收处理数据。

form 可以使用多种方式向服务器提交数据，最常用的有两种方法，即 get()和 post()。可以在 form 标签元素中使用 method="post"或 method="get"子句设定提交方式。以下几点为 get 和 post 各自提交方式的特点及不同。

(1) get 是从服务器上获取数据，post 是向服务器传送数据。

(2) get 是把参数数据队列加到提交表单的 ACTION 属性所指的 URL 中，值和表单内各个字段一一对应，在 URL 中可以看到；post 是通过 HTTP post 机制，将表单内各个字段与其内容放置在 HTML HEADER 内一起传送到 ACTION 属性所指的 URL 地址，用户看不到这个过程。

(3) 对于 get 方式，服务器端用 Request.QueryString 获取变量的值；对于 post 方式，服务器端用 Request.Form 获取提交的数据。

(4) get 传送的数据量较小，不能大于 2KB；post 传送的数据量较大，一般被默认不受限制。

(5) get 安全性比较低；post 安全性较高。

4.4.3 数据库操作相关知识

1. PreparedStatement 的使用过程

首先，定义数据库操作语句。例如：

```
String sql = "insert into usersinfo (userid,username,password,available) values
(?,?,?,?)";
```

其次创建 PreparedStatement 对象。通过创建后的对象将已有数据依次插入到语句中，代替语句中的？。

之后通过 PreparedStatement 语句的 executeUpdate()方法执行。注意：executeUpdate()执行结果为整数，代表影响数据库记录的条数。在本例子中，如果插入成功，将返回整数 1，失败将返回整数 0，可以根据返回值的结果来判断是否插入成功。

2. PreparedStatement 与 Statement 的比较

(1) 代码的可读性和可维护性。虽然用 PreparedStatement 来代替 Statement 会使代码多出几行，但这样的代码无论从可读性上还是可维护性上来说都比直接用 Statement 的代码高很多档次。

(2) 代码的性能。PreparedStatement 尽最大可能提高性能。每一种数据库都会尽最大努力对预编译语句提供最大的性能优化。因为预编译语句有可能被重复调用，所以将语句在被数据库编译器编译后的执行代码被缓存下来，那么下次调用时只要是相同的预编译语句就不需要编译，只要将参数直接传入编译过的语句执行代码中(相当于函数)就会得到执行。这并不是说只有一个 Connection 中多次执行的预编译语句被缓存，而是对于整个 DB 中，只要预编译的语句语法和缓存中匹配，那么在任何时候都可以不需要再次编译而直接执行，而 statement 的语句中，即使是相同操作，由于每次操作的数据不同，使整个语句相匹配的机会极小，几乎不太可能匹配。例如：

```
insert into tb_name (col1,col2) values ('11','22');
insert into tb_name (col1,col2) values ('13','33');
```

事实是没有数据库会对普通语句编译后的执行代码缓存，当然并不是所有预编译语句都一定会被缓存。数据库本身会用一种策略，比如使用频度等因素来决定什么时候不再缓存已有的预编译结果，以保证有更多的空间存储新的预编译语句。

(3) 代码的安全性。这是最重要的一点，使用预编译语句极大地提高了指令的安全性。在数据库中存在着 SQL 注入威胁，例如：

```
String sql = "select * from tb_name where name= '"+varname+"' and passwd='"+varpasswd+"'";
```

如果把[' or '1' = '1]作为 varpasswd 传进来，用户名随意，看看会成为什么样的语句。

```
select * from tb_name = '随意' and passwd = '' or '1' = '1';
```

因为'1'='1'肯定成立，所以任何用户都可以通过验证。更有甚者把[';drop table tb_name;]作为 varpasswd 传进来，则有：

```
select * from tb_name = '随意' and passwd = '';drop table tb_name;
```

使用 statement 就可以使以上这些语句得到执行，从而产生注入威胁，而用 PrepareStatement 就可以避免这种注入威胁。

3. 数据库操作的返回值类型

executeQuery 方法返回的是 ResultSet 记录集对象，包含了检索到的记录信息，该方法主要应用数据库查询语句 select。

executeUpdate 方法返回整数值类型 int，代表影响到数据库表中的记录条数，使用于数据库中的 insert、update、delete 命令。

本 章 小 结

本章重点讲述了 JSP 基本语法与页面指令<%page>的用法，JSP 页面元素主要由模板元素、页面注释、Java 脚本和 JSP 页面指令组成。

通过本章学习达到熟练使用 JSP 完成简单的业务逻辑功能的目的，如利用公共数据库连接类，使用 JSP 页面完成了用户注册与用户登录功能的设计。在这个过程中要理解 JSP 页面的编译运行过程。

掌握 JSP 隐式对象的使用，能够熟练使用 request.getParameter 方法获得请求中的参数数据。

掌握在页面间通过页面中表单的 action 属性实现请求，通过使用 response.sendRedirect 方法实现页面间的导航的方法。

在这部分讲解中同时要注意汉字在请求过程中的编码的转换，解决提交过程中出现的汉字乱码问题。

习　题

1．归纳总结在 JSP 页面中注释的种类和特点。

2．解释<%@ page %>指令中常用属性的作用。

3．使用 Tomcat 作为 Web 服务器时，当请求一个 JSP 页面后生成哪些文件，存放在什么位置？

4．比较常用的隐式对象的作用范围。如果要将用户信息保存在某个隐式对象中，试问选择哪种隐式对象进行保存？

5．举例说明什么是数据库的注入威胁，如何解决注入威胁。

第5章 使用 JavaBean 实现房屋信息管理

学习提示

在掌握 JSP 基本知识的基础上，通过将页面中的 Java 代码分离到后台 Java 业务类中实现 JSP 页面逻辑的简化，完成 JSP+JavaBean 的设计与实现。在这个过程中通过 JavaBean 实现系统业务逻辑。

工作任务

- ✧ 实现房屋信息查询功能
- ✧ 实现房屋信息的发布、删除和修改功能
- ✧ 实现页面分页功能

技术要求

- ✧ 使用 request、session 对象在页面间传递数据
- ✧ 熟悉 JSP 页面中的多种导航方式
- ✧ 熟练使用 JSP+JavaBean 编程模式
- ✧ 掌握复杂 JSP 页面的设计

专用单词

Session	会话	Request	请求
Response	响应	application	应用

5.1 JavaBean 在项目中的应用

在上一章的页面中包含了大段 Java 代码。如果页面逻辑与数据结构复杂，这种嵌入在<%……%>中的 Java 代码会更多，并且 Java 代码与 HTML 标签交错纷杂，使页面显得非常混乱。为了解决这种设计上的混乱，应尽量将 Java 代码从页面中分离到后台的 Java 类中，进而实现页面的简化。JSP 可以通过多种方式与后台的 JavaBean 关联，在本章中将重点使用 JavaBean 实现 JSP 页面与后台 Java 类的数据交互。Java 类可以通过 JSP 页面中<% page……%>指令的 import 属性将其引入到页面，之后使用 new 创建该类的对象实例，并通过该对象调用类的业务方法，实现与后台 Java 类的业务交流，这种方法比较适用于复杂业务逻辑过程。另一种与后台 Java 类交互的方式是通过 JSP 对 JavaBean 的支持实现的，在 JSP 动作指令中包括了对 JavaBean 的引用，属性的设置与读取指令，<Jsp:UserBean>指令适用在 JSP 页面间传递数据，但在实际项目的开发过程中更多地使用<% page……%>指令的 import 属性引用后台的 JavaBean 到当前页面。

5.1.1 了解 JavaBean

广义上讲任何 Java 类都是 JavaBean。标准 JavaBean 是用 Java 语言写成的可重用组件，是具有一致性设计模式的 Java 类。JavaBean 必须具有显式的、公共的并且无参数的构造方法，私有成员通过公有方法进行数据信息存取操作，方法命名有一定的规则。其他 Java 类可以通过自省机制发现和操作这些 JavaBean 属性。

在 JSP 页面中，JavaBean 的作用是提供一种页面间交互数据的手段和方法，在页面的某个作用域中(request、session、application 等)创建 JavaBean 数据对象，在其他页面中引用该 JavaBean 对象。如果不使用 JavaBean 对象，JSP 页面也可以直接使用系统隐式对象 request 中的 getParameters 方法进行数据的获取。

JavaBean 的设计规范要求如下。

(1) 类中有一个公共、显式、无参数的构造方法。

(2) 类中的成员使用 private 修饰，遵循 Java 的命名规范。

(3) 为所有成员配置 public 的 setXxx/getXxx 方法，必须遵循 Beans 内部的命名规则，Beans 根据这两个方法来对成员进行读取，此 get 和 set 方法必须有与成员变量相同的名称，但是第一个字母要大写并以 get 和 set 开头。

(4) 要求 JavaBean 实现序列化接口。

JSP 中提供了以下 3 个在页面中使用 JavaBean 的动作指令。

(1) jsp:useBean：实例化或者寻找一个 JavaBean。

(2) jsp:setProperty：设置 JavaBean 的属性。

(3) jsp:getProperty：输出某个 JavaBean 的属性。

1. <jsp:useBean>动作指令

jsp:useBean 动作用来装载一个将在 JSP 页面中使用的 JavaBean。这个功能非常有用，因为它使得人们可以发挥 Java 组件重用的优势，jsp:useBean 动作指令最简单的语法为：

```
<jsp:useBean id="name" scope="" class="package.class"/>
```

这行代码的含义是创建一个由 class 属性指定的类的实例，然后把它绑定到其名字由 id 属性给出的变量上。不过接下来会讲到定义一个 scope 属性可以让 Bean 关联到更多的页面。表 5-1 是对 jsp:userBean 命令中属性的说明。

表 5-1　jsp:useBean 命令属性

属　性	说　明
id	指定在 JSP 网页中所产生的 JavaBean 对象名称，如此便可利用此名称在 JSP 网页中使用 JavaBean 对象
scope	此为设置 JavaBean 的使用作用域，有 request、session、page 及 application 4 种
class	指定使用的类名称

scope 中指明 JavaBean 的生命周期范围，关于 JavaBean 对象的生命周期说明如下。

(1) page：JavaBean 对象生命周期仅限于目前网页中，若用户转换到下一网页或单击【刷新】按钮，则 JavaBean 对象失效。

(2) request：JavaBean 对象生命周期是当用户“请求”网页的时候产生，在进行网页重定向后 JavaBean 对象便自动消失。

(3) session：该 JavaBean 对象生命周期是当 session 存在的时候，即从 session 建立时开始，在系统默认的时间里 JavaBean 对象有效。

(4) application：表示该 JavaBean 对象生命周期是当 application 存在的时候，即从 application 建立时开始，在 application 结束时，JavaBean 也随着结束。

2. <jsp:setProperty>动作指令

将 JavaBean 加载之后，可以将 JSP 页面中的字段数据通过<jsp:setProperty>操作写入到 JavaBean 中的属性中，该命令的属性设置见表 5-2。

表 5-2　jsp:setProperty 命令属性

属　性	说　明
name	指定要设置属性的 JavaBean 对象名称，也就是<jsp:useBean>中的 id 值
property	要设置的 JavaBean 对象的属性，前缀为小写字母
value	预指定的属性值
param	表单中的参数名称

jsp:setProperty 动作指令包含 4 个属性：

(1) name 属性是必需的，它表示要设置的属性归属于哪个 Bean 对象。

(2) property 属性也是必需的，它有一个特殊用法，如果 property 的值是*，则所有名字与 Bean 属性名字相同的请求参数的值都将通过 set 方法传递给相应的属性，可以利用这个方法在设计页面时将页面上的字段名字取成与 JavaBean 中成员变量的名字相同，即可通过 Java 的自省机制将页面上的值自动地传递到 JavaBean 对象中。

(3) value 属性是可选的，该属性用来指定 Bean 属性的值。

(4) param 是可选项，它指定用哪个请求参数作为 Bean 属性的值。

如果当前请求没有参数，则什么事情也不做，系统不会把 null 传递给 Bean 属性的 set 方法，因此，可以让 Bean 自己提供默认属性值，只有当请求参数明确指定了新值时才修改默认属性值。

例如下面的代码片断表示如果请求中存在 userName 参数，则将 userBean 中引用对象的 userName 属性的值设置为请求参数 userName 的值,否则什么也不做。

```
<jsp:setProperty name="userBean" property="userName"  param="userName" />
```

如果同时省略 value 和 param，其效果相当于提供一个 param 且其值等于 property 的值。进一步利用这种借助请求参数和属性名字相同进行自动赋值的思想，可以在 property 中指定*，然后省略 value 和 param，此时，服务器会查看所有的 Bean 属性和请求参数，如果两者名字相同则自动赋值。

在实际使用 JavaBean 时，setProperty 指令会有以下 4 种具体的使用方法：

方法一：

```
<jsp:setProperty  name="beanInstanceName" property= "*" >
```

由 JSP 页面传来的参数值，通过 java 自省机制设定所有的属性。前提条件是页面中的字段名称与 JavaBean 中的成员名称一样，这样可以通过 JavaBean 中的对应的 setXxx 方法赋值。

方法二：

```
<jsp:setProperty  name="beanInstanceName" property= "propertyName">
```

也是通过自省机制，但要有选择的设定，只对指定的 beanInstanceName 实例中的 propertyName 属性赋值。

方法三：

```
<jsp:setProperty    name="beanInstanceName"  property=  "propertyName" , param=
"ParamName">
```

指定发起请求的 JSP 页面中某个具体字段值传递给 beanInstanceName 中 property 的指定属性。

方法四：

```
<jsp:setProperty  name="beanInstanceName" property= "propertyName", value="myvalue">
```

通过 value 变量，动态传递给 beanInstanceName 中的属性。

3. <jsp:getProperty>动作指令

jsp:getProperty 动作提取指定 Bean 属性的值并转换成字符串，然后输出到 JSP 页面上。jsp:getProperty 有两个必需的属性：属性 name 表示 Bean 的名字；属性 property 表示要提取哪个属性的值。

5.1.2 实例演练 JavaBean

以用户注册为例，在用户注册过程中，用户要将注册信息提交到注册接收页面。在前期任务中是通过隐式对象 request 的 getParameter 方法获得用户请求数据，在本实例演练中，将使用 jsp:userBean 系列动作指令完成相应的操作。

第一步，首先创建用于封装用户信息的 JavaBean，具体代码如下：

```
package hcit.ch5;
public class UserInfoBean {
   //显式声明的无参构造方法
   public UserInfoBean(){}
```

```
    //定义相关成员
    private String uname;
    private String upass;
    //配置对应的 get 和 set 方法
    public String getUname() { return uname;   }
    public void setUname(String uname) {   this.uname = uname;}
    public String getUpass() { return upass;}
    public void setUpass(String upass) {   this.upass = upass;}
}
```

第二步，在接收处理页面使用 jsp:userBean 与 jsp:setProperty 指令配合接收请求页面的参数数据，可以通过 jsp:getProperty 指令将 Bean 中的数据显示到接收页面。

```
<%@ page language="java" import="java.util.*" pageEncoding="gbk"%>
<jsp:useBean id="us" class="hcit.ch5.UserInfoBean" scope="request">
</jsp:useBean>
<jsp:setProperty  name="us" property="*"/>
<html>
  <head><title></title></head>
  <body>
     你注册的用户名是：<jsp:getProperty name="us" property="uname"/><br>
     你注册的用户密码是：<jsp:getProperty name="us" property="upass"/><br>
  </body>
</html>
```

【项目经验】

(1) JavaBean 实例化对象存在于某个隐式范围中，可以通过相关的隐式对象获得其中的数据，如在上例接收页面中，可以有：

```
<%UserInfoBean userbean = (UserInfoBean)request.getAttribut("us");%>
```

(2) JavaBean 技术在 J2EE 项目中普遍应用，但 JSP:userBean 系列指令有一定的局限性，即只能在 JSP 页面中使用，在以后学习 Servlet 后将受到限制，因此使用得比较少。

5.2 使用 JavaBean 实现业务过程

5.2.1 实现房屋信息查询

【任务 5.1】房屋信息查询功能实现

【任务描述】房屋信息查询功能实现在查询页面(图 5.1)输入查询信息，提交后在查询结果页面显示查询结果，如图 5.2 所示。房屋信息查询功能是通过在前台页面输入查询条件，提交到查询页面进行数据库检索，并将查询结果返回到指定页面显示的一个典型工作过程。在这个过程中数据在页面间的传递与调用是学习和掌握的重点，要理解好 JavaBean 在这个过程中所起的重要作用。

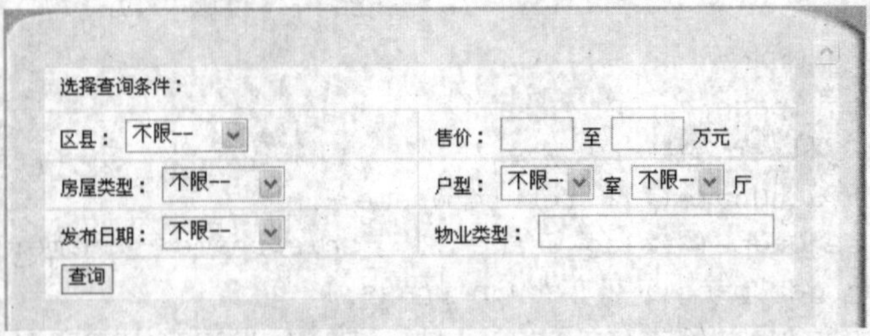

图 5.1　房屋信息查询页面

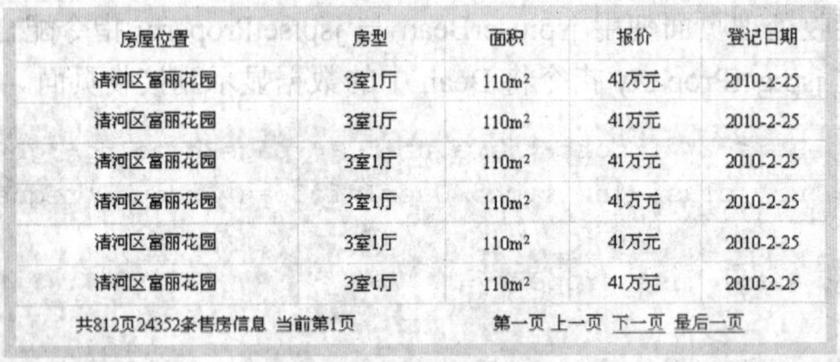

房屋位置	房型	面积	报价	登记日期
清河区富丽花园	3室1厅	110m²	41万元	2010-2-25
清河区富丽花园	3室1厅	110m²	41万元	2010-2-25
清河区富丽花园	3室1厅	110m²	41万元	2010-2-25
清河区富丽花园	3室1厅	110m²	41万元	2010-2-25
清河区富丽花园	3室1厅	110m²	41万元	2010-2-25
清河区富丽花园	3室1厅	110m²	41万元	2010-2-25
共812页24352条售房信息 当前第1页		第一页 上一页 下一页 最后一页		

图 5.2　房屋信息查询结果页面

(1) 结合已有的静态页面，创建房屋信息查询页面(参考项目中 main.jsp 页面)。

(2) 创建查询显示结果页面，用于接收请求并将结果通过循环显示在页面上(参考项目中/ch5/searchlist.jsp)。

【任务分析】在房屋信息查询页面中，输入要查询的信息，这部分信息将随着 HTTP 请求发送到服务器，由 searchlist.jsp 页面接收处理。结合学过的知识完成对提交数据的收集是本任务的第一个重点。可以通过前期学过的 request.getParameter("参数名")方法获得参数，也可用前面讲过的 JavaBean 的方法接收数据。任务的另一个重点在于在接收页面中如何访问数据库，如何根据查询条件得到数据并将数据集显示在页面上。在任务中将访问数据库的任务放到了后台类中实现。如何在页面中调用后台类，如何在页面上通过循环语句遍历 ResultSet 是学习的关键。

【掌握技能】通过该任务应该掌握如下技能。

(1) 熟悉复杂 JSP 页面的设计。

(2) 掌握 jsp:userBean、jsp:setProperty 指令的使用方法。

(3) 熟练掌握在 JSP 页面中循环迭代数据记录集的技巧。

【任务实现】

第一步，设计房屋信息查询页面，在页面中将用到多种 HTML 标签元素(代码略)。

第二步，设计 JavaBean，实现对表数据的封装。

在设计接收页面时，利用前面讲过的 JavaBean 技术实现对提交页面的数据的收集；设计后台类，实现对数据的查询功能；使用循环语句完成结果集在页面上的迭代显示。

在这个环节中首先设计与页面查询条件对应的 JavaBean 类，该类在项目中的文件名为/ch5/CheckInfoBean.java。本类中只包含要查询对象表 houseinfo 中信息对应的字段和与该字段配套的 set 方法和 get 方法。本类设计有两个方面的作用：第一通过使用 jsp:setProperty 指令接收请求页面上的查询条件数据，将请求的数据打包到 JavaBean 中并传送到后台业务类中；第二个作用用于封装查询后的查询结果记录，并将结果保存到 request 或 session 隐式对象中返回到页面，下面详细说明该任务的实现过程。

```
public class CheckInfoBean {
        String qxid;
        String low;
        String high;
        String housetype;
        String room;
        String hall;
        String ownertype;
        public String getQxid() {
            return qxid;
        }
        public void setQxid(String qxid) {
            this.qxid = qxid;
        }
        其他 set()、get()方法略
    }
```

第三步，完成后台查询业务类设计。在此任务中，由于查询业务逻辑比较复杂，所以可以将查询业务过程放入到后台的业务类中实现。只要设计好业务类的接口参数和返回值，就可以通过在页面中调用该业务类实现查询的操作，这样可以降低页面的复杂度。在查询业务类中主要完成两项任务：第一项任务是构造查询条件，要根据前台页面提交的数据完成查询条件的组合；第二项任务是根据查询条件，调用通用数据库连接类，实现对数据库的查询，并将查询得到的结果集通过循环迭代存入到 JavaBean 中，然后将每个 JavaBean 放到 ArrayList 对象中，返回到调用页面上。

```
public List getInfo(CheckInfoBean info){
        //定义数据库连接对象
DBConnect db = new DBConnect();
        qxid = info.getQxid();
        low = info.getLow();
        high = info.getHigh();
        housetype = info.getHousetype();
        room = info.getRoom();
        hall = info.getHall();
        ownertype = info.getOwnertype();
        //构造查询条件
        String sql = "select * from houseinfo where 1=1";
        if(qxid!=null){sql = sql + "and district_id =" + qxid;}
        if(low!=null){sql = sql + "and price >" + low;}
        if(high!=null){sql = sql + "and price <=" + high;  }
        if(housetype!=null){sql = sql + "and house_type =" + housetype;}
        if(room!=null){ sql = sql + "and room =" + room;}
        if(hall!=null){ sql = sql + "and hall =" + hall;}
        if(ownertype!=null){sql = sql + "and owner_type =" + ownertype;}
        //执行查询数据库，并返回查询结果
        try {
            rs = db.executeQuery(sql);
            while(rs.next()){
```

```
            CheckInfoBean cb = new CheckInfoBean();
            cb.setHouseid(rs.getString("house_id"));
            cb.setRoom(rs.getString("room"));
            cb.setHall(rs.getString("hall"));
            cb.setRegdate(rs.getString("date"));
            cb.setPrice(rs.getString("price"));
            //将 JavaBean 数据对象存入到 result 对象中
        result.add(cb);
            }
        } catch (SQLException e) {
            System.out.println("ch5/CheckInfo.java"+e);
        }
        return result;
    }
```

在以上方法中，首先定义了一个查询语句字符串 sql = "select * from houseinfo where 1=1"，查询语句中的条件为“1=1”，这样就能将数据库表中的所有记录都检索出来。在后面陆续通过对查询条件对象中的条件不为空的判断，实现了查询条件的不断累加。使用数据库连接类 DBConnect 定义了数据库连接对象 db，调用查询方法 executeQuery(sql)实现对数据库表的查询过程，并通过 while 循环实现对 ResultSet 结果集中的记录数据的迭代提取，将数据存入 ArrayList 对象中。

第四步，设计查询结果显示 JSP 页面，在任务中为 searchlist.jsp。在 JSP 页面中使用 JavaBean 的 jsp:useBean、jsp: setProperty 指令实现对提交查询条件数据的自动收集功能，同时使用<%@ page language="java" import="hcit.ch5.*" pageEncoding="gbk"%>语句实现对后台业务类的引用，并且在页面中使用循环语句迭代从业务类中返回的查询结果集合。JSP 页面可参考项目代码中/ch5/searchlist.jsp 页面的设计。

在页面的代码的编写过程中要注意 JavaBean 的作用范围，在该段代码中 JavaBean 的作用范围是 scope="request"，这样在使用完 jsp:setProperty 指令后，将通过使用 request 的 getParameter 语句从范围中提取查询条件 JavaBean 的数据，并将得到的查询条件结果存入到第三步中的后台业务类的业务方法中，实现对数据的查询。要注意的是在 request.getAttribute("checkinfo")语句中从 request 中获取数据的变量名称与在 jsp：useBean 中定义的 JavaBean 的名字一致时，该语句获得的对象就是由 JavaBean 语句创建的 JavaBean 对象。

```
<!-- 使用 userBean 与 setProperty 命令完成对请求数据的收集封装 -->
<jsp:useBean id="checkinfo" scope="request" class="hcit.ch5.CheckInfoBean">
</jsp:useBean>
<!-- 使用通配符*，将请求页面中所有与 JavaBean 中同名的字段自动传递 -->
<jsp:setProperty  name="checkinfo" property="*"/>
<%
   CheckInfoBean cb = (CheckInfoBean)request.getAttribute("checkinfo");
   CheckInfo ci =  new CheckInfo();
   List result = ci.getInfo(cb);
 %>
```

通过 List result = ci.getInfo(cb)语句得到查询结果后，将结果显示在当前查询结果的 JSP 页面上。主要应用对集合的循环迭代实现对数据的显示功能。

```
<%for(int i=0;i<result.size();i++){
       CheckInfoBean listcb= new CheckInfoBean();
       listcb = (CheckInfoBean)result.get(i);     %>
     <tr> <td width="30%" class="td" >
         <a href=detail.jsp?ID=<% %>  target="_self" class="link">
         <%=listcb.getOwnername() %>
     </a>
        </td>
        <td width="15%" class="td">
        <%=listcb.getRoom() %>室<%=listcb.getHall() %>厅 </td>
        <td width="13%" class="td"> <%=listcb.getArea() %> </td>
        <td width="14%" class="td"><%=listcb.getPrice() %> </td>
        <td width="13%" class="td"><%=listcb.getRegdate() %></td>
     </tr>
  <% }%>
```

【项目经验】

在信息管理系统开发过程中，通常将数据表封装定义成 JavaBean 实体类，实体类的作用是将数据表封装成为数据对象，数据对象可以在页面与后台业务类之间进行传递，这种设计思想在开源框架 Hibernate 中得到了充分的体现。在任务中使用了 jsp:userBean、jsp:setProperty 指令实现对数据的收集。要注意 JavaBean 的使用范围，其他是在 request 隐式范围中创建的 JavaBean。理解并完成 B/S 系统的一个有效方法就是关注业务功能中的数据流是如何在前台页面和后台业务类中传递的，关注数据存储的上下文。图 5.3 展示了任务过程中数据的流转过程。

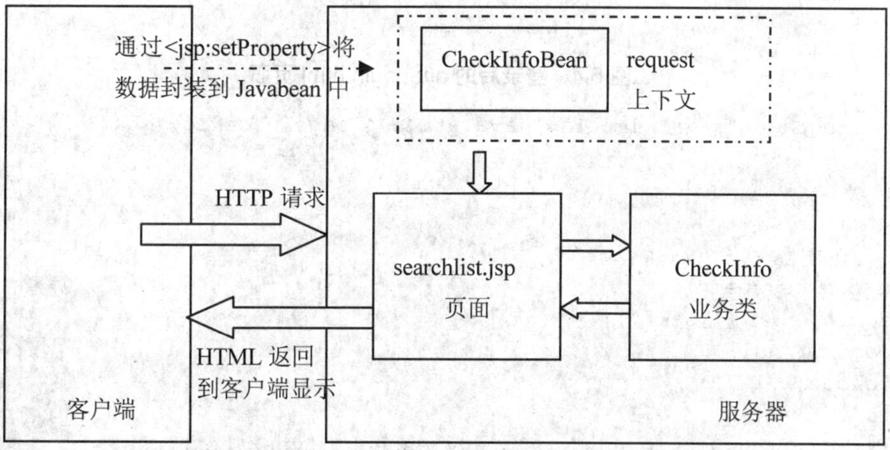

图 5.3　房屋信息查询数据流转过程

5.2.2　使用 session 处理个人信息

B/S 系统允许在一定时间、一定页面范围内将数据保存在 session 隐式对象中，一般 session 默认的有效时间为 30 分钟。根据 session 的使用特点，可以将用户登录等关键信息保存在 session 隐式对象中。在个人房屋信息管理过程中，用户通过登录后台只能管理自己发布的房屋信息，而对于其他用户的信息不能进行检索与管理。这样就要求用户登录完成后，要将其个人的信息保存在服务器端的 session 中，session 的特点是能够在服务器端将信息保存一定时间。用户登录功能在任务 4.2 中已经完成，对登录校验部分的代码做适当修改，将通过校验的用户名与用户 ID 存入 Web 容器的 session 对象中。

```
if(rs.next()){
        //结果集不为空，说明用户名、密码正确，导航到 afterlogin.html
            userid = rs.getString("user_id");
            session.setAttribute("userid",userid);
            session.setAttribute("username",username);
            response.sendRedirect("afterlogin.jsp");
        }else{
        //结果集为空，用户名错误，导航到登录页面，设报错参数 errorinfo='t'
            response.sendRedirect("left.jsp?errorinfo='t'");
        }
```

登录成功后，会通过 response.sendRedirect("afterlogin.jsp")指令导航到图 5.4 所示的页面，该页面位于项目的 webroot/ch4 目录中。为了系统的安全，在应用系统的设计中应该使用“安全退出”、“退出系统”等操作来清空 session 中的相关数据。在项目页面 webroot/ch4/afterlogin.jsp 中加入如下代码，实现安全退出功能。

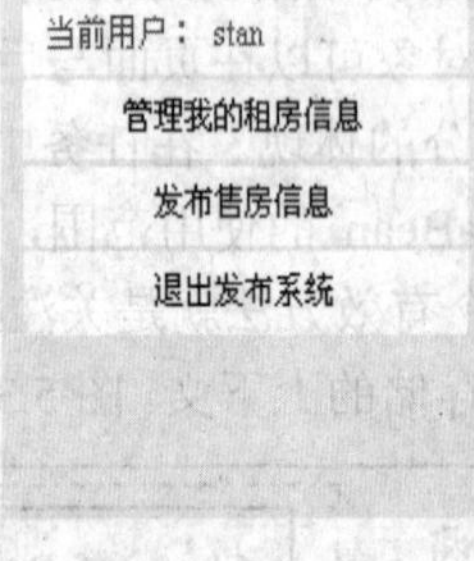

图 5.4　登录后的 afterlogin.html 页面

```
<%@ page language="java" import="java.util.*" pageEncoding="gbk"%>
<html>
<head>
<title></title>
<script type="text/javascript">
function closesystem()
{   window.open("","_self");
    top.opener=null;
    top.close();}
</script>
<link href="/zf/css/style.css" rel="stylesheet" type="text/css">
</head>
<body background="images/zf_04.jpg"  >
    <table align="center" width="95%">
       <tr>
           <td class="ltd"><font color='red'>
用户：<%=session.getAttribute("username") %></font>
</td>
       </tr>
       <tr>
           <td class="td"><a href="../myinfolist.html" target="main"
 class="link">管理我的租房信息</a></td>
       </tr>
```

```
        <tr>
            <td class="td"><a href="../sendinfo.html" target="main"
class="link">发布售房信息</a></td>
        </tr>
        <tr>
            <td class="td"><a href="/zf/close.jsp"
onclick="closesystem();" class="link">退出发布系统</a></td>
        </tr>
    </table>
</body>
</html>
```

在上面的代码中当用户单击【退出发布系统】时，将首先执行 onclick 动作来关闭当前窗口，之后调用 close.jsp 页面清除 session 中的内容。使用 session 隐式对象中的移除属性 removeAttribute 方法清除指定 session 中的变量具体如下。

```
session.removeAttribute("username");
    session.removeAttribute("userid");
```

5.2.3　个人房屋信息管理

个人房屋信息管理是一个综合性很强的典型工作任务，在这个过程中集中了对数据库的增、删、改、查的所有操作。首先要根据用户的 ID 从数据库表中查询出属于该 ID 的所有记录并显示在页面上，这部分任务类似于任务 5.1；同时，还要将增加、删除、修改功能的超链接集中显示在一个管理页面上。

其中：增加操作对应数据库中的 insert 命令；修改操作对应 update 命令；删除操作对应 delete 命令。

【任务 5.2】个人房屋信息管理

用户登录后进入到后台信息管理页面，如图 5.4 所示，可实现对个人发布的房屋信息的增加、删除、修改功能。单击图 5.4 中的【管理我的租房信息】导航到图 5.5 所示的页面。在图 5.5 中实现了对个人房屋信息的集中显示，同时集成了对个人房屋信息的增加、修改、删除的超链接动作。在下面的讲解过程中将任务的实现分为以下 4 个方面。

(1) 用户房屋信息的提取与功能集成。

(2) 用户房屋信息的增加。

(3) 用户房屋信息的删除。

(4) 用户房屋信息的修改。

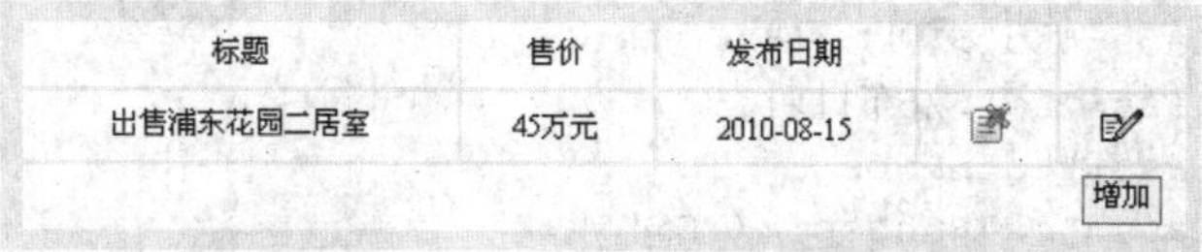

图 5.5　个人房屋信息管理页面

【任务描述】个人房屋信息的管理是一套综合性比较强应用开发任务，在这个开发过程中能够综合应用数据库信息的增加、修改、删除、查询等信息操作过程。开发过程中同时要使用 request、session 等 Web 容器提供的隐式对象，通过对数据增、删、改、查的系列操作的锻炼，能够达到综合运用 JSP 进行项目开发的初级要求。

(1) 用户登录后，单击【管理我的租房信息】进入到本页面。

(2) 在原有项目原型中存在静态页面 myinfolist.html，要将其改造成为相应的动态 JSP 页面。

(3) 在本页面中要根据 session 中存在的用户 ID 从数据库的对应表中提取满足条件的房屋信息记录，将记录循环迭代到页面上。

(4) 在页面中还要实现对信息增加、删除、修改的动作链接。

【任务分析】任务重点要实现在 JSP 页面中对数据库的访问，并将结果通过循环迭代有规律地显示在 JSP 页面上，这一过程是 JSP 初学者必须掌握的编程过程。其次，要掌握在同一个页面中实现集成多种操作功能的能力。在任务中将使用到导航、表单动作、JavaScript 函数等技巧实现该项功能。对于删除、修改、增加操作需要创建对应的 JSP 页面实现各自功能。

【掌握技能】通过该任务应该掌握如下技能。

(1) 通过 session 存取用户公共信息。

(2) 熟练掌握数据库查询操作，掌握在 JSP 页面上迭代记录集的方法。

(3) 掌握在同一页面内处理复合动作的技巧。

【任务实现】

任务实现分为以下 4 个方面进行。

1. 用户房屋信息提取与页面显示功能的实现

第一步，根据已有静态 HTML 页面创建用户房屋信息显示 JSP 页面(代码略)，页面存在于项目的 ch5/myinfolist.jsp 中。

第二步，在页面中嵌入访问数据的代码，实现对数据的提取。

在这个环节直接在页面中访问 houseinfo 表，实现对数据集合的提取。在下面的 JSP 页面代码中创建数据库链接对象 db，使用 PreparedStatement 类定义预处理对象 ps，并将从 session 中获得的 userid 作为查询条件写入到 ps 对象中。注意在进行数据库查询时要求将代码置入 try-catch 代码块中，以防止访问数据库时出现异常。下面的代码只列出关键部分，其余部分省略。观察下面的实现代码会发现 Java 代码中的 while 循环部分被 HTML 标签语言分成了两部分，中间夹的是要进行循环迭代的每行记录信息。页面中是使用 table 进行布局规划的，现在将表格中的<tr><td></td></tr>部分放入循环中进行迭代，结果就会在页面上把所有的记录信息以行的形式显示出来。<td></td>中的 JSP 表达式是具体的显示内容，表达式中的变量是通过循环从记录集中使用 rs.getString("")提取到的。

```
<form name="myinfo" >
   <table width='100%' border='0'>
      <tr> <TD class="td">标题</TD>
           <TD class="td">售价</TD>
           <TD class="td">发布日期</TD>
           <TD class="td"> </TD>
           <TD class="td"> </TD>
      </tr>
      <%   String userid = (String)session.getAttribute("userid");
           DBConnect db = new DBConnect();
           String sql = "select * from houseinfo where user_id = ?";
           try{
               PreparedStatement ps = db.getPs(sql);
               ps.setString(1,userid);
```

```
                ResultSet rs = ps.executeQuery();
                while(rs.next()){
                    String house_id = rs.getString("house_id");
                    String title = rs.getString("title");
                    String date =rs.getString("date");
                    String price = rs.getString("price");
                    System.out.println(userid);
        %>
            //以下为循环迭代部分，生成页面上的行记录
        <tr> <td class="td"><%=title %></td>
            <td class="td"><%=price %></td>
            <td class="td"><%=date %></td>
            <td class="td">
                <a href='myinfodel.jsp? house_id=<%=house_id %>' class="link">
                    <img border="0" src="../images/del.gif" alt="删除">
                </a>
            </td>
            <td class="td" >
                <a href='myinfoedit.jsp? house_id=<%=house_id %>'>
                    <img border="0" src="../images/edit.gif" alt="编辑">
                </a>
            </td>
            </tr>
        <%}//while 循环结束
            }catch(Exception e){System.out.println();}
        %>
        <tr><td colspan='5' class="rtd">
            <input type="button" value="增加" onclick="add();" class="button">
        </td>
       </tr>
    </table>
</form>
```

第三步，在页面中集成增加、删除、修改功能的导航与动作。

在这个环节使用超链接、表单动作实现对动作的集成，其中记录信息的删除与修改使用的就是超链接技术。如程序代码中对图片设置的超链接：

```
<a href='myinfodel.jsp? house_id=<%=house_id %>' class="link">
        <img border="0" src="../images/del.gif" alt="删除">
</a>
```

注意：在超链接地址后面的参数? house_id=<%=house_id，这个参数是实现删除、修改必须存在的条件。在应用系统开发过程中对记录进行删除、修改时必须知道要删除、修改哪条记录，参数中的 house_id 是这条记录的唯一标识，通常是数据库表中的主键。

任务中的增加动作采用 button 实现，其原理实质上是通过表单的提交动作 action 实现页面的导航。采用按钮导航的方法有两种：其中一种方法是将按钮类型设成 submit 类型，直接在表单的 action 中写入接收处理页面的地址；另一种方法是将按钮设成普通的 button 类型，在其 onclick 事件中调用 JavaScript 函数实现页面的动作。在本例中采用了后一种方法实现增加动作。JavaScript 方法中使用 with 定义作用域为表单 myinfo，在 action 中定义了动作对象，使用 submit 方法进行提交。使用代码如下所示。

```
<script type="text/javascript">
    function add(){
        with(document.myinfo){
            action="/ch3/myinfoadd.jsp";
            submit();}}
</script>
```

【项目经验】

上述任务的设计方法与任务 5.1 有明显的不同，在任务 5.1 中访问数据库操作放在了 Java 业务类中实现，通过在页面中引入 Java 业务类返回所需要的结果。并且在设计过程中使用了 JavaBean 封装数据，在页面中得到的是关于 JavaBean 的 List 集合。而在任务 5.2 中采用的是在 JSP 页面中实现对数据库的访问，直接在页面中得到数据库的 ResultSet 结果集，通过 while 循环迭代结果记录实现在页面上的显示。比较两种实现方法，初学者一般愿意选择在 JSP 页面中实现数据库操作过程的模式，而感觉任务 5.1 中的实现方法有些复杂。但在实际的项目开发过程中将逻辑代码完全写入 JSP 页面是最不可行的办法,这也是学习 JSP 应用开发的一个过渡过程，建议在熟练使用在 JSP 页面中写逻辑代码后，将业务逻辑后移到 Java 类中实现。

2. *房屋信息删除功能的实现*

由于在用户房屋信息提取与页面显示功能中已经创建了删除功能的超链接导航功能,并使用 house_id 作为超链接参数请求删除页面。在本阶段只要完成用户房屋信息删除的 JSP 页面即可。在 JSP 页面中要根据请求参数 house_id 的值实现对数据库表的删除操作。由于删除操作不需要进行页面显示而只是执行后台操作任务，所以删除操作页面实际上是一个空页面，里面只包含必要的 Java 逻辑代码。当执行完数据删除任务后进行正确导航到用户房屋信息显示页面即可。

接受请求参数使用 request.getParameter("house_id")语句，从请求中获得要删除的记录 ID。数据库删除操作过程使用"delete from houseinfo where house_id = ?"语句实现，其中的参数通过 PreparedStatement 类的 setString 方法进行写入。具体实现代码如下：

```
<%@ page language="java"  pageEncoding="gbk"%>
<%@page import="common.DBConnect,java.sql.*;"%>
<%  //获得请求参数
        String house_id = request.getParameter("house_id");
        DBConnect db = new DBConnect();//定义数据库连接对象
        //定义数据库操作语句
        String sql = "delete from houseinfo where house_id = ?";
        try{PreparedStatement ps = db.getPs(sql);
            ps.setString(1,house_id);//向语句中写入参数值
            int result = ps.executeUpdate();//执行删除更新操作
            //成功删除后进行导航
            if(result==1){response.sendRedirect("myinfolist.jsp");}
        }catch(Exception e){
            System.out.println("delinfo.jsp"+e);
        }
%>
<html>  <head>   <title></title>  </head>
  <body>  </body>
</html>
```

3. 房屋信息修改功能的实现

信息修改与信息添加在页面设计上有很多相似的地方，都需要为每个信息留有输入的文本框。但修改与增加又有很多的不同，修改要将被修改记录的全部信息都显示在编辑页面上，而增加只需要留有空白文本框即可。在操作数据库 SQL 命令上修改使用 update 语句完成更新，而增加使用 insert 语句完成。对应于 Java 指令，两者都是调用数据库连接基础类 JDBC 中的 executeUpdate 方法实现对数据库表的更新。在修改的过程中与删除操作一样要知道被修改记录的 ID，当在页面编辑完成后根据这个 ID 更新数据库表。由于程序代码比较长，不能全部列在书中，故仅对解决思路与主要过程进行解释。

在修改过程中一共涉及 3 个 JSP 页面，分别为房屋信息列表页面 ch5\myinfolist.jsp、房屋信息修改页面 ch5\modiinfo.jsp、修改执行页面 modinforun.jsp。

(1) modiinfo.jsp 页面负责接收修改请求中的 ID 信息，根据 ID 信息从数据库表中提取本条记录的完整信息，并且通过 JSP 表达式显示在页面的对应位置。当本页面完成人机交互后，单击【保存】按钮将数据发送给修改执行页面 ch5\modinforun.jsp，当修改执行页面接收到数据后，调用页面中的 Java 逻辑完成对数据的更新操作。将房屋信息列表页面中的信息修改图标配合加入超链接，连接地址为房屋信息修改页面 ch5\modiinfo.jsp。

```
<a href='modiinfo.jsp?house_id=<%=house_id %>'>
        <img border="0" src="../images/edit.gif" alt="编辑">
</a>
```

(2) 在房屋信息修改页面中接收请求中的参数 house_id 并根据这个参数从数据库表中调出相应数据，使用 JSP 表达式在页面进行显示。这部分的重点在于如何从数据库中提取数据，在本例中使用"select * from houseinfo where house_id = ?"预编译查询语句完成数据的查询。由于能够满足条件的记录最多只有一条，所以在判断记录集的时候用了 if 而不是 while 循环进行判断。另一个重点是使用了 JavaBean 对象封装数据，在例子中使用 infobean 对象封装记录中的字段数据，之后在页面中使用 JSP 表达式进行数据的显示。

```
<%@ page language="java" pageEncoding="gbk"%>
<%@page import="common.DBConnect,java.sql.*,hcit.bean.*;"%>
<%//定义房屋信息 JavaBean，用于封装数据
    HouseInfoBean infobean = new HouseInfoBean();
    //接收请求中的房屋信息 ID，用于数据查询
    String houseid = request.getParameter("house_id");
    //定义数据库查询语句，条件参数使用？代替
    String sql = "select * from houseinfo where house_id = ?";
    try{    //创建数据库连接
        DBConnect db = new DBConnect();
        //创建数据库预编译会话对象
        PreparedStatement ps = db.getPs(sql);
        //写入条件参数值
        ps.setString(1,houseid);
        //执行查询操作
        ResultSet rs = ps.executeQuery();
        //如果查询成功，将记录集合中的数据封装到 JavaBean 中
        if(rs.next()){
            infobean.setArea(rs.getString("area"));
```

```
            infobean.setTitle(rs.getString("title"));
            infobean.setContract_man(rs.getString("contract_man"));
            infobean.setDistrict_id(rs.getString("district_id"));
            infobean.setFloor(rs.getString("floor"));
            infobean.setHall(rs.getString("hall"));
            infobean.setRoom(rs.getString("room"));
            infobean.setTelephone(rs.getString("telephone"));
            infobean.setPrice(rs.getString("price"));
            infobean.setOwner_name(rs.getString("owner_name"));
        }
    }catch(Exception e){
        System.out.println("modiinfo.jsp"+e);
    }
%>
```

使用 JSP 表达式<%=infobean.getFloor() %>显示 JavaBean 中的数据。为了能够继续将该条记录的记录 ID 传到信息更新页面，在本页面中使用了隐含域标签，隐含域标签应该存在于页面的 form 中。

```
<td class="ltd">
<input name="zj" type="text" size="4" value="<%=infobean.getFloor() %>"/>
</td>
……
<input type="hidden" name="houseid" value="<%=houseid %>">
```

(3) 最后一个功能页面为修改数据保存页面 modinfoupdate.jsp，该页面功能单一，没有显示任务。将获得修改后的数据按照记录 ID 更新到数据库表中，成功完成修改后将页面导航到用户房屋信息列表页面 ch5\myinfolist.jsp。下面是 modinfoupdate.jsp 页面中的逻辑代码部分。

```
//获得请求中相关参数
    String houseid = request.getParameter("houseid");
    String area = request.getParameter("area");
    String title = request.getParameter("title");
    String contract_man = request.getParameter("contract_man");
    String district_id = request.getParameter("district_id");
    String floor = request.getParameter("floor");
    String hall = request.getParameter("hall");
    String room = request.getParameter("room");
    String telephone = request.getParameter("telephone");
    String price = request.getParameter("price");
    String owner_name = request.getParameter("owner_name");
    //定义更新数据 sql 语句
    String sql = "update houseinfo set area = ?,title = ?,contract_man = ?,"+
    "district_id = ?,floor = ?,hall = ?,room = ?,telephone = ?,price = ?,owner_name
 = ?"+" where house_id = ?";
    try{//创建数据库连接
        DBConnect db = new DBConnect();
        PreparedStatement ps = db.getPs(sql);
        //设置命令参数
        ps.setString(1,area);
        ps.setString(2,title);
        ps.setString(3,contract_man);
```

```
        ps.setString(4,district_id);
        ps.setString(5,floor);
        ps.setString(6,hall);
        ps.setString(7,room);
        ps.setString(8,telephone);
        ps.setString(9,price);
        ps.setString(10,owner_name);
        ps.setString(11,houseid);
        //执行更新
        int result = ps.executeUpdate();
        if(result==1){
           request.getRequestDispatcher("myinfolist.jsp").
           forward(request,response);
        }
    }catch(Exception e){
        System.out.println("modiinfoupdate.jsp"+e);
    }
```

在信息传递过程中会出现汉字的乱码现象，这是由于在信息修改页面进行编辑的汉字提交到服务器时汉字内码没有进行及时转变造成的，最终导致页面和数据库中的汉字都出现了乱码，如图 5.6 所示。

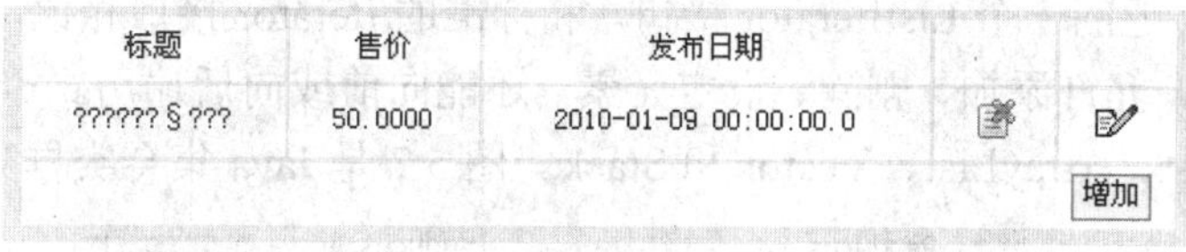

图 5.6　个人房屋信息修改后汉字出现乱码现象

为了快速解决请求过程中汉字的乱码现象，可以在 modinfoupdate.jsp 页面的接收请求数据前加入如下语句，即可将请求中的所有汉字自动转换成符合要求的汉字编码形式。

```
//获得请求中相关参数
    request.setCharacterEncoding("gbk");
```

5.3　项目中 Java 集合类的使用

5.3.1　Java 集合类

在项目开发过程中会经常用到 Java 集合类，熟练掌握 Java 集合类是一项基本能力。下面就 Java 集合类进行必要的讲解。

线性表、链表、哈希表是常用的数据结构，在进行 Java 开发时，JDK 已经提供了一系列相应的类来实现基本的数据结构，这些类均在 java.util 包中。下面是 JDK 提供的集合类的基本框架。

1. Collection 接口

Collection 是最基本的集合接口，一个 Collection 代表一组 Object，即 Collection 的元素。一些 Collection 允许存储不同类型的元素而另一些不可以，同时有些能排序而另一些不行。Java

SDK 不提供直接继承自 Collection 的集合类，其提供的集合类都是继承自 Collection 的子接口，如 List 和 Set。所有实现 Collection 接口的集合类都必须提供两个标准的构造函数：无参数的构造函数用于创建一个空的 Collection，有一个参数的构造函数用于创建一个新的 Collection，这个新的 Collection 与传入的 Collection 有相同的元素类型。后一个构造函数允许用户复制一个 Collection。如何遍历 Collection 中的每一个元素？不论集合实际类型如何都支持一个 iterator 的方法，该方法返回一个迭代子，使用该迭代子即可逐一访问集合中的每一个元素。典型的用法如下。

```
Iterator it = collection.iterator(); // 获得一个迭代子
while(it.hasNext()) {
    Object obj = it.next();           // 得到下一个元素
}
```

由 Collection 接口派生的两个接口是 List 和 Set。

2. List 接口

List 是有序的 Collection，使用此接口能够精确控制每个元素插入的位置。用户能够使用索引元素在 List 中的位置来访问 List 中的元素，这类似于 Java 的数组。和下面要提到的 Set 不同，List 允许有相同的元素。除了具有 Collection 接口必备的 iterator 方法外，List 还提供一个 listIterator 方法，返回一个 ListIterator 接口。和标准的 Iterator 接口相比，ListIterator 多了一些 add 之类的方法，允许添加、删除、设定元素，还能向前或向后遍历。实现 List 接口的常用集合类有 LinkedList、ArrayList、Vector 和 Stack。图 5.7 是 Java 集合类框架图。

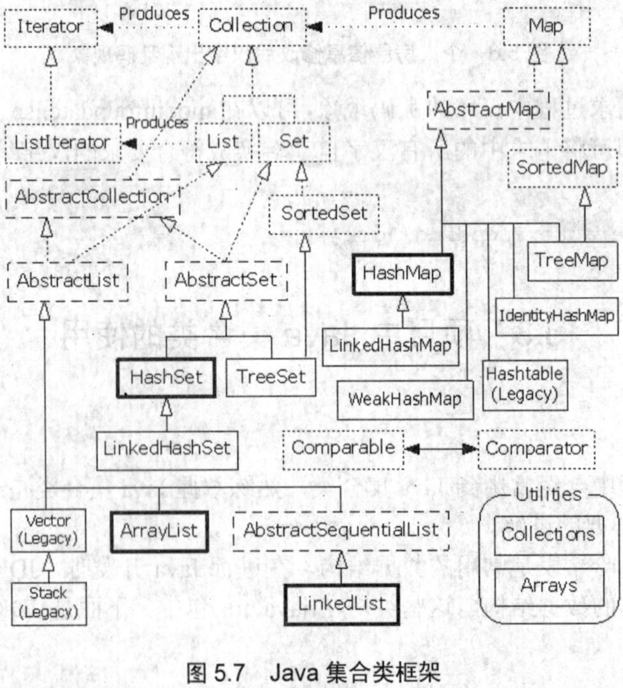

图 5.7 Java 集合类框架

3. LinkedList 类

LinkedList 实现了 List 接口，且允许 null 元素，对顺序访问进行了优化。在 LinkedList 中间插入和删除元素的代价不高,随机访问的速度相对较慢，而用 ArrayList 随机访问的速度相对较快。此外它还有 addFirst、addLast、getFirst、getLast、removeFirst 和 removeLast 等方法(这些方法,接口和基类均未定义),可以把 LinkedList 当成栈(stack)、队列(queue)或双向队列(deque)来用。

注意：LinkedList 没有同步方法。如果多个线程同时访问一个 LinkedList，则必须自己实现访问同步。一种解决方法是在创建 List 时构造一个同步的 LinkedList:

List list = Collections.synchronizedList (new LinkedList(...));

4. ArrayList 类

ArrayList 实现了可变大小的数组，它允许所有元素包括 null，ArrayList 没有同步。Size、isEmpty、get、set 方法的运行时间为常数，但是 add 方法的开销为分摊的常数，添加 *n* 个元素需要 O(*n*)的时间，其他的方法运行时间为线性。

每个 ArrayList 实例都有一个容量，即用于存储元素的数组的大小。这个容量可随着不断添加新元素而自动增加，但是增长算法并没有定义。当需要插入大量元素时，在插入前可以调用 ensureCapacity 方法来增加 ArrayList 的容量以提高插入效率。和 LinkedList 一样，ArrayList 也是非同步的(unsynchronized)。

对 ArrayList 的常用操作有向集合中存入数据——集合对象.add 方法。从集合中提取数据——集合对象.get(i)方法，其中 i 是成员下标。

5. Vector 类

Vector 非常类似于 ArrayList，但是 Vector 是同步的。由 Vector 创建的 Iterator 虽然和 ArrayList 创建的 Iterator 是同一接口，但是因为 Vector 是同步的，当一个 Iterator 被创建而且正在被使用时，另一个线程改变了 Vector 的状态(例如，添加或删除了一些元素)，这时调用 Iterator 的方法时将抛出 ConcurrentModificationException 异常，因此必须捕获该异常。

6. Stack 类

Stack 继承自 Vector，实现一个后进先出的堆栈。Stack 提供 5 个额外的方法使得 Vector 被当作堆栈使用。基本的 push 和 pop 方法，还有 peek 方法得到栈顶的元素，empty 方法测试堆栈是否为空，search 方法检测一个元素在堆栈中的位置。Stack 刚创建时是空栈。

7. Set 接口

Set 是一种不包含重复元素的 Collection，即任意的两个元素 e1 和 e2 都有 e1.equals(e2)=false，Set 最多有一个 null 元素。很明显，Set 的构造函数有一个约束条件，传入的 Collection 参数不能包含重复的元素。

注意：必须小心操作可变对象(Mutable Object)。如果一个 Set 中的可变元素改变了自身状态从而导致 Object.equals(Object)=true 将产生一些问题。

8. Map 接口

注意：Map 没有继承 Collection 接口，Map 是提供 key 到 value 的映射。一个 Map 中不能包含相同的 key，每个 key 只能映射一个 value。Map 接口提供 3 种集合的视图，Map 的内容可以被当作一组 key 集合、一组 value 集合或者一组 key-value 映射。

9. Hashtable 类

Hashtable 继承 Map 接口，实现一个 key-value 映射的哈希表。任何非空(non-null)的对象都可作为 key 或者 value。添加数据使用 put(key, value)，取出数据使用 get(key)，这两个基本操作的时间开销为常数。Hashtable 通过 initial capacity 和 load factor 两个参数调整性能。通常默认的 load factor 0.75 较好地实现了时间和空间的均衡。增大 load factor 可以节省空间但相应的查找时间将增大，这会影响像 get 和 put 这样的操作。使用 Hashtable 的简单示例如下：

将 1、2、3 放到 Hashtable 中，它们的 key 分别是 one、two、three：

```
Hashtable numbers = new Hashtable();
numbers.put("one", new Integer(1));
numbers.put("two", new Integer(2));
numbers.put("three", new Integer(3));
//要取出一个数，比如 2，用相应的 key：
Integer n = (Integer)numbers.get("two");
System.out.println("two = " + n);
```

由于作为 key 的对象将通过计算其散列函数来确定与之对应的 value 的位置，因此任何作为 key 的对象都必须实现 hashCode 和 equals 方法。hashCode 和 equals 方法继承自根类 Object，如果用自定义的类当作 key 的话，要相当小心。按照散列函数的定义，如果两个对象相同，即 obj1.equals(obj2)=true，则它们的 hashCode 必须相同，但如果两个对象不同，则它们的 hashCode 不一定不同，如果两个不同对象的 hashCode 相同，这种现象称为冲突，冲突会导致操作哈希表的时间开销增大，所以尽量定义好 hashCode()方法，以加快哈希表的操作。

如果相同的对象有不同的 hashCode，对哈希表的操作会出现意想不到的结果(get 方法返回 null)。要避免这种问题，只需要牢记一条：要同时复写 equals 方法和 hashCode 方法，而不要只复写其中一个。Hashtable 是同步的。

10. HashMap 类

HashMap 和 Hashtable 类似，不同之处在于 HashMap 是非同步的，并且允许 null，即 null value 和 null key，但是将 HashMap 视为 Collection 时(values 方法可返回 Collection)，其迭代子操作时间开销和 HashMap 的容量成比例。因此，如果迭代操作的性能相当重要的话，不要将 HashMap 的初始化容量设得过高或者将 load factor 设得过低。

11. WeakHashMap 类

WeakHashMap 是一种改进的 HashMap，它对 key 实行“弱引用”，如果一个 key 不再被外部对象所引用，那么该 key 可以被 GC 回收。

如果涉及到堆栈、队列等操作，应该考虑用 List，对于需要快速插入、删除元素，应该使用 LinkedList，如果需要快速随机访问元素，应该使用 ArrayList。如果程序在单线程环境中，或者访问仅仅在一个线程中进行，考虑使用非同步的集合类，其效率较高，如果多个线程可能同时操作一个类，应该使用同步的集合类。

要特别注意对哈希表的操作，作为 key 的对象要正确复写 equals 和 hashCode 方法。尽量返回接口而非实际的类型，如返回 List 而非 ArrayList，这样如果以后需要将 ArrayList 换成 LinkedList 时，客户端代码不用改变，这就是针对抽象编程。

5.3.2 页面中的复选框与 Java 数组

数组与其他容器的区别体现在效率、类型识别及可以持有的原始类型上。数组是 Java 提供的能随机存储和访问引用序列的诸多方法中最高效的一种。数组是一个简单的线性序列，可以快速的访问其中的元素。但是速度是有代价的，当创建了一个数组之后它的容量就固定了，而且在其生命周期里不能改变。Java 对数组做边界检查，如果过了界会给出 RuntimeException 异常。

在 B/S 模式的信息管理项目中，有时会在页面中出现一些复选框作为信息选择工具，那么在项目中怎样获得这些复选框信息呢？图 5.8 是使用复选框选择信息的一个典型例子。

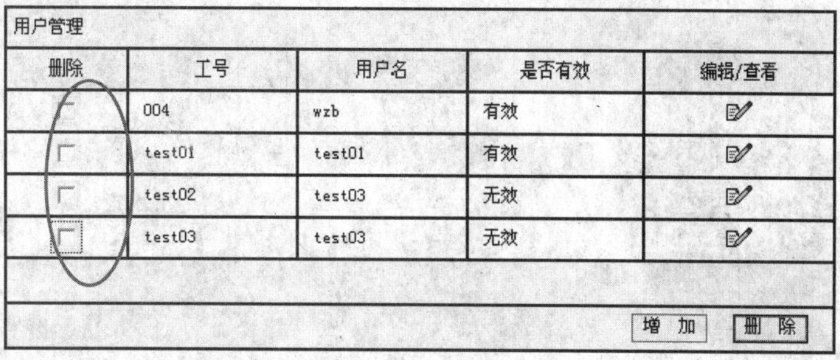

图 5.8　用户信息删除示意图

在用户列表页面中，通过循环语句的作用，每条记录前面都加有删除复选框，而且这些复选框的 name 属性都是相同的，如下所示。

```
<input type="checkbox" name="delcheckbox" value=<%=userid%> class='checkbox'>
```

所有的删除复选框的名字都是“delcheckbox”，但每个 value 值都各不相同，分别是每条记录中的关键字 userid。当向接收页面发出 HTTP 请求后，这些同名的复选框将形成一个一维字符数组，所以，在接收页面上作如下操作。

```
//定义数组，用于接收前面页面上删除复选框的选择状态
    String[] checkbox = request.getParameterValues("delcheckbox");
```

只有选中的复选框的值被发送，没有被选中的复选框的值将不被发送。在接收数组中存在的是被选中的复选框中的 value 值，可以通过循环来遍历数组中的成员数据。

本 章 小 结

本章介绍了 JavaBean 在项目中的应用，详细讲解了与 JavaBean 相关的 JSP 页面指令，使用 jsp:userBean、jsp:setProperty 指令完成了房屋信息查询功能的条件数据封装与传递；使用 session 隐式对象保存公共信息，综合实现对信息的增、删、改、查的完整设计。

重点讲解了如何在页面中使用循环迭代将集合数据进行显示，如何使用复选框标注修改、删除记录，实现对数据的删除和修改功能，分析了在页面间的导航技巧。结合任务归纳了 Java 中集合类的使用方法。

习　　题

1．仔细思考 JSP 的 jsp:userBean 指令将数据保存到什么地方，具体如何调整和获取这些数据？

2．JavaBean 的定义规范是什么？如何在 MyEclipse 中为属性快速地生成对应的 getXXX 方法和 setXXX 方法？

3．写出在页面中如何使用循环与 Table 配合实现对数据的集中显示。

4．从 request 或 sessin 等隐式对象中读取数据要注意什么问题？

第 6 章 使用 Servlet 实现 BBS 论坛

学习提示

本章通过使用 Servlet 技术实现对业务代码的页面分离，使页面变得更清晰简单，不包含过多业务逻辑代码。学习使用 Servlet 技术建立三层 MVC 应用程序模型。

工作任务

- ✧ 了解 BBS 论坛需求
- ✧ 完成 BBS 论坛原型、数据库设计
- ✧ 使用 Servlet 实现 BBS 论坛功能

技术要求

- ✧ 理解并熟练应用、创建 Servlet
- ✧ 掌握 MVC 三层应用模型

专用单词

Response	响应	Servlet	服务端程序
Model	模型	Control	控制器
View	视图	ArrayList	数组集合列表

6.1　BBS 论坛设计

6.1.1　BBS 论坛需求分析

BBS 的英文全称是 Bulletin Board System，译为“电子公告板”。BBS 最早是用来公布股市价格等信息的，一直到互联网与个人计算机普及后广泛流行于网络。目前，已通过 BBS 系统开发出各种论坛、网上社区、交友中心等信息平台。

本章将通过使用 Servlet 技术实现 BBS 论坛功能。为了简化开发流程，在 Java 学习论坛中设有固定的版块。进入版块后能够看到用户发布的各种相关主题帖，单击主题帖能够浏览回帖题目。当用户单击主题帖或回帖标题时能够进入详细显示页面显示具体内容。对论坛内容浏览不需要登录，但要发帖或回帖就要先登录论坛。论坛提供用户注册、用户登录功能。

系统开发之初要对系统进行需求分析，在这个阶段要确定系统中用户的角色，根据用户角色与功能要求确定系统用例。在 BBS 系统中包括两种用户角色，一种用户角色为普通游客，另一种角色是注册用户，如图 6.1 所示。

图 6.1　系统角色

游客能够浏览论坛中的所有版块中的主题帖和回复帖，但是不能发表新帖与评论。游客可以通过注册成为论坛的注册用户。注册用户可以在某个版块中发表新的主题帖，并能够对已有的主题帖进行评论。系统用例图如图 6.2 所示。

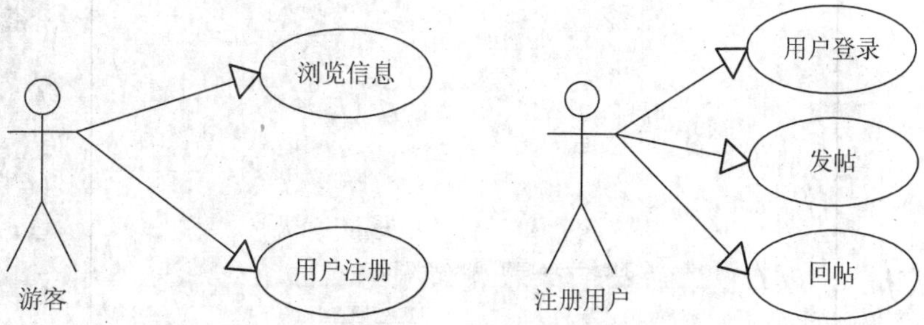

图 6.2　系统用例图

为了使系统简单、易懂、便于教学，本书将论坛中的部分功能进行了裁剪。在实际的论坛应用系统中还有一个系统管理员角色和版块版主角色。系统管理员负责管理整个论坛系统的安全、用户等工作，版主负责审核本版块中的新帖，这些功能可以在课下独立完成。

6.1.2 BBS 论坛原型设计

明确系统功能后，使用原型开发快速建立起系统静态页面，这是敏捷开发方法中比较快速的一种。按照各个功能建立起系统的静态页面原型，在进行静态页面设计过程中比较多的使用了 HTML 设计技巧，其中包括对 Dreamweaver、Photoshop 等工具的使用、对网页布局的掌握及对 Div+CSS 设计的应用。

下面列出了本系统中主要的原型页面。

(1) 论坛系统版块显示页面：是论坛系统的主页面，其中包括论坛中的顶层版块信息，如图 6.3 所示。

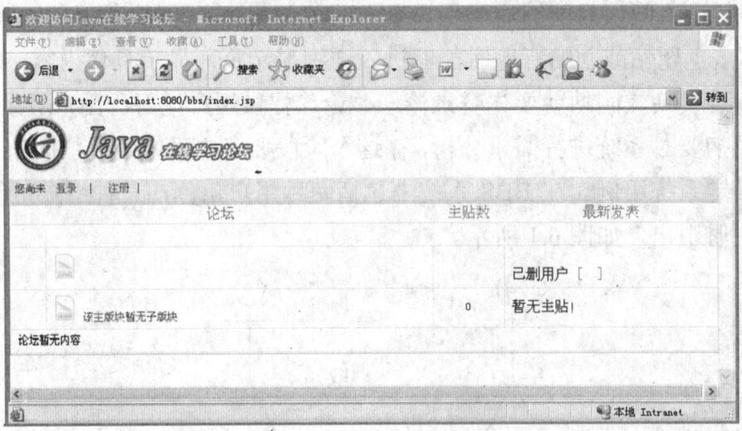

图 6.3　论坛版块页面

(2) 发表新帖页面：登录后可以发表新帖，首先编辑新帖的标题，然后编辑新帖的内容，如图 6.4 所示。

图 6.4　发表新帖页面

(3) 显示主题帖页面：单击某个版块后，进入到该版块的主题帖显示页面，如图 6.5 所示。

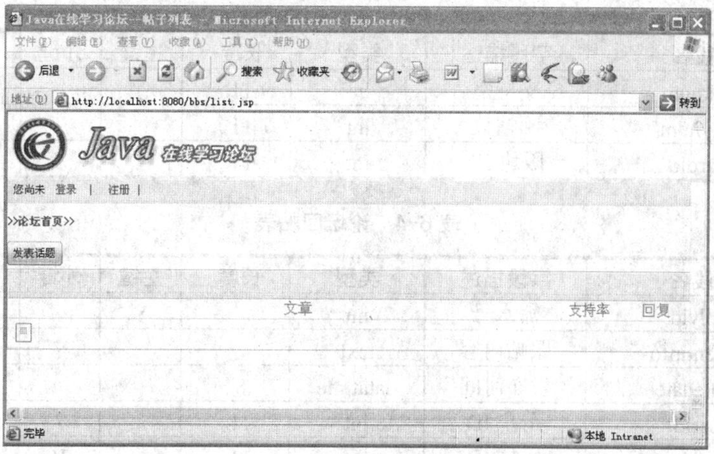

图 6.5 主题帖显示页面

6.1.3 BBS 论坛数据库设计

论坛数据库中主要包括 4 张表(表 6-1～表 6-4)，分别如下。

(1) 用户信息表(userinfo)：表中记录注册用户名与登录密码。

(2) 论坛版块表(board)：在本论坛中版块是固定不变的，论坛版块表中存储着论坛中版块的标题名称与版块的 ID。

(3) 论坛主帖表(topic)：主帖表中记录了某个版块中的所有主题帖的相关信息，其中通过 boardid 与论坛版块表建立了主从关系。

(4) 论坛回帖表(reply)：针对某个主题帖注册用户发表的评论意见，通过 topicid 与论坛主帖表建立了主从关系。

表 6-1 用户信息表

序号	字段名	字段描述	类型	长度	主键	外键	空	备注
1	userid	用户 ID	int		Y		N	自增列
2	username	用户名	varchar	50				
3	password	登录密码	varchar	50				

表 6-2 论坛版块表

序号	字段名	字段描述	类型	长度	主键	外键	空	备注
1	boardid	版块 ID	int		Y		N	自增列
2	boardname	版块名称	varchar	50			N	

表 6-3 论坛主帖表

序号	字段名	字段描述	类型	长度	主键	外键	空	备注
1	topicid	流水号	int	11	Y		N	
2	title	主帖标题	varchar	50			N	
3	contentinfo	主帖内容	text				N	
4	createdate	发帖时间	datatime	8				
5	userid	用户 ID	int	11			N	

续表

序号	字段名	字段描述	类型	长度	主键	外键	空	备注
6	clicknum	支持率	int	11				
7	replynum	回帖数	int	11				
8	boardid	版块 ID	int	11		Y	N	

表 6-4　论坛回帖表

序号	字段名	字段描述	类型	长度	主键	外键	空	备注
1	replyid	流水号	int		Y		N	
2	contentinfo	跟帖内容	tcxt			Y	N	
3	createdate	发布时间	datatime	8				
4	userid	用户 ID	int	11			N	
5	topicid	主帖 ID	int	11		Y	N	

论坛数据库表间关系如图 6.6 所示。

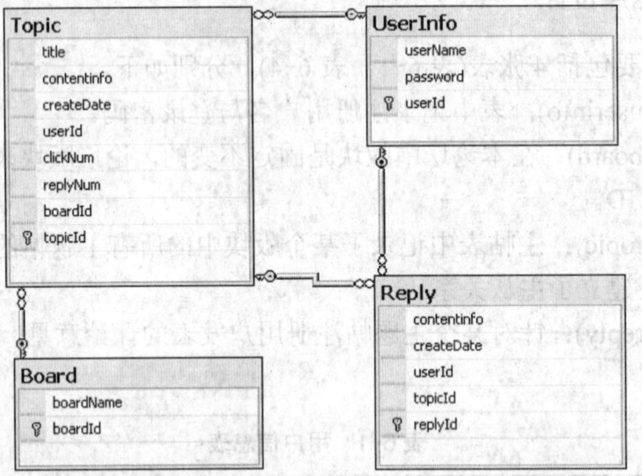

图 6.6　论坛数据库表间关系

6.2　Servlet 开发模式

6.2.1　JSP 开发模式与 MVC 三层结构

从 JSP 的发展过程来看，JSP 的开发模式经历了 3 个阶段的变迁，列举如下。

阶段 1：JSP 页面独立完成所有任务的模式。

阶段 2：JSP Model1，Model1 模式是使用 JSP 加上 JavaBean 实现两层的开发模式。

阶段 3：JSP Model2 ，Model2 模式是使用 JSP、Servlet、JavaBean 三层开发模式进行开发，这种模式实现了 MVC 三层结构，是一种规范的开发模式。

在早期的 Java Web 应用中，JSP 文件同时负责生成网页、控制到下一个网页的流程，以及负责完成业务逻辑，如图 6.7 所示，这给 Web 开发带来了一系列问题，如 HTML 标签语言和 Java 逻辑代码强耦合在一起，JSP 文件的编写者必须既是网页设计者又是 Java 开发者，从而导致页面的可读性差、调试困难、不利于维护，并且更改业务逻辑或数据可能牵涉到相关的多个网页。

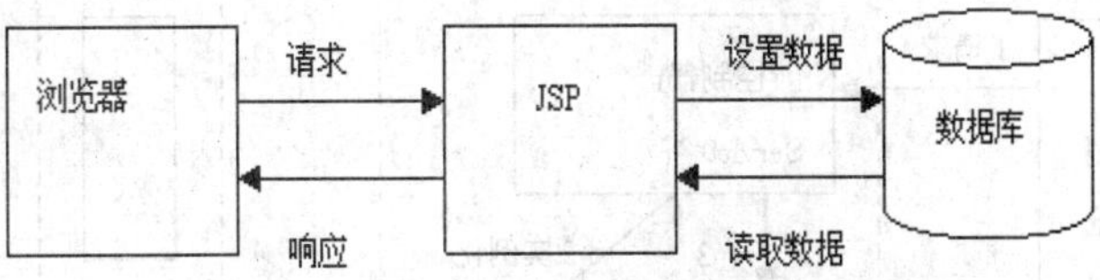

图 6.7　JSP 页面独立完成所有任务的模块

Model1 模型就是将页面中大段 Java 代码转移到独立的 Java 类中，这个 Java 类称为 JavaBean (广义的 JavaBean)，这样在 JSP 页面中就只有为数很少的 Java 代码，而将业务代码从页面分离出去。在页面中可以通过使用 page 指令将所需的 JavaBean 类导入到当前页面中。Model1 模型实际上实现了 JSP 开发的两层模型，JavaBean 成为实现业务逻辑的主要场所，具体如图 6.8 所示。

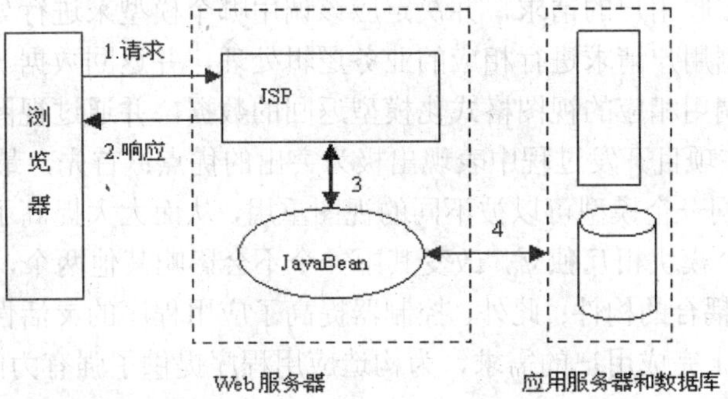

图 6.8　JSP Model1 开发模式

在 Model1 中引入 Servlet 后就形成了 Model2 模式(图 6.9)。利用 Servlet 实现对系统业务逻辑的控制，Servlet 是整个业务过程的控制中心，这样就将整体系统规划成了三层框架结构，即 MVC 三层模型。MVC 是 Model-View-Controller 的简称，即模型-视图-控制器。MVC 是一种开发模式，它把应用程序分成 3 个核心模块：模型、视图、控制器，它们各自处理自己的任务。

视图(View)是用户看到并与之交互的页面，作用如下。

(1) 视图向用户显示相关的数据。

(2) 接收用户的输入。

(3) 不进行任何实际的业务处理。

(4) 视图向模型查询业务状态，但不能改变模型。

(5) 视图接收模型发出的数据更新事件，从而对用户界面进行同步更新。

视图在基于 JSP 开发的项目中就是 JSP 页面。

模型(Model)是应用程序的主体部分，模型表示业务数据和业务逻辑。

一个模型能为多个视图提供数据。由于应用于模型的代码只需写一次就可以被多个视图重用，所以提高了代码的可重用性。模型也就是项目中的 JavaBean。

控制器(Servlet)接收用户的输入并调用模型完成用户的需求，之后能够根据不同要求导航到不同的视图页面或其他的 Servlet 控制中心。当 Web 用户单击 Web 页面中的递交按钮来发送 HTML 表单时，控制器本身不输出任何东西和做任何处理。控制器接收请求并决定调用哪个模型组件去处理请求，然后决定调用哪个视图来显示模型处理返回的数据。

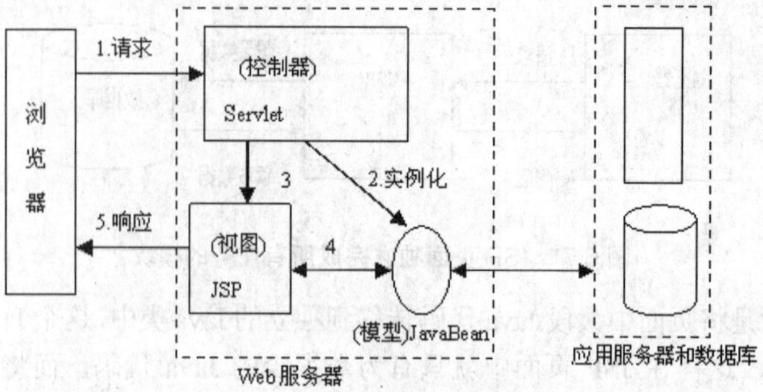

图 6.9　JSP Model2 开发模式

控制器工作过程如下。

(1) 首先控制器接收用户的请求，并决定应该调用哪个模型来进行处理。

(2) 然后模型根据用户请求进行相应的业务逻辑处理，并返回数据。

(3) 最后控制器调用相应的视图格式化模型返回的数据，并通过视图呈现给用户。

MVC 三层模型在项目开发过程中表现出极为突出的优点：首先，最重要的一点是多个视图能共享一个模型，同一个模型可以被不同的视图重用，从而大大提高了代码的可重用性；其次，由于 MVC 的 3 个模块相互独立，改变其中一个不会影响其他两个，所以依据这种设计思想能构造出良好的松耦合的构件；此外，控制器提高了应用程序的灵活性和可配置性，可以链接不同的模型和视图来完成用户的需求，为构造应用程序提供了强有力的手段。

6.2.2　了解 Servlet

Servlet 技术是 Sun 公司提供的一种实现动态网页的解决方案，它是基于 Java 编程语言的 Web 服务器端编程技术，运行在 Web 服务器端，以获得客户端的访问请求信息和动态生成对客户端的响应消息。Servlet 是一种运行在服务器端的 Java 应用程序，具有独立于平台和协议的特性，可以生成动态的 Web 页面。它担当客户请求(Web 浏览器或其他 HTTP 客户程序)与服务器响应(HTTP 服务器上的数据库或应用程序)的中间层。与传统的从命令行启动的 Java 应用程序不同，Servlet 由 Web 服务器进行加载。Servlet 运行在服务器，与 Java Applet 比较而言，Java Applet 是一种当作单独文件同网页一起发送的小程序，它在客户端运行，提供为用户进行运算或者根据用户互作用定位图形等服务。

Servlet 技术是 JSP 技术的基础。一个 Servlet 程序就是一个实现了特殊接口的 Java 类，用于支持 Servlet 的 Web 服务器的调用和运行，即只能运行于具有 Servlet 引擎的 Web 服务器端。一个 Servlet 程序负责处理它所对应的一个或一组 URL 地址的访问请求、接收访问请求信息和产生响应内容。

Servlet 与普通 Java 程序相比，只是输入信息的来源和输出结果的目标不一样，所以，普通 Java 程序所能完成的大多数任务，Servlet 程序都可以完成。Servlet 程序具有如下的一些基本功能。

(1) 获取客户端请求及数据。

(2) 创建对客户端的响应消息内容。

(3) 访问服务器端的文件系统。

(4) 调用其他的 Java 类。

一个 Servlet 程序就是一个在 Web 服务器上运行的特殊 Java 类，这个特殊 Java 类必须实现 javax.servlet.Servlet 接口，Servlet 接口定义了 Servlet 容器与 Servlet 程序之间通信的协议约定。为了简化 Servlet 程序的编写，Servlet API 中提供了一个实现了 Servlet 接口的最简单的 Servlet 类，其完整名称为 javax.servlet.GenericServlet，该类实现了 Servlet 程序的基本特征和功能。Servlet API 中还提供了一个专用于 HTTP 协议的 Servlet 类，其名称是 javax.servlet.http.HttpServlet，它是 GenericServlet 的子类，在 GenericServlet 类的基础上进行了一些针对 HTTP 特点的扩充。显然一个 Java 类只要继承了 GenericServlet 或 HttpServlet，它就是一个 Servlet。反过来说，要编写一个 Servlet 类，这个类就必须继承 GenericServlet 类或 HttpServlet 类。为了充分利用 HTTP 协议的功能，在一般情况下，都应让自己编写的 Servlet 类继承 HttpServlet 类，而不是继承 GenericServlet 类。

查看 HttpServlet 类的帮助文档，可以看到其中有一个名为 service 的方法，当客户端每次访问一个 Servlet 程序时，Servlet 引擎都将调用这个方法来进行处理。service 方法接收两个参数：一个是用于封装 HTTP 请求消息的对象，其类型为 HttpServletRequest；另一个是代表 HTTP 响应消息的对象，其类型为 HttpServletResponse。调用 HttpServletResponse 对象的 getWriter 方法可以获得一个文本输出流对象，向这个输出流对象中写入的数据将作为 HTTP 响应消息的实体内容部分发送给客户端。

Java Server Pages(JSP)是在 Servlet 基础上发展起来的一种实现普通静态 HTML 和动态语言混合编码的技术。JSP 并没有增加任何 Servlet 以外的功能，也就是说 JSP 实质上就是一种 Servlet，在访问过程中 JSP 页面还是要被编译成 Servlet。但是在 JSP 中编写静态 HTML 更加方便，不必再用 println 语句来输出每一行 HTML 代码。更重要的是借助内容和外观的分离，页面制作中不同性质的任务可以方便地分开。比如由页面设计者进行 HTML 设计，同时留出供 Servlet 程序员插入动态内容的空间。下面是 JSP 页面和 Servlet 的代码比较，运行的结果完全一致。现在分别用 JSP 和 Servlet 来实现图 6.10 中页面的功能，比较一下 JSP 和 Servlet 的实现方法。

图 6.10　JSP 与 Servlet 运行结果

```
<%@ page language="java" import="java.util.*" pageEncoding="gbk"%>
<!DOCTYPE HTML PUBLIC "-//W3C//DTD HTML 4.01 Transitional//EN">
<html>
  <head>
    <title>比较 JSP 同 Servlet 的区别</title>
  </head>
```

```
  <body>
    比较 JSP 同 Servlet 的区别 <br>
  </body>
</html>
```

以上这段代码是实现该功能的 JSP 页面，下面的代码是实现同样功能的 Servlet 代码，比较一下就会发现：Servlet 中的信息都是 JSP 页面上的内容，只是使用了 out.println()语句将 HTML 代码写到了浏览器中并最终显示出来。有了 JSP 人们可以方便地书写 HTML 代码标签，同编辑 HTML 页面差别不大。在运行过程中 JSP 页面也要被编译成 Servlet。

```
public void doGet(HttpServletRequest request, HttpServletResponse response)
        throws ServletException, IOException {
    response.setContentType("text/html");
    response.setCharacterEncoding("gbk");
    PrintWriter out = response.getWriter();
    out.println("<!DOCTYPE HTML PUBLIC \"-//W3C//DTD HTML 4.01 Transitional//EN\">");
    out.println("<HTML>");
    out.println("<HEAD><TITLE>比较 JSP 同 Servlet 的区别</TITLE></HEAD>");
    out.println("<BODY>");
    out.println("比较 JSP 同 Servlet 的区别");
    out.println("</BODY>");
    out.println("</HTML>");
    out.flush();
    out.close();
}
```

下面列出了 Servlet 中的常用方法。

(1) init 方法：在 Servlet 的生命周期中，仅执行一次 init 方法。它是在服务器装入 Servlet 时执行的。无论有多少客户机访问 Servlet，都不会重复执行 init。默认的 init 方法通常是符合要求的，但也可以用定制的 init 方法来覆盖它。

(2) service 方法：是 Servlet 的核心。每当一个客户请求一个 HttpServlet 对象时，该对象的 service 方法就要被调用，而且传递给这个方法一个“请求”(ServletRequest)对象和一个“响应”(ServletResponse)对象作为参数。在 HttpServlet 中已存在 service 方法，默认的服务功能是调用与 HTTP 请求的方法相应的 doXXX 功能。例如，如果 HTTP 请求方法为 GET，则默认情况下就调用 doGet。

Servlet 的响应可以是下列几种类型。

✧ 一个输出流，浏览器根据它的内容类型(如 text/HTML)进行解释。

✧ 重定向到另一个 URL、Servlet、JSP。

(3) doGet 方法：是 Servlet 中的方法之一，用于接收由 get 模式提交的数据，与此对应的还有一个 doPost 方法，用于接收由 get 模式提交的数据。当一个客户通过 HTML 表单发出一个 HTTP GET 请求或直接请求一个 URL 时，doGet 方法被调用。与 GET 请求相关的参数被添加到 URL 的后面，并与这个请求一起发送。

(4) doPost 方法：当一个客户通过 HTML 表单发出一个 HTTP POST 请求时，doPost 方法被调用。与 POST 请求相关的参数作为一个单独的 HTTP 请求从浏览器发送到服务器。

(5) destroy 方法：destroy 方法仅执行一次，即在服务器停止且卸载 Servlet 时执行该方法。典型的，可将 Servlet 作为服务器进程的一部分来关闭。默认的 destroy 方法通常是符合要求的，但也可以覆盖它。

6.2.3　创建一个简单的 Servlet

在本小节中将以用户登录为例，使用 Servlet 代替 JSP 页面实现用户登录校验功能，对比 Servlet 实现与 JSP 实现的异同。

【任务 6.1】使用 Servlet 实现用户登录

【任务描述】在任务中创建登录校验 Servlet，定义后台校验类，完成用户登录校验功能。

【任务分析】任务重点是实现 Servlet 的创建与调用。首先能够创建最简单的 Servlet，熟悉 Servlet 在 Web.xml 文件中的配置环境。在此基础上掌握 Servlet 类结构，了解 Servlet 类中的各个方法的含义与功能，能够正确编写 Servlet 类中的方法，掌握在 Servlet 中调用后台类、接收请求数据、导航等相应操作。

任务完成顺序为：首先创建 Servlet，编写 Servlet 中的 doGet 方法或 doPost 方法，用于接收请求数据并调用后台类检验用户登录信息；其次，编写后台业务类实现对提交数据的校验；最后，修改登录页面登录请求地址，将请求地址改为映射的 Servlet 地址。

【掌握技能】

通过该任务应该掌握如下技能。

(1) 掌握 Servlet 的创建、编写、调用方法。

(2) 理解 MVC 三层开发模型的建立。

(3) 了解 Servlet 的执行过程。

【任务实现】

第一步，创建登录校验 Servlet。首先，选中要存放 Servlet 类的包，右击鼠标，在弹出的快捷菜单中选择【新建】中的 Servlet 命令后出现如图 6.11 所示页面，在 Name 中填入 Servlet 的名字。

图 6.11　创建 Servlet

在 Servlet 创建页面上填完信息后，单击 Next 按钮进入到图 6.12 所示的页面。图 6.12 中①表示 Servlet 的名字，②是 Servlet 的映射地址，③是 Servlet 配置文件的地址。Servlet 是一种能够处理 HTTP 请求和响应的 Java 类，即能够处理 request 和 response 对象，同时，创建 Servlet 要对其进行映射，映射名称就是要访问的地址信息。具体映射是在 web.xml 文件中配置的，当应用图形页面创建 Servlet 时，就会自动在 web.xml 中生成映射代码。下面是生成后的部分 web.xml 代码。

```
//servlet 定义部分
<servlet>
    <servlet-name>LoginServlet</servlet-name>
    <servlet-class>ch5.LoginServlet</servlet-class>
</servlet>
//servlet 映射部分
<servlet-mapping>
    <servlet-name>LoginServlet</servlet-name>
<url-pattern>/LoginServlet</url-pattern>
</servlet-mapping>
```

Servlet 名字相同

Servlet 映射地址

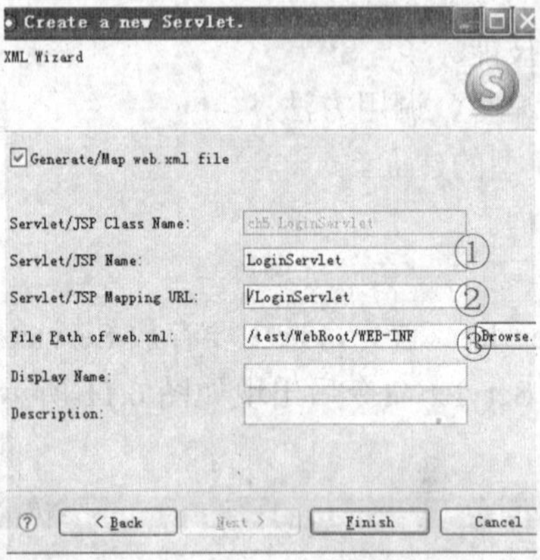

图 6.12　配置 Servlet

编写 Servlet 中的方法，实现对数据的接收处理，并调用后台业务类实现登录校验。创建完 Servlet 后，主要要对其中的 doGet 或 doPost 方法进行重写。之后，在另一个方法中去调用重写的方法。在这部分代码中要注意成功调用后台业务方法以后的判断导航操作。在本例中使用了 response 的重定向方法 sendRedirect 进行导航。

```
public void doGet(HttpServletRequest request, HttpServletResponse response)
        throws ServletException, IOException {
    //定义接收变量
    String username;
    String password;
    username = request.getParameter("username");
    password = request.getParameter("password");
    //实例化后台模型类
    LoginCheck lc = new LoginCheck();
    //通过模型对象调用业务方法
    String userid = lc.loginCheck(username, password);
    //根据业务方法的执行结果，进行相应的导航
```

```
        if(userid!=null){
            session.setAttribute("userid", userid);
            session.setAttribute("username", username);
            session.setAttribute("islogined", "true");
            System.out.println("登录成功！");
            response.sendRedirect("index.jsp");
        }else{
            System.out.println("失败！");
            response.sendRedirect("error.jsp");
        }
    }
public void doPost(HttpServletRequest request, HttpServletResponse response)
            throws ServletException, IOException {
        //在 doPost 方法中调用 doGet 方法
        this.doGet(request, response);
    }
```

第二步，创建对应的后台业务类 LoginCheck 的代码，在类中定义了校验方法 loginCheck，在方法中访问数据库 userinfo 表进行验证：用户存在返回 true，用户不存在返回 false。并且，在 finally 中关闭数据库连接对象，释放数据库连接资源。

```
package dao;
import java.sql.PreparedStatement;
import java.sql.ResultSet;
import java.sql.SQLException;
import common.DBConnect;
public class LoginCheck {
    //登录校验业务方法
    public String loginCheck(String username,String password){
        ResultSet rs; //创建记录集
        DBConnect db = new DBConnect();//创建数据库连接对象
        //创建数据库查询语句
        String sql ="select * from userinfo where username = ? and password = ?";
        try {
            //从数据库连接对象中获得预编译会话对象
            PreparedStatement ps = db.getPs(sql);
            //向预编译对象中注入相应的参数
            ps.setString(1, username);
            ps.setString(2, password);
            //通过预编译会话对象执行查询操作
            rs = ps.executeQuery();
            //根据数据库查询结果，返回用户 ID 值
            if(rs.next()){return rs.getString("userid");;
            }else{return null; }
        } catch (SQLException e) {
            System.out.println("LoginCheck"+e);
        }finally{
            try {db.free();//释放数据库连接
            } catch (SQLException e) {e.printStackTrace(); }
        }
        return null;
    }}
```

第三步，修改登录页面相关代码。登录页面如图 6.13 所示，修改页面中 form 表单的提交

动作 action 的请求地址。这个请求地址以前都是使用一个用于接收数据的 JSP 页面，现在使用在第一步中定义的 Servlet 的映射地址作为请求地址。

```
<form name="form1" action="/bbs/LoginServlet" method="post">
```

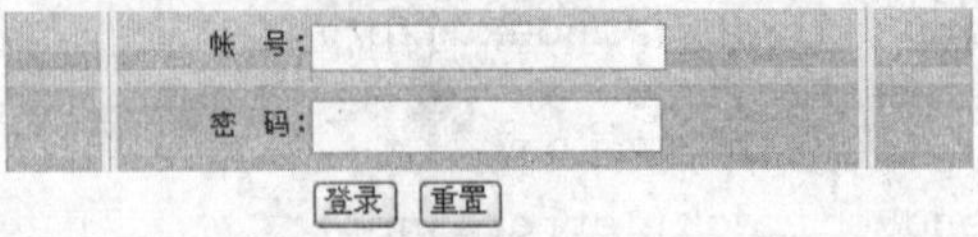

图 6.13　论坛用户登录

【项目经验】

(1) 在 Servlet 开发过程中若是修改了 web.xml 中的 Servlet 的配置信息，要重新发布、启动服务器，重新加载配置信息。

(2) Servlet 是一个能够接收 HttpRequest 请求和发送 HttpResponse 响应的 Java 类，Servlet 的访问和其他网页访问是一样的，任何可以访问网页的地方，都可以替换成 Servlet 映射地址直接访问，要注意在开发中的 MVC 三层开发模式。

在登录校验的过程中，访问顺序如图 6.14 所示。

图 6.14　登录校验过程中的 MVC 三层模型

在组织项目中对目录的组织也体现了 MVC 三层架构的设计模式，项目结构如图 6.15 所示。在项目中定义了 servlet 包、common 包、dao 包，其中 servlet 包中存放项目中定义的 servlet 类，起到控制器的作用；dao 包中存放访问数据库的业务类，起到 Model 模块作用；common 是公共类包，存放数据库连接类等公共基础类。WebRoot 为网页存储路径。

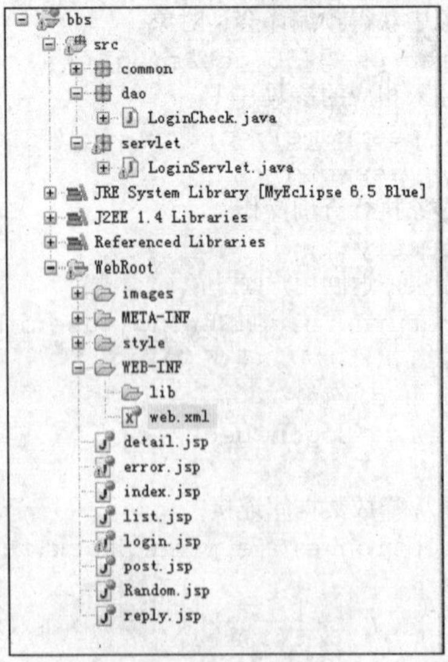

图 6.15　项目中的目录与 MVC 三层模型的对应关系

(3) 使用 HttpSession 类定义 session 保存用户登录信息。当用户成功登录后使用 session 保存用户的登录信息。在 session 中保存用户的登录名，并且设置成功登录标志 isLogined 为 true。使用 JSP 网页时，可以直接在 JSP 中使用 session，但是 Servlet 中在使用 session 之前要定义 session 对象，定义的方法如下：

```
HttpSession session = request.getSession();
session.setAttribute("username", username);
session.setAttribute("islogined", "true");
```

Web 中的 session 指的就是用户在浏览某个网站时，从进入网站到浏览器关闭所经过的这段时间内，Web 服务器为该用户分配的暂存空间。需要注意的是，一个 session 的概念需要包括特定的客户端，特定的服务器端，以及不中断的操作时间。A 用户和 C 服务器建立连接时所处的 session 同 B 用户和 C 服务器建立连接时所处的 session 是两个不同的 session。

session 同之前用到的 request、response 一样都是 Web 容器提供的隐式对象，但 session 的作用范围更大，生命周期更长。session 中的数据可以在多个页面中共享使用；而 request 中的数据只能在被请求的页面中使用，当请求结束后数据就失效了。一般 session 的生命周期为 30 分钟，也可在 Web 服务器中设定，如在 web.xml 中有如下设置：

```
<session-config>
      <session-timeout>30</session-timeout>
</session-config>
```

6.3 使用 Servlet 完成 BBS 论坛

在本节中主要完成 BBS 论坛中的版块显示、主题帖显示、跟帖显示、发帖、回帖等任务。通过各个任务的实现，熟练掌握用 Servlet 创建 MVC 三层应用模型，提高项目能力。在使用 Servlet 进行开发过程中，体会 Servlet 与 JSP 调用顺序的区别。

6.3.1 使用 Servlet 实现论坛版块显示

【任务 6.2】 使用 Servlet 实现论坛版块显示

【任务描述】 任务要将论坛数据库中 Board(版块)表中的版块信息读取出来，并显示在 index.jsp 页面上。当用户成功登录后，能够在 index.jsp 页面上显示用户登录名。单击版块信息能够成功导航到该版块的主题帖显示页面。

【任务分析】 论坛版块显示功能主要完成以下几方面的功能：创建读取版块信息业务类，该类完成在数据库中读取版块信息，将版块信息封装到数据集合中进行返回。这样就要定义一个 JavaBean 用于封装版块信息，有些项目中称这种保存数据的 JavaBean 为实体类，对应于 EJB 中有一个实体类(Entity Bean)。在项目 src 目录下创建存放实体类的包 entity，创建用于提取版块信息的 Servlet，在 Servlet 中调用后台业务类获得数据，将数据保存到 request 或 session 中后导航到显示页面。在显示页面要判断 session 中是否存在用户登录信息，若存在用户登录信息则在页面上显示用户名，否则显示“未登录”。页面负责从 request 或 session 中获得版块数据，并在页面上显示版块信息。要为版块信息加入正确的超链接导航信息，同时提供版块的 ID。

【掌握技能】 通过该任务应该掌握如下技能。

(1) 进一步掌握使用 JavaBean 等设计后台业务类的方法。

(2) 熟练掌握 Servlet 编程技术。

(3) 正确使用 request 保存数据与导航功能。

(4) 掌握页面显示处理技巧。

【任务实现】

第一步，创建用于封装 board 表的 JavaBean 类(代码略，针对本项任务应注意 JavaBean 实体类在业务代码中的具体实例化位置)，创建用户提取版块信息的业务类。在代码中定义 ArrayList 对象用于保存查询结果，遍历记录集将每条记录提取处理并保存在实体对象 board 中，要注意 board 对象的创建位置，其是在 while 循环中创建，否则，集合中的所有记录都是一样的数据，即最后一条记录的内容。业务类就是项目 MVC 框架中的 M 层，即 Model。

```
public class GetBoard {
   DBConnect db = new DBConnect();
       ArrayList result = new ArrayList();
   ResultSet rs;
       public List getBoard() throws SQLException{
           String sql = "select * from board ";
           try {
           rs = db.executeQuery(sql);
           while(rs.next()){
               Board board = new Board();
               board.setBoardId(rs.getString("boardid"));
               board.setBoradName(rs.getString("boardname"));
               result.add(board);
           }
           return result;
       } catch (SQLException e) {e.printStackTrace();}finally{
           db.free();
       }
       return null;
       }
}
```

第二步，创建项目的控制层 Servlet，按照图 6.16 所示的过程创建 Servlet。修改 Servlet 的映射地址为/servlet/GetBoardServlet。在 Servlet 中重写 doPost 方法，实现对后台类的调用，并且得到返回数据，将数据存入 request 对象后导航到 index.jsp 页面。

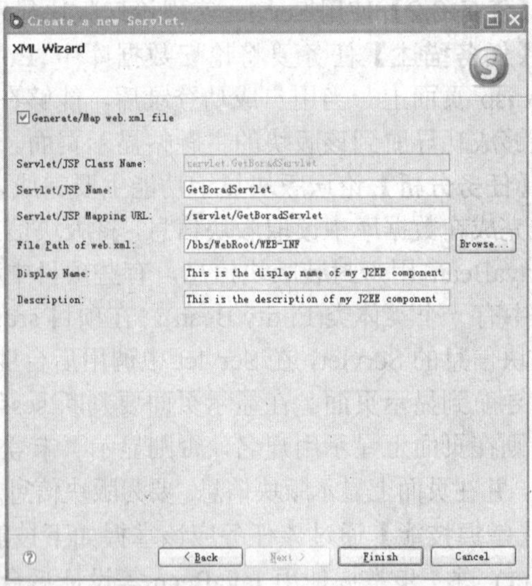

图 6.16 Servlet 创建过程

下面是 Servlet 中对 doPost 与 doGet 方法重写的代码：

```
public void doGet(HttpServletRequest request, HttpServletResponse response)
            throws ServletException, IOException {
            this.doPost(request, response);
        }
    public void doPost(HttpServletRequest request, HttpServletResponse response)
            throws ServletException, IOException {
        List result;
        GetBoard getboard = new GetBoard();
        try {
            result = getboard.getBoard();
            request.setAttribute("result", result);
            request.getRequestDispatcher("index.jsp").forward(request,
response);
        } catch (SQLException e) {
            System.out.println();
        }
    }
```

第三步，修改页面，实现对返回数据的页面迭代。在页面中提取 request 隐式对象中的查询数据，使用循环将 result 集合中的实体对象迭代到页面的对应位置进行显示。使用超链接进行版块导航<A href="   "><%=board.getBoradName() %></A>，注意目前的超链接地址是空的。当进行下一个任务的时候，将把开发的版块主题页提取 Servlet 的映射地址放入该处。

下面是 index.jsp 页面中迭代记录的部分代码，运行结果如图 6.17 所示。

```
<DIV class="t">
    <TABLE cellSpacing="0" cellPadding="0" width="100%">
        <TR class="tr2" align="center">
            <TD colSpan="2">论坛</TD>
            <TD style="WIDTH: 10%;">主帖数</TD>
            <TD style="WIDTH: 30%">最新发表</TD>
        </TR>
        <TR class="tr3">
          <TD colspan="4"><br></TD>
        </TR>
        <%  List result =(List)request.getAttribute("result");
            if(result!=null){
                for(int i=0;i<result.size();i++){
                    Board board =(Board)result.get(i);%>
        <TR class="tr3">
            <TD width="5%"> </TD>
            <TD align="left">
                <IMG src="images/board.gif">
                    <A href=""><%=board.getBoradName() %></A>
            </TD>
            <TD align="center"> </TD>
            <TD> </TD>
        </TR>
        <%      }
            }
```

```
        %>
        <TR class="tr3">
          <TD colspan="4"></TD>
        </TR>
    </TABLE>
</DIV>
```

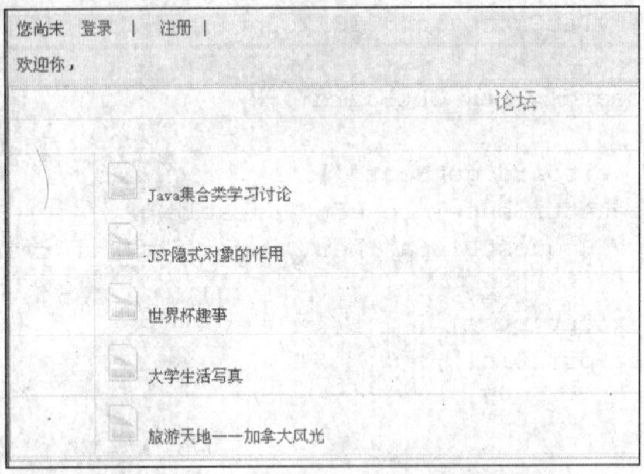

图 6.17 论坛版块主页部分显示

在论坛版块主页以及后续的其他页面上都会有“您尚未登录”或“欢迎您，XXX”的字样。这两段说明不能同时出现在网页上。网页中的另一个任务是要根据 session 中的登录信息判断用户是否登录成功并显示对应说明。当单击【登录】按钮时能够导航到登录页面，并要记住用户是从哪个页面上单击【登录】按钮的，当登录成功后要返回到用户所浏览的页面。

可通过下面的 JSP 页面代码实现以上功能。为了能够记住发出请求页面的地址，在进行登录时添加了一个参数 where，从不同页面发出的请求中的参数是不同的。

```
<%  String isLogined = (String)session.getAttribute("isLogined");
        String username = (String)session.getAttribute("username");
        if(isLogined==null){
            isLogined = "false";
        }
%>
<%  if(isLogined.equals("true")){   %>
            <DIV class="h">
            欢迎你，<%=username %>
    </DIV>
<%  }else{  %>
    <DIV class="h">
        您尚未登录  <a href="../login.jsp?where=BBS/index.jsp">登录</a>
         |   <A href="../reg.jsp">注册</A> |
    </DIV>
<%  }   %>
```

【项目经验】

在任务调用过程中要注意访问调用的顺序问题。在以前的学习过程中首先访问的都是 JSP 页面，有了 Servlet 之后很多时候是先访问 Servlet，之后再导航到相应的 JSP 页面，这个变化 Servlet 初学者要注意，先访问 Servlet 的目的是先通过 Servlet 调用后台的业务类获得数据，然后将数据保存到 request 或 session 隐式对象中以备页面使用。至于是保存在 request 中还是保存在 session 中就要根据具体情况来决定，一般都将数据保存在 request 对象中。

6.3.2　使用 Servlet 实现显示主题帖功能

主题帖是进入某个版块后的第一个页面，页面上会显示该版块中所有的主题标题内容。一般主题帖的排列顺序是按照发帖时间或支持率的高低进行排序，在本例中按照主题帖支持率由高到低进行排序。在主题帖显示页面也会有对用户是否登录的判断，只有在成功登录后才能单击【发表话题】按钮，否则只能进行浏览。继续使用 Servlet 技术完成下面的任务，同时使用 JavaBean 对数据进行封装。

【任务 6.3】使用 Servlet 实现显示主题帖

【任务描述】当用户单击版块页面中某个具体版块标题后进入到主题帖显示页面，如图 6.18 所示。页面按照支持率由高到低的顺序显示所有主题帖标题内容，页面中对用户是否登录进行判断，成功登录者可以发表新帖。页面上同时显示主题帖的支持率和回复数量。

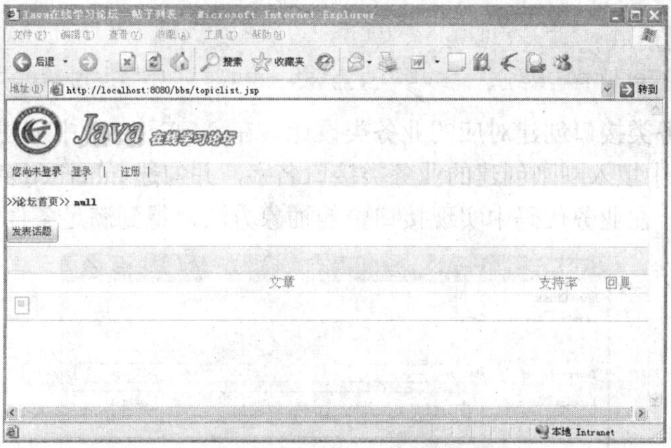

图 6.18　论坛主题帖显示页面

【任务分析】观察上面的页面及基本功能要求，分析任务过程。在该任务中主要完成以下几个方面的设计任务：首先要定义 JavaBean 实体用于封装数据；其次完成后台业务类逻辑的设计，实现对数据库表的访问；最后要定义用于接收版块页面请求的 Servlet，同时调用后台业务完成数据提取，并将数据保存在隐式对象后导航到图 6.18 显示的页面。

【掌握技能】

通过该任务应该掌握如下技能。

(1) 进一步掌握 Servlet 的创建、编写、调用。

(2) 掌握请求转发与重定向导航方式。

(3) 掌握使用 Java 逻辑语句控制页面显示的技巧。

【任务实现】

第一步，定义用于封装主题帖数据的 JavaBean 实体类。在实体类中应该包含主题帖标题、支持和回帖票数、主题帖 ID。

```
package entity;
public class Topic {
	String topicId;
```

```
        String topicTitle;
        String clicknum;
        String replynum;
        public String getTopicId() {  return topicId;}
        public void setTopicId(String topicId) {   this.topicId = topicId; }
        public String getTopicTitle() {return topicTitle; }
        public void setTopicTitle(String topicTitle) {  this.topicTitle = topicTitle;}
        public String getClicknum() {  return clicknum;    }
        public void setClicknum(String clicknum) {this.clicknum = clicknum;}
        public String getReplynum() {return replynum;  }
        public void setReplynum(String replynum) {this.replynum = replynum;}
   }
```

第二步，定义业务类接口及实现类，完成对数据库的访问与数据提取。在本例中要根据请求中的版块 ID 实现对该版块主题帖数据的提取。使用接口进行设计是一种好的编程习惯，首先定义业务类接口：

```
package dao;
import java.util.List;
public interface GetTopicDao {  public List getToic(String topicId);}
```

根据上面的业务类接口创建对应的业务类设计，在 MyEclipse 中创建业务类，如图 6.19 所示。在 Interfaces 中填入刚刚创建的业务类接口名字，并勾选 Inherited abstract methods 复选框以继承抽象方法。在业务代码中实现接口中的抽象方法，得到满足条件的记录集合对象。

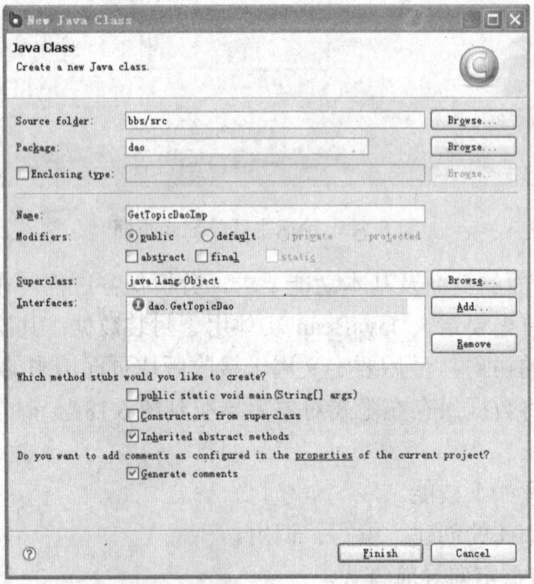

图 6.19　实现业务类接口创建业务类

创建的 GetTopicDaoImp.java 业务类代码如下：

```
public class GetTopicDaoImp implements GetTopicDao {
    public List getToic(String boardId) {
        DBConnect db = new DBConnect();
        ResultSet rs;
        ArrayList result= new ArrayList();
```

```
        String sql = "select * from topic where boardid = ?";
        try {PreparedStatement ps = db.getPs(sql);
            ps.setString(1, boardId);
            rs = ps.executeQuery();
            while(rs.next()){
                Topic tp = new Topic();
                tp.setTopicId(rs.getString("topicid"));
                tp.setTopicTitle(rs.getString("title"));
                tp.setClicknum(rs.getString("clicknum"));
                tp.setReplynum(rs.getString("replynum"));
                result.add(tp);
            }
            return result;
        } catch (SQLException e) {
            System.out.println("GetTopicDaoImp.java"+e);
        }
        return null;
    }}
```

第三步，创建用于控制显示主题帖过程的 Servlet，实现接收页面请求数据的功能，形成映射地址为/GetTopicServlet 的 Servlet，创建过程如图 6.20 所示。

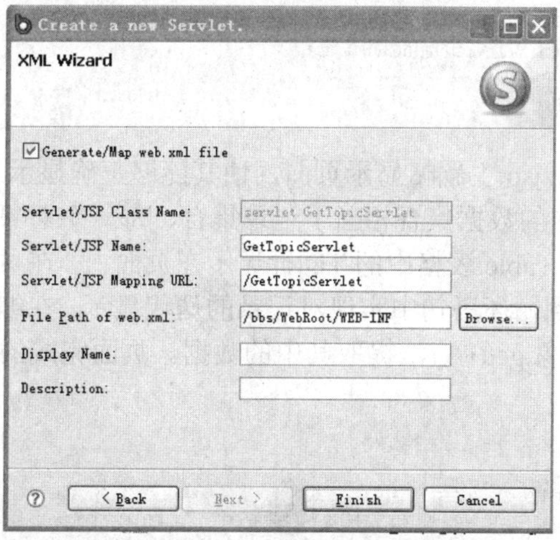

图 6.20　创建 Servlet

定义的 Servlet 的部分方法如下：

```
public void doGet(HttpServletRequest request, HttpServletResponse response)
        throws ServletException, IOException {
    //定义主题帖 ID，用于接收请求中的数据
    String topicid = (String)request.getParameter("topicid");
    //定义存储记录集的集合
    List topiclist;
    //创建业务类对象
    GetTopicDaoImp getTopic = new GetTopicDaoImp();
    //调用业务方法实现对数据库表的查询
    topiclist = getTopic.getToic(topicid);
    //将查询结果存入 request 隐式对象中
    request.setAttribute("topiclist", topiclist);
```

```
        //使用 request 隐式对象的请求转发功能进行导航
        request.getRequestDispatcher("topiclist.jsp").forward(request, response);
    }
    public void doPost(HttpServletRequest request, HttpServletResponse response)
            throws ServletException, IOException {
        this.doGet(request, response);
    }
```

Servlet 主要是起到承上启下的作用，接收客户端的请求与数据，实例化后台业务类，并调用业务方法实现业务逻辑，将所得数据存入服务器隐式对象中，使用重定向或请求转发实现页面导航。在本例中使用了 request 对象的请求转发功能实现了夹带请求数据导航 request.getRequestDispatcher("topiclist.jsp").forward(request, response)。为了能够实现从 index.jsp 页面向/GetTopicServlet 的 Servlet 发出请求，要将原有 index 页面中的版块名称加入超链接进行处理。超链接的地址就是/bbs/GetTopicServlet 的映射地址，同时附带版块参数 boardid 与版块名称参数 boardname。超链接中的？号表示请求参数，&表示同时有多个并列参数。请求中的参数形式为：地址？参数名=参数值&参数名=参数值。

在本例中参数值使用 JSP 表达式进行赋值，如 boardid=<%=board.getBoardId() %>。

```
<TD align="left">
        <IMG src="images/board.gif">
        <A href="/bbs/GetTopicServlet?boardid=<%=board.getBoardId() %>
            &boardname=<%=board.getBoradName() %>">
            <%=board.getBoradName() %>
        </A>
    </TD>
```

第四步，修改 topiclist.jsp 主题帖显示页面，使其能够正确显示 Servlet 转发过来的数据。保存在 request 隐式对象中的数据集合相当于记录集合，每一个对象代表一套记录。通过循环将 List 对象中的记录结合 Table 表格中的 TD 行显示在页面上，在页面上找到用于显示记录的表格 TD 部分，将其嵌入到循环语句中实现对记录的迭代显示。在编写过程中应注意对集合类的遍历控制，使用集合对象.get(i)方法提取其中的数据。页面完成的最终效果如图 6.21 所示。

```
            <!-- 表 头 -->
            <TR class="tr2">
                <TD> </TD>
                <TD style="WIDTH: 80%" align="center">文章</TD>
                <TD style="WIDTH: 10%" align="center">支持率</TD>
                <TD style="WIDTH: 10%" align="center">回复</TD>
            </TR>
            <!-- 主 题 列 表 -->
            <%  List result = (List)request.getAttribute("topiclist");
                for(int i=0;i<result.size();i++){
                    Topic topic = new Topic();
                    topic = (Topic)result.get(i);
            %>
            <TR class="tr3">
                <TD><IMG src="images/topic.gif" border=0></TD>
                <TD style="FONT-SIZE: 15px">
                    <A href=""><%=topic.getTopicTitle() %></A>
                </TD>
                <TD align="center"><%=topic.getClicknum() %></TD>
```

```
            <TD align="center"><%=topic.getReplynum() %></TD>
        </TR>
        <%} %>
```

图 6.21 主题帖列表页面

【项目经验】

任务开发过程中应注意以下 3 个方面的问题。

(1) Servlet 任务调用过程。

在 Servlet 编程过程中很多时候调用顺序不是直接访问 JSP 页面而是先访问 Servlet，之后再通过 Servlet 的导航功能实现对其他页面的调用。Servlet 最大的特点就是能够接收 HTTP 请求和做出 HTTP 响应。图 6.22 是任务中数据传输与调用过程的示意图。

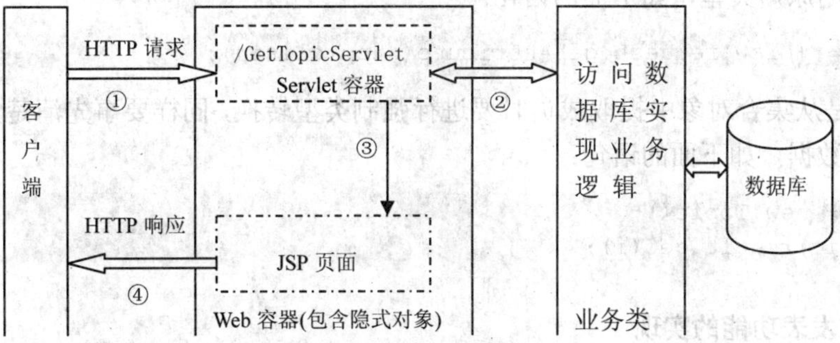

图 6.22 主题帖功能实现调用过程

(2) 请求转发过程中汉字乱码现象。

要注意在图 6.21 中站点地址“>>论坛首页>>Java?????a?§"???”的乱码现象。乱码部分的内容是由 index.jsp 页面向/GetTopicServlet 发送请求时的参数 boardname：

```
<A href="/bbs/GetTopicServlet?boardid=<%=board.getBoardId() %>
        &boardname=<%=board.getBoradName() %>">
```

Servlet 并没有显式地接收处理这个参数，但在 Servlet 中使用的是请求转发导航模式，即将向 Servlet 发出的 HTTP 请求数据连同在 Servlet 中生成的数据一起转发到目标地址。在这个过程中汉字出现了乱码。

Tomcat 默认服务器的处理编码是 ISO-8859-1，而页面能够接收的是 GB2312、UTF-8 或是

GBK 等，否则会出现乱码。一个表单的提交(get/post)，或者直接引用一个 JSP 页面加上中文参数，形如：

```
document.location = 'abc.jsp?msg=中文信息';
```

或者请求转发形式中的汉字：

```
request.getRequestDispatcher("login.jsp?errorMsg='验证码不正确!'").forward(request,
response);
```

都有可能出现中文乱码,其解决方式是不一样的。get 提交方式或直接地址连接以及请求转发模式通常通过修改 server.xml 中关于 URI 的编码解决。Post 提交方式可以通过在 JSP 中设置 request 的 encoding 解决，也可以通过设置 filter 解决。具体如下。

get 提交方式中文乱码的解决，通过更改 server.xml 中的如下信息解决：

```
<Connector port="8080" protocol="HTTP/1.1"
           connectionTimeout="20000"
           redirectPort="8443" URIEncoding="gbk"/>
```

其中 URIEncoding 编码设置为 gbk 即可以解决 jsp 页面中的 get 提交方式中的中文乱码。

post 提交方式中文乱码的解决，方法一是通过在 JSP 页面中设置 request 的 encoding 属性实现：request.setCharacterEncoding("gbk")；方法二是设置 filter 过滤器完成汉字编码转换功能，这部分内容将在后续章节中学习。

(3) 强制类型转换。

在项目开发过程中会遇到强制类型转换的情况，主要有以下几种情况。

情况一，是从隐式对象中提取数据时通常要进行数据类型强制转换，这时要明确从隐式对象中提取数据的原始类型，如下面的语句：

```
List result = (List)request.getAttribute("topiclist");
```

情况二，是从集合对象中提取成员时要进行强制类型转换，同样要事先清楚集合中存放的是什么类型的数据，如下面的语句：

```
Topic topic = new Topic();
topic = (Topic)result.get(i);
```

6.3.3 主题帖发表功能的实现

在论坛中发帖是一项主要任务，发表新主题帖要求用户必须以用户身份登录论坛后才能完成，系统将先引导没有登录的用户登录，并且记载发帖的版块与用户名、发帖的时间等信息。

【任务 6.4】主题帖发表功能的实现

【任务描述】在主题帖列表显示页面上方有一个【发表话题】按钮，登录用户单击该按钮时将被导航到发表新帖页面，而没有登录的用户将被自动引导到登录页面，在登录成功后自动返回到发表新帖页面。编辑新帖并保存后返回到论坛原先版块主题帖列表显示页面。发表编辑新帖的过程如图 6.23 所示。

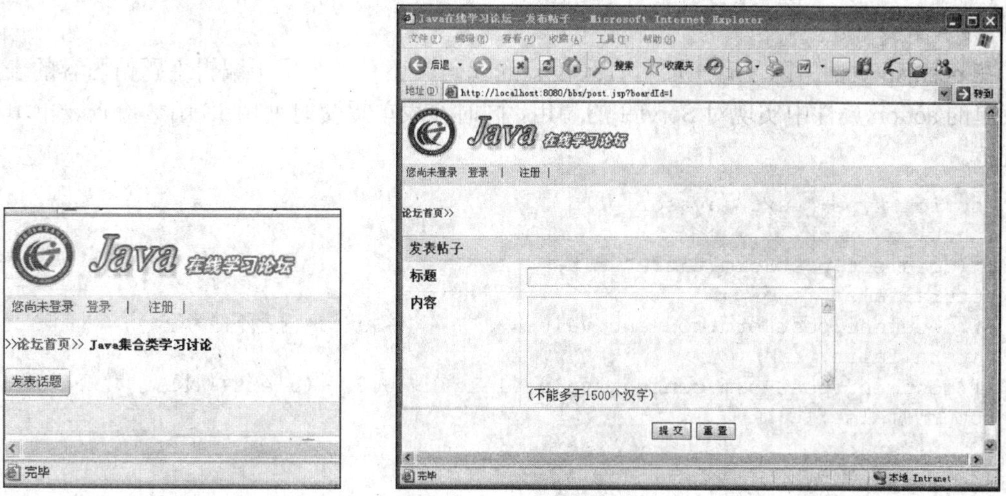

图 6.23 发表编辑新帖的过程

【任务分析】本任务通过超链接实现单击【发表话题】按钮后导航到主题帖发表页面 post.jsp。首先检查用户是否登录，若没有登录将导航到登录页面，待登录成功后返回到主题帖列表显示页面继续单击【发表话题】按钮重新操作。若 post.jsp 页面检查用户是成功登录的合法用户，则等待用户编辑新帖。通过单击【保存】按钮将话题内容保存到数据库对应表中。

在任务中首先访问 post.jsp 页面，在进行保存新帖时用到了保存 Servlet。Servlet 调用后台业务类，实现对话题内容的保存，之后 Servlet 将导航到另一个前面已经设计完成的用于提取主题帖列表的 Servlet，而不是主题帖列表显示页面。

在主题帖列表显示页面中有关【发表话题】按钮的导航代码如下：

```
<!--新帖发表-->
<DIV>
    <A href="post.jsp?boardId=<%=boardid %>">
        <IMG src="images/post.gif" name="td_post" border="0">
    </A>
</DIV>
```

【掌握技能】

通过该任务应该掌握如下技能。

(1) 灵活使用隐式对象在多个页面、Servlet 间传递数据的方法。

(2) 熟练掌握 MVC 三层开发模式。

【任务实现】

第一步，完成发帖页面对用户登录的判断及提交处理。

在 post.jsp 发帖页面，首先要对发帖请求用户是否登录进行校验。已经登录的合法用户继续进行发帖流程，编辑话题内容通过单击【保存】按钮进行数据存储。没有登录的用户将被页面导航到系统登录页面进行登录处理。下面的代码实现对发帖用户是否登录的判断。

```
<%
String username = (String)session.getAttribute("username");
String isLogined = (String)session.getAttribute("isLogined");
if(isLogined==null){
    isLogined = "false";
    response.sendRedirect("login.jsp");
```

```
}
%>
```

在 post.jsp 页面中除了有上面对登录校验的代码，还有一个用于编辑主题帖内容的表单。在表单的 action 属性中实现对 Servlet 的调用，同时在表单提交时使用 JS 函数检查表单填写是否规范。

```
<script type="text/javascript">
function check(){
if(document.postForm.title.value=="") {     alert("标题不能为空");
return false;   }
if(document.postForm.content.value=="") {  alert("内容不能为空");
return false;   }
if(document.postForm.content.value.length>3000)  {alert(" 长 度 大 于  3000");
return false;}
}
</script>
```

下面的代码是页面表单的提交属性：

```
<FORM  name="postForm"  onSubmit="return  check()"  action="AddTopicServlet"
method="POST">
```

第二步，设计保存话题业务类接口与业务类，实现对数据的保存。

设计业务类接口，规范代码编写，养成使用接口编程的好习惯。接口抽象方法定义了前台页面要传过来的主要参数：title——主题帖标题、contentinfo——主题帖内容、userid——发帖的用户 ID、boardid——主题帖所属版块的 ID。

```
package dao;
public interface SaveTopicDAO {
    public void saveTopic(String title,String contentinfo,String userid,String boardid);
}
```

根据接口生成对应的实现业务类：

```
public class SaveTopicDAOImp implements SaveTopicDAO {
public void saveTopic(String title, String contentinfo, String userid,String boardid) {
    DBConnect db = new DBConnect();//创建数据库连接对象
    String dateStr = ""; //定义当前日期字符串
    //定义数据库插入语句
    String sql = "insert into topic (title,contentinfo,createdate,userid,clicknum,
        replynum,boardid)  values (?,?,?,?,?,?,?)";
 //定义日期格式
 SimpleDateFormat formatter = new SimpleDateFormat("yyyy-MM-dd HH:mm:ss ");
 //创建当前日期
 Date cdate = new Date();
 dateStr = formatter.format(cdate);//格式当前日期为日期字符串
 try {
    PreparedStatement ps = db.getPs(sql);//创建数据库预编译的执行对象
     //向预编译的对象中置入参数，注意对应关系
        ps.setString(1, title);
        ps.setString(2, contentinfo);
        ps.setString(3,dateStr);
        ps.setString(4, userid);
```

```
            ps.setInt(5, 0);
            ps.setInt(6, 0);
            ps.setString(7, boardid);
            ps.executeUpdate();//执行插入操作
        } catch (SQLException e) {
            System.out.println("SaveTopicDAOImp"+e);
        }
    }}
```

在这部分代码中涉及日期类型的数据库操作，即保存发帖的当前日期。在数据库表设计中将 createdate 设定为了日期型字段，但是在程序插入时可以使用按照日期格式排列的字符串代替。

第三步，设计保存话题 Servlet，实现对业务调用与页面导航的控制。

在设计 Servlet 时要注意 post.jsp 中提交的表单数据中包含汉字字符，所以要进行汉字的编码转换，使用 request.setCharacterEncoding("gbk")语句。当执行完调用添加主题帖业务方法后要返回主题帖列表显示页面，但不能直接导航到主题帖列表显示页面，若直接导航到主题帖列表显示页面会是一个空页面，没有记录数据，因此要导航到提取主题帖数据的 Servlet 才能达到预期效果。

在 post.jsp 页面中，为了能够实现在表单提交的同时将版块信息也提交到 Servlet，在页面表单中使用了隐含字段的开发技巧：

```
<INPUT type="hidden" name="boardid" value="<%=boardid %>"/>
```

参数 boardid 的值为<%=boardid %>，当表单提交时随同其他页面字段同时提交到主题帖添加 Servlet 中，但在 post.jsp 页面上，boardid 并不显示出来。

当 Servlet 完成添加任务后就导航到主题帖列表显示 Servlet，同时在提交时附带了版块 ID 信息，response.sendRedirect("/bbs/GetTopicServlet?boardid="+boardid)。

```
public void doGet(HttpServletRequest request, HttpServletResponse response)
        throws ServletException, IOException {
    request.setCharacterEncoding("gbk");//设定请求中的字符编码格式为 GBK，避免汉字乱码
    HttpSession session = request.getSession();//从 request 中获得 session 对象
        //从请求中获得参数
        String title = request.getParameter("title");
        String contentinfo = request.getParameter("contentinfo");
        String boardid = request.getParameter("boardid");
        String userid =(String)session.getAttribute("userid");//从 session 中获得
用户 ID 数据
        //定义业务类对象，并调用业务方法
        SaveTopicDAO save = new SaveTopicDAOImp();
        save.saveTopic(title, contentinfo, userid, boardid);
        response.sendRedirect("/bbs/GetTopicServlet?boardid="+boardid);
    }
    public void doPost(HttpServletRequest request, HttpServletResponse response)
            throws ServletException, IOException {
        this.doGet(request, response);
    }
```

【项目经验】

主题帖添加任务调用过程比较复杂，下面通过图 6.24 说明任务的调用过程。

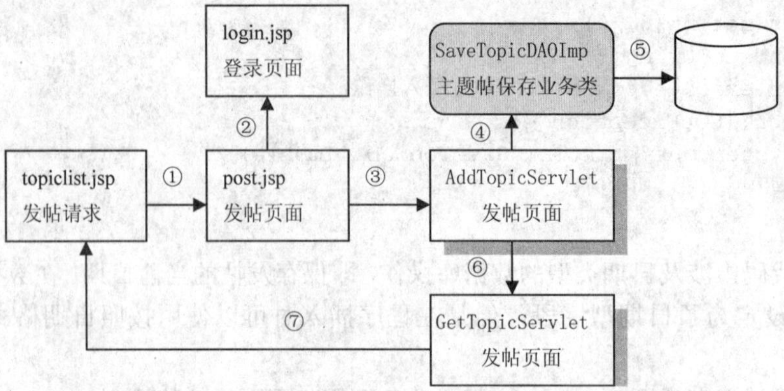

图 6.24　主题帖发表各组件调用过程

首先从主题帖列表显示页面发起“发表话题”请求，请求对象是 post.jsp 页面。在 post.jsp 页面中对请求用户是否登录进行判断，没有登录的用户被强制导航到登录页面进行登录，若已经登录则导航到 AddTopicServlet。在 AddTopicServlet 中调用后台业务方法，访问数据库。成功调用业务方法后导航到主题帖列表显示 GetTopicServlet，重新加载主题帖列表。

6.4　项目开发常见问题收集

项目开发过程中会出现许多错误问题，如何正确解决问题以及如何把问题变成项目开发经验是学习过程中的重要环节。在本节学习中将对出现的问题进行归纳总结，掌握常用的错误调试方法。

6.4.1　JSP 开发中空指针错误

在 Java 开发过程中经常会报出空指针异常错误。下面就对 Java 的空指针错误进行简要归纳。使用基本的 Java 数据类型，变量的值是默认值，如果没有对其正常赋值，程序便不能通过编译，因此使用基本的 Java 数据类型(double、float、boolean、char、int、long)一般不会引起空指针异常。由此可见，空指针异常主要与对象的操作相关。

下面列出可能发生空指针异常的几种情况及相应解决方案。

(1) 在从隐式对象中提取数据时不管对象是否为空就直接开始使用，如下面代码：

```
out.println(request.getParameter("username"));
```

(2) 在没有判断对象是否不为空的情况下就调用其方法：

```
String isLogined = (String)session.getAttribute("isLogined");
if(isLogined.equals("t"))
```

看上去，上面的语句找不出什么语法错误，而且在大多数情况下也遇不到什么问题。但是，如果某个用户在输入数据时并没有提供表单域 username 的值，或通过某种途径绕过表单直接输入，此时 request.getParameter("username")的值为空(不是空字符串，是空对象 null。)，out 对象的 println 方法无法直接对空对象进行操作，因此代码所在的 JSP 页面将会抛出 Java.lang.NullPointerException 的异常。对上面的第二段代码，在 session 中可能没有 isLogined

对象，所以提取的有可能是 null。在这种情况下调用 null.equals("t")方法也会抛出 Java.lang.NullPointerException 的异常。对象为空时，不能调用 Java.lang.Object 或 Object 对象本身的一些方法如 toString()，equals(Object obj)等。为了确保进行操作或引用的对象非空，假若要对某对象进行操作或引用，应首先去检查该对象是否已经实例化且不为空并且在系统中加入针对对象为空时情况的处理。图 6.25 就是使用空值调用 equals(Object obj)造成的结果。

```
root cause

java.lang.NullPointerException
	org.apache.jsp.index_jsp._jspService(index_jsp.java:78)
	org.apache.jasper.runtime.HttpJspBase.service(HttpJspBase.java:70)
	javax.servlet.http.HttpServlet.service(HttpServlet.java:717)
	org.apache.jasper.servlet.JspServletWrapper.service(JspServletWrapper.java:374)
	org.apache.jasper.servlet.JspServlet.serviceJspFile(JspServlet.java:342)
	org.apache.jasper.servlet.JspServlet.service(JspServlet.java:267)
	javax.servlet.http.HttpServlet.service(HttpServlet.java:717)
```

图 6.25　页面空指针报错

一般可以采用下面的代码形式避免出现空指针错误。

```
String userName = (String)request.getParameter("username");
// 该变量值为空时，转化为默认空字符串或不执行有关操作
If (usreName != null)
{
    If (userName.equals("root"))
    {..........}
}
```

6.4.2　请求转发与重定向的区别

本节讨论 Servlet 中的两种导航形式：一种是重定向 response.sendRedirect("")；另一种是请求转发 request.getRequestDispatcher("")。

转发和重定向的形式不同：

```
request.getRequestDispatcher("apage.jsp").forward(request, response);
//转发到 apage.jsp
response.sendRedirect("apage.jsp");
//重定向到 apage.jsp
```

功能上的区别在于当使用转发时，JSP 容器将使用一个内部的方法来调用目标页面，新的页面继续处理同一个请求，而浏览器不会知道这个过程。 与之相反，重定向方式的含义是第一个页面通知浏览器发送一个新的页面请求。当使用重定向时，浏览器中所显示的 URL 会变成新页面的 URL，而当使用转发时，该 URL 会保持不变。重定向的速度比转发慢，因为浏览器需要发出一个新的请求。同时，由于重定向方式产生了一个新的请求，所以经过一次重定向后，request 内的对象将无法使用。 下面就仔细考察两种导航形式的执行过程。

(1) 请求转发导航过程。

客户浏览器发送 HTTP 请求，Web 服务器接收此请求并调用内部的一个方法在容器内部完成请求处理和转发动作后将目标资源发送给客户。在这里转发的路径必须是同一个 Web 容器下的 URL，不能转发到其他的 Web 路径上去，中间传递的是自己的容器内的 request。在客户浏览器路径栏显示的仍然是其第一次访问的路径，也就是说客户是感觉不到服务器做了转发的。请求转发是服务器内部把对一个 request/response 的处理权移交给另一个地址的过程，对于客户端而言它只知道自己最早请求的那个 A，而不知道中间的 B，甚至 C、D。传输的信息

不会丢失。

(2) 重定向导航过程。

客户浏览器发送 HTTP 请求，Web 服务器接收后发送 302 状态码响应，及对应新的 location 给客户浏览器。客户浏览器发现是 302 响应，则自动再发送一个新的 HTTP 请求，请求 URL 新的 location 地址，服务器根据此请求寻找资源并发送给客户。在这里 location 可以重定向到任意 URL，既然是浏览器重新发出了请求，就没有什么 request 传递的概念了。在客户浏览器路径栏显示的是其重定向的路径，客户是可以观察到地址的变化的。重定向行为是浏览器做了至少两次的访问请求。

例如，客户端 request A，服务器响应并 response B 回来一个新地址，告诉浏览器你应该去 B。这个时候 IE 可以看到地址栏地址变成了新地址并重新发出 request B 请求，而且历史的回退按钮也亮了。重定向可以访问自己 Web 应用以外的资源。在重定向的过程中，request 中传输的信息会丢失。

下面是 HttpServletResponse.sendRedirect 方法与 RequestDispatcher.forward 方法的总结比较。

(1) RequestDispatcher.forward 方法只能将请求转发给同一个 Web 应用中的组件；而 HttpServletResponse.sendRedirect 方法不仅可以重定向到当前应用程序中的其他资源，还可以重定向到同一个站点上的其他应用程序中的资源，甚至是使用绝对 URL 重定向到其他站点的资源。

(2) 调用 HttpServletResponse.sendRedirect 方法重定向的访问过程结束后，浏览器地址栏中显示的 URL 会发生改变，由初始的 URL 地址变成重定向的目标 URL，而调用 RequestDispatcher.forward 方法的请求转发过程结束后，浏览器地址栏的地址保持初始的 URL 地址不变。

(3) HttpServletResponse.sendRedirect 方法对浏览器的请求直接作出响应，响应的结果就是告诉浏览器去重新发出对另外一个 URL 的访问请求。 RequestDispatcher.forward 方法在服务器内部将请求转发给另外一个资源，浏览器只知道发出了请求并得到了响应结果，并不知道在服务器程序内部发生了转发行为。

(4) RequestDispatcher.forward 方法的调用者与被调用者之间共享相同的 request 对象和 response 对象，它们属于同一个访问请求和响应过程，而 HttpServletResponse.sendRedirect 方法的调用者与被调用者使用各自的 request 对象和 response 对象，它们属于两个独立的访问请求和响应过程。对于同一个 Web 应用程序的内部资源之间的跳转，特别是跳转之前要对请求进行一些前期预处理，并要使用 HttpServletRequest.setAttribute 方法传递预处理结果时，就应该使用 RequestDispatcher.forward 方法。不同 Web 应用程序之间的重定向，特别是要重定向到另外一个 Web 站点上的资源的情况，都应该使用 HttpServletResponse.sendRedirect 方法。

怎么选择是重定向还是转发呢？通常情况下转发更快，而且能保存 request 内的对象，或者要想在 request 对象中保存读取的后台数据，应该选用请求转发导航。但是由于在转发之后，浏览器中 URL 仍然指向开始页面，此时如果重载(刷新)当前页面，开始页面将会被重新调用。如果不想看到这样的情况，则选择转发。不要轻易地将数据保存到 session 作用域，那会增大服务器的负担，而是要将数据保存到 request 中，使用请求转发实现导航。

6.4.3 MyEclipse 项目调试方法

在项目开发过程中有多种调试方法。根据项目开发经验，针对 JSP 页面文件可以使用控制台数据信息打印进行观察调试，如在项目中经常使用如下语句进行调试观察程序运行数据情况：

```
System.out.println("SaveTopicDAOImp"+e);
```

对于 Java 程序可以使用 MyEclipse 自带的断点调试工具进行调试。MyEclipse 调试工具拥有完整的断点调试功能，下面列出 MyEclipse 中的快捷键。

(1) F5——Step Into，跳入。

(2) F6——Step Over，跳过。

(3) F7——Step Return，执行当前方法，然后 return 跳出此方法。

(4) F8——Resume，重新开始执行 debug，一直运行直到遇到 Breakpoint。

(5) Shift+F5——Step Filter，逐步过滤一直执行直到遇到未经过滤的位置或断点(设置 Filter 的方法为：Window-Preferences-Java-Debug-step Filtering)。

(6) Hit Count，设置执行次数使之适合程序中的 for 循环(设置 Breakpoint View-右键 Hit Count)。

(7) Inspect，检查运算，执行一个表达式显示执行值。

(8) Watch，实时地监视变量的变化。

使用调试工具时首先在你觉得有错的地方设置断点，如图 6.26 所示，设置断点的方法非常简单，只要在代码行前双击鼠标即可。

单击甲壳虫图标按钮下面的子按钮 Debug，选择 MyEclipse Server Application 服务器运行项目，如图 6.27 所示，单击【OK】后 Web 服务器将启动项目。这时同正常运行项目一样去启动 IE 浏览器，在地址栏中输入项目首地址。当系统运行到断点时将进入调试视图，如图 6.28 所示。在调试主窗口高亮显示当前运行行，可使用 F6 键进行单行调试，使用 F7 键快速结束本方法的运行。

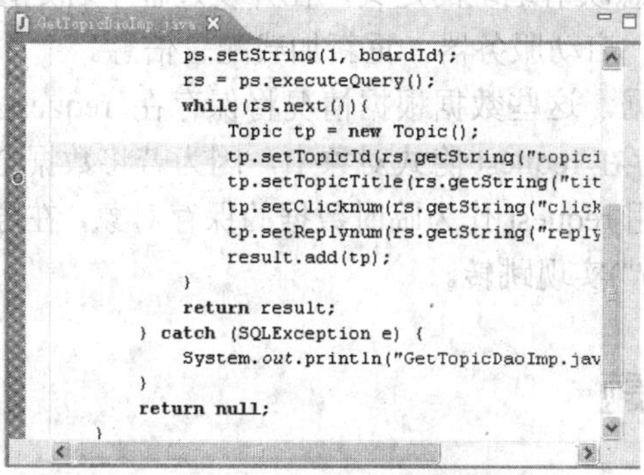

图 6.26　在 Java 类中设置断点

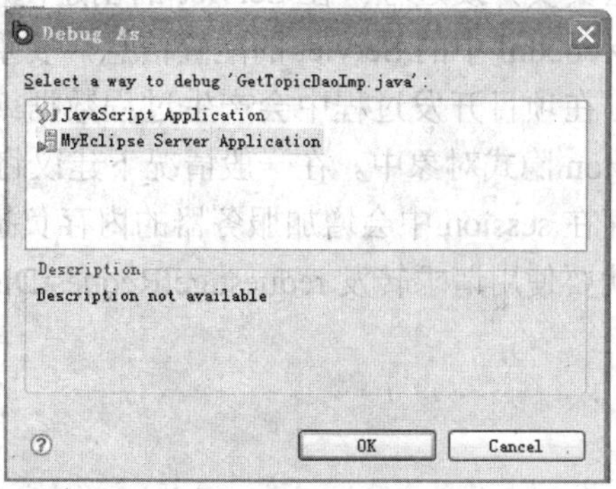

图 6.27　启动调试

图 6.28　调试主窗口

在调试界面有变量监控窗口用于监视当前方法中各个变量成员的状态，如图 6.29 所示为上面这段访问数据库的代码中，能够查看到的 SQL 语句的值和变量的值。

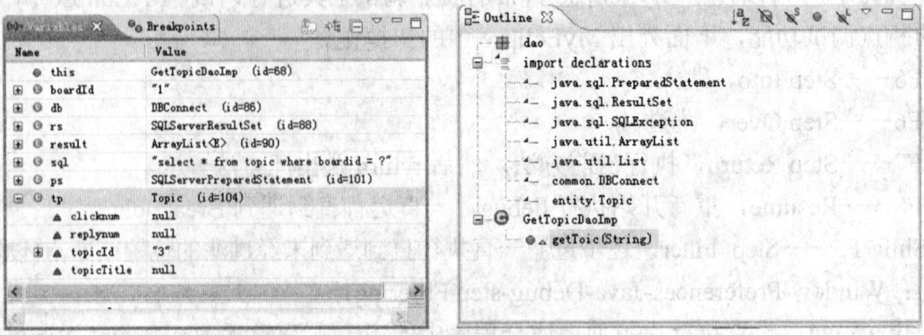

图 6.29　变量及方法监视窗口

其中，变量 boardId 的当前值为“1”；变量 sql 的当前值为“select * from topic where boardid = ?”；对象 tp 的类型为 Topic 类型。

本 章 小 结

Servlet 技术是 JSP 应用开发的重点技术，是 MVC 三层框架的基础，同时也是今后进一步学习 J2EE 的技术基础。本章重点讲解了 Servlet 的工作原理、创建过程以及具体在项目中的应用。讲解过程中结合 BBS 论坛系统的实现，融合了 MVC 三层架构的设计思想，使项目更加接近真实开发过程。在 Servlet 的创建使用中要注意映射地址的定义，在开发过程中若是修改了 web.xml 中的 Servlet 的配置信息，要重新发布、启动服务器，重新加载配置信息。

在项目开发过程中会产生过程数据或中间数据，这些数据根据情况将保存在 request 或 session 隐式对象中。在一般情况下建议将数据保存在 request 隐式对象中，因为若将数据全部保存在 session 中会增加服务器的内存负担。如使用 request 作为临时数据的保存对象，在导航时就要使用请求转发 request.getRequestDispatcher("")实现跳转。

习　　题

1. web.xml 文件中有哪些主要节点？通过阅读相关资料写出 web.xml 文件的结构及 Servlet 定义所处的位置。

2. 比较请求转发与重定向导航的区别。

3. 基于 Servlet 技术的 MVC 三层开发框架有什么优势？

4. 在程序里怎样注册 Servlet？

第7章 使用JSTL与EL重构BBS视图层

学习提示

本章主要围绕EL表达式、JSTL标签技术展开学习，实现对JSP应用开发中页面层的简化处理。通过在页面中使用EL表达式和JSTL标签，使页面中不再包含过多的Java代码。使用JSTL标签控制页面的显示逻辑，使用EL表达式从隐式对象中提取数据。在熟练掌握了JSP标签应用的同时，应掌握自定义标签的创建和使用。

工作任务

- ✧ 使用JSTL标签、EL表达式重构BBS论坛页面
- ✧ 结合JSTL标签、EL表达式、Servlet实现分页
- ✧ 完成自定义标签的应用设计

技术要求

- ✧ 掌握EL表达式在页面上的应用
- ✧ 熟练使用JSTL标签
- ✧ 分页功能的实现
- ✧ 掌握自定义标签的应用

专用单词

EL(Expression Language)	表达式语言
Taglib	标签库

7.1 EL表达式、JSTL标签

7.1.1 EL表达式

使用EL(Expression Language，表达式语言)的目的是为了使JSP页面写起来更加简单。EL语法简洁，它最大的特点是使用方便，容易掌握。EL表达式是基于Java Web容器的一种页面技术，可以直接在HTML页面上使用。EL表达式提供了除JSP页面脚本元素之外的另一种使用表达式的功能，脚本编制元素是指页面中能够用于在 JSP中嵌入的Java代码元素，也就是说EL表达式不能用在页面Java代码中。根据项目经验，EL表达式主要用在提取JSP隐式对象数据的操作中，提供了一种与隐式对象交互的高效手段。

1. EL表达式的语法结构

```
${sessionScope.person.sex}
```

EL表达式是以${起始，以}结尾。上述EL表达式范例的意思是从session范围中取得用户对象中的性别分量。若依照之前JSP Scriptlet的写法，则内容如下：

```
<%
   Person person = (Person)session.getAttribute("person ");
   String sex = person.getSex( );
%>
<%=sex%>
```

两者相比较，可以发现EL表达式的语法比传统JSP Scriptlet更为方便、简洁。EL表达式可以直接应用在网页的任何地方，用于数据的显示。

提示：注意EL表达式所提取的数据是在Web各种隐式对象的范畴内，而不是在JSP页面中的Java代码变量，这一点一定要注意。EL表达式的数据可以直接在页面上显示，表7-1中显示了其在各个范围内的范例。

表7-1 EL作用范围

${pageScope.username}	取出Page范围的username变量
${requestScope.username}	取出Request范围的username变量
${sessionScope.username}	取出Session范围的username变量
${applicationScope.username}	取出Application范围的username变量

2. 变量

EL存取变量数据的方法很简单，例如：${username}，意思是取出某一范围中名称为username的变量，因为并没有指定哪一个范围的username，默认的提取范围是session。值得一提的是若EL表达式没有找到对应变量或对应的变量为null时并不返回null，而是“”，这样在页面显示某个变量时就不用担心当所找的变量不存在时会在页面上显示难看的null了。

其中pageScope、requestScope、sessionScope和applicationScope都是EL表达式的隐含对象的取值范围，由它们的名称可以很容易猜出它们所代表的意思。

例如：${sessionScope.username}是取出session范围的username变量。这种写法比JSP的

写法容易、简洁许多。

```
String username = (String) session.getAttribute("username");
```

3. EL 表达式的运算

只要是表达式就会存在算术运算、关系运算和逻辑运算，表 7-2～表 7-4 分别列出了 EL 表达式中的算术、关系、逻辑运算规则。

表 7-2 算术运算符说明

运算符	说　明	范　例	结　果
+	加	${ 17 + 5 }	22
—	减	${ 17 — 5 }	12
*	乘	${ 17 * 5 }	85
/ 或 div	除	${ 17 / 5 }或${ 17 div 5 }	3
% 或 mod	余数	${ 17 % 5 }或${ 17 mod 5 }	2

表 7-3 关系运算符说明

关系运算符	说　明	范　例	结　果
== 或 eq	等于	${ 5 == 5 } 或 ${ 5eq 5 }	true
!= 或 ne	不等于	${ 5 != 5 } 或 ${ 5 ne 5 }	false
< 或 lt	小于	${ 3 < 5 }或 ${ 3 lt 5 }	true
> 或 gt	大于	${ 3 > 5 }或 ${ 3 gt 5 }	false
<= 或 le	小于等于	${ 3 <= 5 }或 ${ 3 le 5 }	true
>= 或 ge	大于等于	${ 3 >= 5 }或 ${ 3 ge 5 }	false

表 7-4 逻辑运算符说明

逻辑运算符	说　明	范　例	结　果
&&或and	交集	${ A && B } 或 ${ A and B }	true / false
||或or	并集	${ A || B } 或 ${ A or B }	true / false
!或not	非	${ !A } 或 ${ not A }	true / false

EL 表达式与 Servlet 容器的版本有关，凡是部署描述文件遵循 Servlet 2.4 规范的 Web 应用，EL 表达式的计算默认是启用的；而未遵循这个规范的 Web 容器 EL 表达式的计算默认是禁用的。那么对应 Servlet 2.4 的 web.xml，要在 JSP 页面里增加<%@ page isELIgnored="false"%>。isELIgnored 是一个开关标志，当 isELIgnored 为 false 时，在页面上开启 EL 表达式功能，Servlet 2.4 容器默认 JSP 页面的 EL 表达式功能是开启的。

下面是 web.xml 文件的头部信息：

```
<?xml version="1.0" encoding="UTF-8"?>
<web-app version="2.4" xmlns="http://java.sun.com/xml/ns/j2ee"
xmlns:xsi="http://www.w3.org/2001/XMLSchema-instance"
   xsi:schemaLocation="http://java.sun.com/xml/ns/j2ee
   http://java.sun.com/xml/ns/j2ee/web-app_2_4.xsd">
```

除了以上的 Web 上下文对象，EL 表达式还支持以下一些特殊的对象读取范围。

1) param

将请求参数名称映射到单个字符串参数值，通过调用 getParameter(String)方法返回带有特定名称的参数。表达式$(param.name)相当于 request.getParameter(name)。

2) paramValues

将请求参数名称映射到一个数值数组，它检索一个字符串数组而不是单个值。表达式${paramvalues.name)相当于 request.getParamterValues(name)。

3) header

将请求头的名称映射到单个字符串头值。表达式${header.name}相当于 request.getHeader(name)。

4) headerValues

将请求头的名称映射到一个数值数组，它与头隐式对象非常类似。表达式${headerValues.name}相当于 request.getHeaderValues(name)。

5) cookie

将 cookie 名称映射到单个 cookie 对象，向服务器发出的客户端请求可以获得一个或多个 cookie。表达式${cookie.name.value}返回带有特定名称的第一个 cookie 值。如果请求包含多个同名的 cookie，则应该使用${headerValues.name}表达式。

6) initParam

将上下文初始化参数名称映射到单个值。就像其他属性一样，可以自行设定 Web 站点的环境参数(context)，当想取得这些参数时，可以使用 initParam 隐含对象，例如在 web.xml 中设定如下：

```
<?xml version="1.0" encoding="ISO-8859-1"?>
<web-app xmlns="http://java.sun.com/xml/ns/j2ee"
xmlns:xsi="http://www.w3.org/2001/XMLSchema-instance"
xsi:schemaLocation="http://java.sun.com/xml/ns/j2ee/web-app_2_4.xsd"
version="2.4">
:
<context-param>
<param-name>userid</param-name>
<param-value>Tom</param-value>
</context-param>
:
</web-app>
```

这样就可以直接使用 ${initParam.userid}来取得名称为 userid，其值为 Tom 的参数。下面是没有使用 EL 表达式之前的做法：

```
String userid = (String)application.getInitParameter("userid");
```

7.1.2 JSTL 标签

1. 标签库简介

JSTL(Java Server Pages Standard Tag Library)即 JSP 标准标签函数库，目前最新的版本为 1.1。JSTL 是由 JCP(Java Community Process)所制定的标准规格，主要提供给 Java Web 开发人员一个通用标准的标签函数库。Web 程序开发人员能够利用 JSTL 标签和 EL 表达式轻松开发

Web 程序，以取代传统的直接在页面上嵌入 Java 程序(Scripting)的做法，这样可以提高程序的可读性、维护性和方便性。

JSTL 是一个标准的已制定好的标签库，可以应用于各种领域，如基本输入输出、流程控制、循环、XML 文件剖析、数据库查询及国际化、文字格式标准化的应用等。JSTL 所提供的标签函数库主要分为 5 大类。

(1) 核心标签库(Core Tag Library)。

(2) I18N 格式标签库(I18N-capable Formatting Tag Library)。

(3) SQL 标签库(SQL Tag Library)。

(4) XML 标签库(XML Tag Library)。

(5) 函数标签库(Functions Tag Library)。

在本书中将根据项目的需要，有选择的使用其中部分标签，重点集中在核心标签库的使用。标签库前缀映射地址对照表见表 7-5。

表 7-5 标签库前缀映射地址对照表

JSTL	前缀	映射URI	参考
核心标签库	c	http://java.sun.com/jsp/jstl/core	<c:out>
I18N格式标签库	fmt	http://java.sun.com/jsp/jstl/xml	<fmt:formatDate>
SQL标签库	sql	http://java.sun.com/jsp/jstl/sql	<sql:query>
XML标签库	xml	http://java.sun.com/jsp/jstl/fmt	<x:forBach>
函数标签库	fn	http://java.sun.com/jsp/jstl/functions	<fn:split>

2. 在项目中添加标签库

在项目中添加 JSTL 标签库是使用标签的第一步。JSTL 标签库与 Java 语法相比更加容易学习，JSTL 1.1 必须在支持 Servlet 2.4 并且 JSP 2.0 以上版本的 Web 中才可使用。JSTL 主要由 Apache 组织的 Jakarta Project 实现，因此读者可以到 http://jakarta.apache.org/builds/jakarta-taglibs/releases/standard/下载实现好的 jstl.jar 包放入到自己的项目中使用。

在项目中用鼠标右击项目，在弹出的快捷菜单中(图 7.1)选择【MyEclipse】命令下的 Add JSTL Libraries 菜单，向项目中添加 JSTL 标签库，如图 7.2 所示。

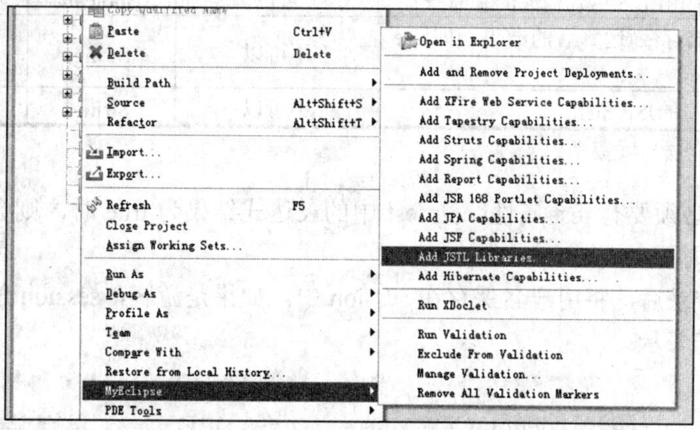

图 7.1 使用 MyEclipse 向项目中添加 JSTL 标签库

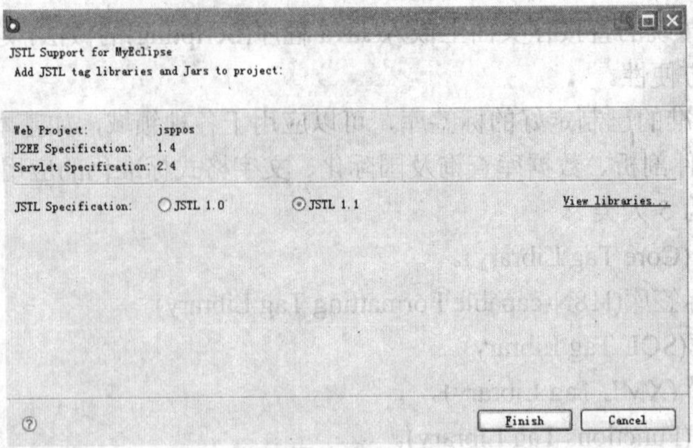

图 7.2 选择 JSTL 标签库版本

单击【Finish】按钮完成对 JSTL 标签功能的添加。

3. JSTL 核心标签库介绍

JSTL 核心标签库主要实现控制页面流程和显示逻辑的功能，其中有两个重要标签：<c:if>和<c:foreach>，下面重点介绍这两个标签。

1) <c:if>

<c:if>标签的用途同在程序中使用的 if 语句功能一样，起判断分支的作用。不同的是<c:if>标签没有提供类似于 else 的分支功能。

语法：

```
<c:if test="testCondition"  [var="varName"]  [scope=""]>
      具体内容
</c:if>
```

</c:if>标签的属性见表 7-6。

表 7-6 <c:if>标签属性说明

元素	说　　明	是否可用EL	类型	必须有	默认值
test	是一个用EL表达式构成的判断条件	可以	Boolean	是	无
var	用来储存test运算后的结果，即true或false	不可以	String	否	无
scope	var变量的JSP 范围	不可以	String	否	page

说明：

<c:if>标签必须要有 test 属性，当 test 中的表达式结果为 true 时，则会执行本体内容；如果为 false 时，则不会执行。

例如用户登录后，将用户名保存在 session 中。如果是游客，session 就没有用户名，这样就要用如下语句表示：

```
<td>
   <c:if test="${sessionScope.username != ' ' }">
        //当 username 不为空时
        ${sessionScope.username }，您好!! //body 部分
   </c:if>
```

```
    <c:if test="${sessionScope.username == ' ' }">
        //当 username 为空时
        游客，您好!! //body 部分
    </c:if>
</td>
```

提示：在页面中使用 JSTL 标签以前，要在页面中引入相应的标签库，否则标签不起作用。使用<%@ taglib%>指令引入标签库，taglib 指令同<%@ page%>的等级一样，是 JSP 的另一个页面指令。在<%@ taglib%>指令中 prefix 为前缀名，用于在页面上引用标签时使用，如 c:，uri 是定义的标签库的链接地址，注意这个地址不是要通过网络才能找到，所以不一定是真实地址，而是在创建标签库时映射的地址，具体形式如下：

```
<%@ taglib uri=http://java.sun.com/jsp/jstl/core  prefix="c" %>
```

2) <c:foreach>

<c:foreach>标签的功能同在程序中使用的 for 循环一样。

语法：

```
<c:forEach items="collection"   [var="varName"]
        [varStatus="varStatusName"] [begin="begin"]
        [end="end"] [step="step"]>
        循环本体内容
</c:forEach>
```

<c:foreach>标签的属性见表 7-7。

表 7-7 <c:foreach>标签属性说明

元素	说明	是否可用EL	类型	必须有	默认值
items	存放在session或request范围中被迭代的集合对象	是	Arrays Collection Iterator Enumeration Map String	是	无
var	用来存放当前迭代成员	否	String	否	无
varStatus	用来存放现在知道的相关成员信息	否	String	否	无
begin	开始的位置	是	int	否	0
end	结束的位置	是	int	否	最大
step	每次迭代的间隔数	是	int	否	1

说明：

如果要循序浏览一个集合对象，并将它的内容显示出来，就必须有 items 属性。items 是存放在某个隐式对象中的被迭代的集合对象。var 中的变量 current 表示循环当前集合中的成员。下面以字符数组为例演示<c:foreach>标签的简单使用过程。

```
<%@ page contentType="text/html;charset=GB2312 " %>
<%@ taglib prefix="c" uri="http://java.sun.com/jsp/jstl/core" %>
<%  String atts[] = new String [5];
    atts[0]="hello";
```

```
    atts[1]="this";
    atts[2]="is";
    atts[3]="a";
    atts[4]="JSTL Example";
    request.setAttribute("atts", atts);
%>
<html>
    <head>
        <title>CH6</title>
    </head>
    <body>
        <c:forEach items="${atts}" var="current" >
            ${ current }</br>
    </c:forEach>
  </body>
</html>
```

7.1.3 JSTL 与 EL 在页面上的综合应用

在掌握了一定的 JSTL 标签库与 EL 表达式的基础上，重新完成 BBS 系统中在页面上判断用户是否登录功能的实现。在 BBS 论坛的各个页面上都有“你好，XXX”或是“登录，注册”的显示，这两个显示不是同时出现的，主要是根据 session 中用户是否登录的标志进行判断并做出的选择。这个逻辑关系可以使用 JSTL 核心标签库中的<c:if>标签实现，同时在页面上可以直接使用 EL 表达式进行对隐含数据的显示。与 JSTL 标签库相比，EL 表达式不需要其他外部库的支持，可以直接在 JSP 页面上使用。下面结合 JSTL 标签库与 EL 表达式实现对用户是否登录及页面显示逻辑进行控制。

【任务 7.1】使用 JSTL 与 EL 实现页面欢迎语

【任务描述】当用户没有登录到论坛时，页面上部会显示“您尚未登录　登录|注册　”信息，当用户成功登录后这部分信息就被替换成“欢迎你，XXX”。

【任务分析】这部分功能主要是根据 session 中的登录标志 isLogined 进行判断，使用 JSP 的表达式进行显示。下面是没有使用 JSTL 标签与 EL 表达式的代码，这段代码显得比较长也比较混乱，如果使用 JSTL 标签与 EL 表达式，对这段代码会有很多的改进。

```
<%
String isLogined = (String)session.getAttribute("isLogined");
String username = (String)session.getAttribute("username");
if(isLogined==null){
    isLogined = "false";
}
%>
<%
if(isLogined.equals("true")){
%>
    <DIV class="h">
        欢迎你，<%=username %>
    </DIV>
<%
}else{
```

```
%>
    <DIV class="h">
        您尚未登录  <a href="../login.jsp?where=BBS/index.jsp">登录</a>
         |   <A href="../reg.jsp">注册</A> |
    </DIV>
<%
    }
%>
```

【掌握技能】

通过该任务应该掌握如下技能。

(1) 学会在项目中如何导入 JSTL 标签库。

(2) 掌握 JSTL 核心标签库中<c:if>标签的使用。

(3) 掌握 EL 表达式的使用技巧。

【任务实现】

第一步，向项目中添加 JSTL 标签库，并且在页面中引用所使用的标签库。添加完的项目树中会出现参考库(Referenced Libraries)，如图 7.3 所示。

图 7.3 参考库

添加完标签库后，就可以在 JSP 页面上引用所要使用的标签库了。在本例中主要使用核心标签库中的<c:if>标签。

```
<%@ taglib uri="http://java.sun.com/jsp/jstl/core" prefix="c" %>
```

第二步，使用 JSTL 标签与 EL 表达式重写 JSP 页面显示部分。

```
<c:if test="${isLogined== 'dl' }">
       <DIV class="h">
           欢迎你，${username }
       </DIV>
</c:if>
<c:if test="${isLogined==null}">
       <DIV class="h">
           您尚未登录  <a href="../login.jsp?where=BBS/index.jsp">登录</a>
            |   <A href="../reg.jsp">注册</A> |
       </DIV>
</c:if>
```

可以看到上面的页面程序比没有使用标签的页面要简洁得多。由于<c:if>标签没有类似于 if 语句中的 else 功能，所以在页面中使用了两个<c:if>标签实现对用户登录和未登录两种情况的判断。在使用<c:if>标签时 test 属性是必须有的，而且是使用 EL 构造的一个逻辑表达式。在 EL 表达式中字符型常量不需要使用双引号，而是使用半角状态的单引号。

为了配合上面代码的阅读，将登录 Servlet 的代码展示如下，读者需关注在 Servlet 中的登录成功后的处理过程。

```
    public void doGet(HttpServletRequest request, HttpServletResponse response)
            throws ServletException, IOException {
        //定义接收变量
        HttpSession session = request.getSession();
        String username;
        String password;
        username = request.getParameter("username");
        password = request.getParameter("password");
        //实例化后台模型类
        LoginCheck lc = new LoginCheck();
        //通过模型对象调用业务方法
        String userid = lc.loginCheck(username, password);
        //根据业务方法的执行结果，进行相应的导航
        if(userid!=null){
            session.setAttribute("userid", userid);
            session.setAttribute("username", username);
            session.setAttribute("isLogined", "dl");
            System.out.println("登录成功！");
            response.sendRedirect("GetBoardServlet");
        }else{
            System.out.println("失败！");
            response.sendRedirect("error.jsp");
        }
    }
```

【项目经验】

taglib 指令可以引用一个系统的标签库，同时也用于定义一个自定义标签库以及其自定义标签前缀。

JSP 中 taglib 的语法格式如下：

```
<%@ taglib uri="URIToTagLibrary" prefix="tagPrefix" %>
```

如下面是一个自定义的标签库：

```
<%@ taglib uri="http://www.hcit.edu.cn/tags" prefix="tools" %>
< tools:loop>
……
</ tools:loop>
```

其中，(1)<% @ taglib %>指令声明此 JSP 页面使用了自定义标签或引入了系统标签库，同时引用了标签库，也指定了标签前缀。在使用自定义标签之前必须使用<% @ taglib %>指令，而且可以在一个页面中多次使用，但是前缀的名字只能使用一次，不能重复。

(2)uri 代表 Uniform Resource Identifier，使用标签前缀对标签进行唯一命名。uri 可以是一个相对或绝对路径。prefix="tagPrefix"表示标签的前缀，利用前缀可以在页面上引用标签。前缀可以自己随意命名，但要注意不能与 Java 或 JSP 的关键字重名。关于 uri 与前缀的更详细的解释将在后面的自定义标签中叙述。

7.2　使用<c:foreach>标签重构 BBS 论坛页面

在前期项目开发中视图层一直都是直接使用 Java 代码实现页面流程，在实际的项目开发中视图层会使用多种标签技术。这些标签有的类似 JSTL 由系统框架提供，还有一部分标签是开发团队自行开发的自定义标签。在本节将使用 JSTL 的核心标签实现对 BBS 论坛的视图层的简化。

7.2.1　使用<c:foreach>标签实现版块页面重构

B/S 模式的网页上会有大量格式相同的数据信息进行显示，如数据库表中的记录。这些信息必须使用一种迭代的方式进行显示，前期项目开发中使用的是在页面中嵌入 Java 代码，使用 for 循环进行迭代。在本节项目中将使用 JSTL 中的<c:foreach>标签实现对集合对象的迭代显示，这会使得页面变得简洁、清晰。在项目中这种情况很多，如论坛主页的版块信息的迭代显示，主题帖页面中对主题帖信息的迭代显示，还有单击主题帖进入回帖显示的页面中也需要使用<c:foreach>实现对集合对象的迭代显示。

【任务 7.2】使用<c:foreach>标签实现版块页面重构

【任务描述】任务将使用<c:foreach>标签实现版块页面的简化设计。

【任务分析】版块页面的显示是在完成了 Servlet 的调用后，带着提取的数据集合导航到 index.jsp 版块显示页面。要使用<c:foreach>标签替代前期页面中的 Java 代码，实现对集合对象的数据迭代显示。在完成页面设计之前，详细阅读下面这段读取版块信息的 Servlet 的代码。在下面的这段代码中定义了用于保存数据的 List 数据对象 result，在成功调用后台业务类读出数据后，将 result 保存到隐式对象 request 中后导航到 index.jsp 页面。

```
public void doPost(HttpServletRequest request, HttpServletResponse response)
        throws ServletException, IOException {
    List result;
    GetBoard getboard = new GetBoard();
    try {
        result = getboard.getBoard();
        request.setAttribute("result", result);
        request.getRequestDispatcher("index.jsp").forward(request, response);
    } catch (SQLException e) {
        System.out.println();
    }
}
```

【掌握技能】

通过该任务应该掌握如下技能。

(1) 熟练添加 JSP 页面对标签库的引用。

(2) 理解掌握<c:foreach>标签各个元素的含义。

(3) 熟练使用<c:foreach>标签迭代多种集合类型数据。

【任务实现】

第一步，在 JSP 页面上加入对 JSTL 核心标签库的引用指令如下，这步操作在任务 7.1 中已经完成。

```
<%@ taglib uri="http://java.sun.com/jsp/jstl/core" prefix="c" %>
```

第二步，使用<c:foreach>标签修改页面中使用 Java 代码构造的循环部分。使用 Java 代码的页面中包含很多 JSP 的 Java 表达式，从整体上看比较混乱。

首先列出原有的页面代码如下：

```
<%
    List result =(List)request.getAttribute("result");
    if(result!=null){
        for(int i=0;i<result.size();i++){
            Board board =(Board)result.get(i);
%>
<TR class="tr3">
    <TD width="5%"> </TD>
    <TD align="left">
        <IMG src="images/board.gif">
        <A href="/bbs/GetTopicServlet?boardid=
            <%=board.getBoardId() %>&boardname=<%=board.getBoradName()%> ">
            <%=board.getBoradName() %>
        </A>
    </TD>
    <TD align="center"> </TD>
    <TD> </TD>
</TR>
<%      }
    }
%>
```

现在将这段代码改成使用<c:foreach>标签的循环迭代，具体代码如下：

```
<c:forEach items="${requestScope.result}" var="cur">
    <TR class="tr3">
        <TD width="5%"> </TD>
        <TD align="left">
            <IMG src="images/board.gif">
            <A href="/bbs/GetTopicServlet?boardid=${cur.boardId}
                        &boardname=${cur.boradName} ">
                ${cur.boradName }
            </A>
        </TD>
        <TD align="center"> </TD>
        <TD> </TD>
    </TR>
</c:forEach>
```

其中，items 是对集合迭代必须有的选项，它的值是 EL 表达式，EL 表达式的内容是在 Servlet 中保存到 request 隐式对象中的集合对象。var 代表在迭代过程中集合对象中的一个分量对象。

在后台业务类中将一条记录数据打包到一个 Board 对象中，然后将这个 Board 对象存放在 List 的集合对象中，之后在 Servlet 中将这个 List 类型的对象(在程序中是 result 对象)保存在 request 中，所以，<c:foreach>标签中每次迭代循环的分量 var 就是 Board 类型的一个对象。在使用具体版块信息时，使用 EL 表达式利用当前分量提取所要数据，如${cur.boradName}，这样整个页面就简化清晰多了。

【项目经验】

项目开发中经常会遇到复合对象，在 request 中保存的集合对象就是一个复合对象，也就是说对象中包含对象，进行多次复合。有时，request 中的对象不是 List，而是 Map 等集合类型，这些情况的处理如下。

首先考察<c:foreach>对 Map 的迭代：

```
<%@ page contentType="text/html; charset=gb2312" language="java" import="java.
util.*" %>
<%@ taglib prefix="c" uri="http://java.sun.com/jsp/jstl/core" %>
<html><head><title>无标题文档</title></head>
<%!
    public static class Test{
        private String name;
            public Test(String name){
                this.name = name;
            }
        public String getName(){
            return name;
        }
    }
%>
<%  Map map = new LinkedHashMap();
    map.put(new Test("1"),"a");
    map.put(new Test("2"),"b");
    request.setAttribute("map",map);  %>
<body>
<c:forEach items="${map}" var="item">
    ${item.key.name}-${item.value}<br/>
</c:forEach>
</body>
</html>
```

items 内保存的是 java.util.Map.Entry 对象，这个对象有 getKey、setKey、getValue、setValue 方法，这样就可以在 forEach 内部使用 Map 的 key 和 value 属性对其值进行访问了。

7.2.2　使用<c:foreach>标签重构主题帖页面

主题帖页面的循环迭代也是通过使用<c:foreach>标签实现的。具体实现方法如下所示。

【任务 7.3】使用<c:foreach>标签重构主题帖页面

【任务描述】使用<c:foreach>标签实现主题帖页面的简化设计。

【任务分析】该任务是在 Servlet 完成后台类的调用后，带着提取的 List 集合对象导航到主题帖显示页面(topic.jsp)。任务中使用<c:foreach>标签替代前期页面中的 Java 代码，实现对集合对象的数据迭代显示。下面的代码是 Servlet 中用于提取数据、保存数据及导航的部分代码。

```
public void doGet(HttpServletRequest request, HttpServletResponse response)
            throws ServletException, IOException {
        //定义版块 ID，用于接收请求中的 boardId 数据
```

```
    String boardId = (String)request.getParameter("boardid");
    //定义存储记录集的集合
    List topiclist;
    //创建业务类对象
    GetTopicDaoImp getTopic = new GetTopicDaoImp();
    //调用业务方法实现对数据库表的查询
    topiclist = getTopic.getToic(boardId);
    //将查询结果存入 request 隐式对象中
    request.setAttribute("topiclist", topiclist);
    //使用 request 隐式对象的请求转发功能进行导航
    RequestDispatcher rd =request.getRequestDispatcher("topiclist.jsp");
    rd.forward(request, response);
}
```

在上面 Servlet 中根据版块 ID 调用业务方法 topiclist = getTopic.getToic(boardId)，将得到的 List 类型对象结果并存入 request 隐式对象中。最后，使用请求转发的形式导航到目标页面。在目标页面上要使用<c:foreach>标签，其中 items 属性中的 EL 表达式值为存入 request 中的结果 List 对象。

【掌握技能】

通过该任务应该掌握如下技能。

(1) 熟练使用 JSTL 核心标签。

(2) 熟练使用<c:foreach>标签迭代多种集合类型数据。

【任务实现】

第一步，要在 JSP 页面上加入对 JSTL 核心标签库的引用指令代码。

```
<%@ taglib uri="http://java.sun.com/jsp/jstl/core" prefix="c" %>
```

第二步，使用<c:foreach>标签修改页面中使用 Java 代码构造的循环部分。首先列出原有的页面代码。

```
<!-- 主 题 列 表 -->
        <%
        List result = (List)request.getAttribute("topiclist");
        for(int i=0;i<result.size();i++){
            Topic topic = new Topic();
            topic = (Topic)result.get(i);
        %>
        <TR class="tr3">
            <TD><IMG src="images/topic.gif" border=0></TD>
            <TD style="FONT-SIZE: 15px">
                <A href=""><%=topic.getTopicTitle() %></A>
            </TD>
            <TD align="center"><%=topic.getClicknum() %></TD>
            <TD align="center"><%=topic.getReplynum() %></TD>
        </TR>
        <%} %>
```

上面代码中的加粗部分为 Java 脚本代码，其中包括了 JSP 的表达式。下面使用 JSTL 的核心标签<c:foreach>与 EL 表达式修改这段代码。改变后的代码中使用 EL 表达式简化了页面的数据显示，其中 cur 代表循环迭代中 topiclist 集合中的当前对象，而每个当前对象又都是 Topic

实体类的对象，所以，在页面上可以通过 EL 表达式的“.”运算符从当前 Topic 实体对象中得到它的分量数据，如代码中的${cur.clicknum }表达式。

```
<!-- 主 题 列 表 -->
        <c:forEach items="${topiclist}" var="cur" >
        <TR class="tr3">
            <TD><IMG src="images/topic.gif" border=0></TD>
            <TD style="FONT-SIZE: 15px">
                <A href="">${cur.topicTitle }</A>
            </TD>
            <TD align="center">${cur.clicknum }</TD>
            <TD align="center">${cur.replynum }</TD>
        </TR>
        </c:forEach>
```

【项目经验】

<c:foreach>标签也可以实现双重循环，在外层循环迭代的当前对象也是一个集合，还需要进行循环迭代完成对数据的提取。

首先，构造一个 Servlet 用于生成一个嵌套的集合对象，集合对象的外层是 HashMap 类型对象，集合内部是 List 类型对象，List 对象中使用 String 对象表示数据。在项目开发中往往 List 中也是个复合对象，为了例子的简化就直接使用 String 进行存储。设计中 Map 成员存储小组信息，Map 的 Key 是小组名称，Map 的成员是 List 类型小组成员的姓名集合。

```
public void doGet(HttpServletRequest request, HttpServletResponse response)
            throws ServletException, IOException {
        //构建 Map 对象
        Map maplist = new HashMap();
        //定义小组一成员集合，并将小组成员加入到集合中
        List list1 = new ArrayList();
        list1.add("王平");
        list1.add("李东");
        list1.add("赵云");
        //定义小组二成员集合，并将小组成员加入到集合中
        List list2 = new ArrayList();
        list2.add("张益民");
        list2.add("赵晓东");
        list2.add("陈诚");
        //将小组对象加入 Map 中
        maplist.put("第二组", list2);
        maplist.put("第一组", list1);
        //将 Map 对象存入 request 中
        request.setAttribute("maplist", maplist);
        //导航到显示页面
        request.getRequestDispatcher("ch7/testdoubleforeach.jsp").
                forward(request, response);
```

下面的代码展示了在页面上如何使用<c:foreach>实现嵌套双重循环。

```
<c:forEach  items="${maplist}" var="curmap">
        小组名：${curmap.key }<br>
        <c:forEach items="${curmap.value }" var="curlist">
```

```
            ${curlist },
        </c:forEach>
        <br>
    </c:forEach>
```

7.3 分页功能的实现

7.3.1 分页的必要性

在信息管理系统中分页功能是必不可少的。如果系统中存在10万条记录，且许多用户同时在线查询，若不进行分页显示，将会有大量数据囤积在服务器的内存中，同时也会有大量的数据发向客户端，这样无疑会加重服务器的工作负担，使客户端网页显示速度降低。一般情况下根据用户浏览的需要将当前页的数据发送到用户客户端，而不需要的数据则不进行发送。

在B/S模式中发向客户端的数据会被保存在Web服务器内存的某个区域中，例如隐式对象request或session中，建议在开发时将发向客户端的数据保存在request隐式对象中，这么做的好处是当本次请求结束后保存在request中的数据会自动消失，所占用的内存也会被系统自动回收。不建议将数据保存在session中，数据会长时间的保存在Web服务器的内存中，从而影响系统运行效率，但是个别的全局数据还是应该保存在session中的，例如用户登录信息等。

7.3.2 分页功能的实现

本节将综合Servlet技术、JSTL标签、EL表达式、JavaBean技术实现分页效果，在进行分页设计的学习过程中，重要的是思路清晰。下面重点介绍设计思想与实现过程。

分页信息显示的实现由3部分组成：第一部分是在信息显示页面上实现分页的操作工具显示，常用的分页的手段是在页面的底部显示【首页】、【下一页】、【上一页】、【尾页】导航条，用于实现页面切换；第二部分是接收分页请求的Servlet，在Servlet中完成对分页请求的接收，实现对分页后台类的调用，将当前页的数据存入到request隐式对象中并导航到请求页面的功能；第三部分是实现数据库访问的后台类，根据请求的页数与访问数据表的名称实现对当前页的数据提取。

【任务7.4】分页功能的实现

【任务描述】首先在信息浏览页面中加入控制分页的导航条【首页】、【下一页】、【上一页】、【尾页】以实现对信息分屏显示功能。其次是设计分页后台公共类，用于实现根据要求提取当前页数据。最后设计处理分页的Servlet以实现接收分页请求，调用后台分页公共类实现分页功能。

【任务分析】数据页面显示分页是应用系统必须选择的数据显示方法，不能将大量数据全部从数据库中提取出来存放到Web服务器内存中，这样会给Web服务器带来巨大的运行压力。反将满足条件的少量数据进行提取处理以实现页面的分页显示即可。

在任务设计过程中重要的是保持设计思路清晰，否则在实现分页时就会感觉到混乱。将数据提取任务设计成一个公共类，这个公共类在整个项目中只有一个，只要有分页的要求就通过Servlet调用该公共类，完成对当前页的数据提取。所以，将任务设计过程分为3个方面：首先是在信息列表页面上加入【首页】、【下一页】、【上一页】、【尾页】的导航链接条，这个导航工具条要根据保存在 request 中当前页的情况和单击分页的功能要求向对应处理分页 Servlet 发出请求，然后，处理分页 Servlet 接收到分页的请求后调用公共后台类，实现对当前页的数据提取，并将数据保存在 request 中导航到信息列表显示页面；同时要注意在分页时最好定义一个用于封装数据库表的 Java 类，这个类包含与数据库表字段对应的成员和与之配套的 getXXX()和 setXXX()方法。图 7.4 是分页处理的过程原理图。

图 7.4 分页处理的过程原理图

实现分页的页面效果如图 7.5 所示。

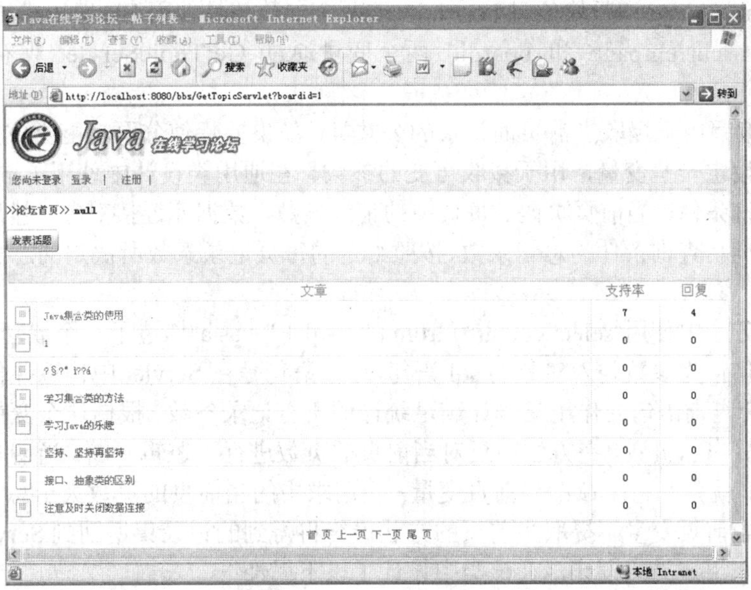

图 7.5 实现分页页面效果

【掌握技能】

通过该任务应该掌握如下技能。

(1) 综合使用 Servlet、JavaBean、JSTL 标签、EL 表达式的能力。

(2) 掌握复杂 Select 语句的设计能力。

(3) 掌握分页的设计技巧。

【任务实现】

任务实现通过以下 3 个步骤完成。

第一步，在信息列表页面中加入分页工具【首页】、【下一页】、【上一页】、【尾页】导航条，本书后续章节将通过自定义标签重新实现分页导航工具条。工具条的导航地址为处理分页的 Servlet 地址，在超链接中包含当前页请求参数。这个 Servlet 使用前面任务中定义的用于提取主题帖信息的 GetTopicServlet，对 GetTopicServlet 的改造将在第三步中实现。

```
    <!-- 翻页工具条设计 -->
    <DIV align="center">
    <a href="GetTopicServlet?currentpage=1&boardid=${boardid }">
    首 页
    </a>
    <a href="GetTopicServlet?currentpage=${requestScope.currentpage-1 }&boardid=${boardid }">
        上一页
    </a>
    <a href="GetTopicServlet?currentpage=${requestScope.currentpage+1 }&boardid=${boardid }">
        下一页
</a>
<a href="GetTopicServlet?currentpage=${lastpage }&boardid=${boardid }">
    尾 页
</a>
</DIV>
```

在上面操作分页的工具条中请求 GetTopicServlet，在请求的同时发出两个参数，分别是当前页数信息 currentpage 和版块信息 boardid。这两个参数都是使用 EL 表达式从 request 的范围中提取出来的。currentpage 和 boardid 两个变量通过 GetTopicServlet 保存到了隐式对象 request 中。

第二步，编写用于提取当前页面记录的公共类。如果要想使分页功能类成为通用类，就必须在类的内部设定一些变量，用于接收可变的参数。在通用类设计中使用了输入、输出参数，输入参数有查询条件、当前页页码、每页中的记录条数、数据库连接对象、排序列，用于反馈输出的参数有满足查询条件的总记录数、按照给定的每页记录条数所决定的总页数和查询结果记录集。

在对应的方法中使用"select count(*) from (" + sql + ") as a"构造了一个嵌套查询语句。内层嵌套的查询语句作为参数传入对象的 sql 语句，这个语句是在 Servlet 中构造并传入公共类的对象中。这个嵌套查询语句的作用是统计满足统计的所有记录条数。根据这个变量结合每页的记录条数就能计算出总页数。在方法中还对当前页的页数进行了逻辑判断：当请求中的当前页的页数小于 1 时，就强制将 1 赋给当前页变量；当请求中的当前页的页数大于总页数时，就强制将总页数赋给当前页变量。提取当前页的方法最终将得到的记录集返回到 Servlet 调用处。

下面详细介绍该类的设计，在该类中设计了以下属性：

输入参数：

(1) String sql = null；——数据表的查询语句，该语句不加条件地查询出所有记录。

(2) int p_curpage；——当前页。

(3) int pageSize；——每页中的记录条数。

(4) String keyFielsName；——查询表中主键字段名，即排序列。

DBConnect db；——数据库连接对象。

输出参数：

(1) String totalRecord；——返回总记录数。

(2) String totalPage；——返回总页数。

(3) ResultSet curRd；——返回当前页的记录集合。

该类是通用的分页后台类，通过传入查询语句可以实现对不同表的分页处理业务，类中 getPage 方法返回当前页的结果集。通用分页后台类的地址为 src\common\GetPage.java。

```
public class GetPage {
    // 输入参数
    String sql = null;              //查询条件
    int p_curpage;                  //当前页变量
    int pageSize;                   //页尺寸
    String keyFielsName;            //查询表中主键字段名
    DBConnect db;                   //定义数据库连接对象
    // 输出参数
    String totalRecord;             //总记录数
    String totalPage;               //总页数
    ResultSet curRd;                //当前页记录集合
    ResultSet rs;                   //定义记录集对象
    public ResultSet getPage() {
        db = getDb();
        String sql1 = "select count(*) from (" + sql + " ) as a";
        try {rs = db.executeQuery(sql1);
            // 得到总记录条数
            while (rs.next()) { totalRecord = rs.getString(1); }
            rs.close();
            // 得到总页数
            if (Integer.parseInt(totalRecord) % pageSize == 0) {
                totalPage = String.valueOf((Integer.parseInt(totalRecord) / pageSize));
            } else {
                totalPage = String.valueOf((Integer.parseInt(totalRecord) / pageSize) + 1);
            }
            // 验证页号防止越界
            if (p_curpage < 1) {    p_curpage = 1;}
            if (p_curpage > Integer.parseInt(totalPage)) {
                p_curpage = Integer.parseInt(totalPage);
            }
            // 实现分页查询
            int v_startRecord = (p_curpage - 1) * pageSize + 1;
            int v_endRecord = p_curpage * pageSize;
            String v_sql="select *  from(select *,ROW_NUMBER() OVER(order by "+
            keyFielsName + ")as row from( " + sql + ") as b ) as a where row between " +
            v_startRecord + " and " + v_endRecord ;
            curRd = db.executeQuery(v_sql);     //得到当前页的记录集
        } catch (SQLException e) {   System.out.println("GetPage  Error " + e);}
        return curRd;              //返回记录集
    }
    省略了对成员变量设定的 getXXX 和 setXXX 方法
}
```

第三步，定义或修改控制 Servlet。分页的 Servlet 要完成以下几件事情。

(1) 创建后台公共类、创建数据库连接。

(2) 将数据库连接传入后台公共类；定义访问数据表的 SQL 语句，以 String 类型保存并传入后台类中。

(3) 从 request 中获得当前页的参数、获得版块信息参数，若当前页的参数为空，说明是第一次进入 Servlet，将当前页的参数值设定为 1。

(4) 将各种参数都传入到公共分页后台类中，并调用方法得到记录集。

(5) 当得到当前页的记录数据后，要将当前页的页码、最大页数、得到的记录数据集合对象保存到 request 中，应用请求转发技术导航到目标页面。

```
public void doGet(HttpServletRequest request, HttpServletResponse response)
        throws ServletException, IOException {
    DBConnect db = new DBConnect();                    //创建数据库连接对象
    GetPage getPage = new GetPage();                   //创建公共后台类对象
    //定义版块 ID，用于接收请求中的 boardid 数据
    String boardid =(String)request.getParameter("boardid");
    //从 request 中获得当前页信息
    String currentpage = (String)request.getParameter("currentpage");
    //如果是第一次请求 Servlet，request 中没有 currentpage 的值，设定为第一页
    if(currentpage==null){  currentpage="1";    }
    List topiclist = new ArrayList();                  //定义存储记录集的集合
    String sql = " select * from topic where boardid = " + boardid;    // 定
义查询语句
    String totalpage;                                  //定义全部记录数变量
    getPage.setDb(db);                                 //传入数据库连接对象
    getPage.setP_curpage(Integer.parseInt(currentpage));    //传入数据库连接对象
    getPage.setPageSize(5);                            //传入每页记录数
    getPage.setKeyFielsName("boardid");                //传入表中主键列名
    getPage.setSql(sql);                               //传入查询的 Sql 语句
    ResultSet rs = getPage.getPage();                  //定义结果集对象，获得记录集
    totalpage = getPage.getTotalPage();                //获得满足查询条件的全部记录数
    currentpage = getPage.getP_curpage()+"";           //获得当前页信息
    try {
        while(rs.next()){
            Topic t = new Topic();
            t.setTopicId(rs.getString("boardid"));
            t.setTopicTitle(rs.getString("title"));
            t.setClicknum(rs.getString("clicknum"));
            t.setReplynum(rs.getString("replynum"));
            topiclist.add(t);
        }
    } catch (SQLException e) {
        System.out.println("GetTopicServlet"+e);
    }finally{  try {db.free(); } catch (SQLException e) {}}
    request.setAttribute("currentpage", currentpage);     //将当前页信息写入request
    request.setAttribute("totalpage", totalpage);         //将总页数写入request
    request.setAttribute("boardid", boardid);             //将用户查询的版块 ID 写入
request
    request.setAttribute("topiclist", topiclist);         //将查询结果存入request 对象中
    //使用 request 隐式对象的请求转发功能进行导航
    RequestDispatcher rd =request.getRequestDispatcher("topiclist.jsp");
    rd.forward(request, response);
}
```

【项目经验】

在任务的实现过程中，主要总结归纳出以下几个方面的开发经验与注意事项。

(1) 了解为什么在设计用于提取当前页面数据的公共类时要传入数据库连接对象，而不是在该公共类中创建数据库连接对象。

这是为了实现分页类的通用性而设计的。为了实现通用性，在分页类中只能返回获得的数

据的记录集，而不能将数据封装到对应表的实体类中。因为不同表的实体类是不同的，如果在分页类中实现对数据表实体类记录集的封装，分页类就将失去通用性。当通用分页类返回 ResultSet 数据类型对象时，不能将数据库连接关闭，否则记录集中的数据将丢失，所以从 Servlet 中将数据库连接对象传入到通用分页数据提取的公共类中。当将 ResultSet 数据对象返回到 Servlet 后，通过 while 循环将 ResultSet 记录集中的记录数据封装到实体类对象中，然后再将实体类所对应的对象存入 List 集合对象，这时候就可以调用数据库连接对象中的关闭数据库连接方法，释放数据库连接资源。

也可以有另外一种设计方法：在通用分页后台类中创建数据库连接对象，然后为关闭数据库连接创建一个方法。在外部实现对当前页的数据提取方法成功调用，并将 ResultSet 对象转换为 List 对象后，调用通用分页后台类中的关闭数据库方法，实现对数据库资源的释放。

这个过程一定要注意调用过程的先后顺序。在没有将 ResultSet 中的数据成功保存到 List 中前，关闭数据库连接将导致 ResultSet 中的数据全部丢失。

(2) 多种分页 SQL 语句的比较。目前常用的 MS SQL Server 的分页形式有以下几种方式。

方式一：

利用 Not In 和 select top 实现分页，SQL 语句形式如下。

```
select top 10 * from TestTable where (ID Not In
      (select top 20 id from TestTable order by id)) order by ID
```

具体应用如下列语句所示：

```
select top 页面尺寸 * from TestTable where (ID Not In
      (select top 页面尺寸*页数 id from 表 order by id))  order by ID
```

方式二：

利用 ID 大于多少和 select top 分页，语句形式如下。

```
select top 10 * from TestTable where (ID >(select max(id) from
      (select top 20 id from TestTable order by id) as T)) order by ID
```

具体如下列语句所示。

```
select top 页面尺寸* from TestTable where (ID >(select max(id) from
      (select top 页面尺寸*页数 id from 表 order by id) AS T)) order by ID
```

方式三：

利用 row_number 函数实现分页。SQL Server 2005 中 row_number 函数的诞生在处理分页上简化了很多语句。row_number 函数的用途非常广泛，这个函数的功能是为查询出来的每一行记录生成一个虚拟的序号。

```
select * from tableName
```

具体如下列语句所示。

```
select row_number() over(order by id) as row_number,* from tableName
```

如图 7.6 所示。

id	name
10	wjw
11	wsw
12	wew
13	wuw
14	wqw
15	waw
16	wpw

row_number	id	name
1	10	wjw
2	11	wsw
3	12	wew
4	13	wuw
5	14	wqw
6	15	waw
7	16	wpw

图 7.6 虚拟 row_number 伪列

其中 row_number 列是由 row_number 函数生成的序号列。在使用 row_number 函数时要使用 over 子句选择对某一列进行排序，然后才能生成序号。

例如，使用 row_number 函数返回表中第 2～4 条记录。

使用下列两条 SQL 语句：

```
with tableName_row as(select row_number() over (order by id) as row_number,* from
tableName)
select * from tableName_row where row_number>1 and row_number < 5 order by id
```

或将上述两条 SQL 语句合二为一，形成如下一条 SQL 语句：

```
select * from (select row_number() over (order by id) as row_number,* from tableName)
where row_number>1 and row_number < 5 order by id
```

在项目中使用的 SQL 语句就是这种方式的分页语句。下面的语句是由 Java 变量参与构成的 SQL 语句的表达式，真正在运行后这个 String 类型的表达式中的一些变量将被具体的值代替，注意语句中的 sql 就是前面在 Servlet 中构造的基本查询语句。

```
select *  from(select *,ROW_NUMBER() OVER(order by "+ keyFielsName + ")as row from( "
+ sql + ") as b ) as a where row between " + v_startRecord + " and " + v_endRecord ;
```

针对 topic 主题帖相关表，在执行过程中上述 SQL 的 Java 表达式将被替换成如下的具体语句：该 SQL 语句中包含了三层 SQL 查询嵌套，最里面的查询就是由外部传入的基本查询。

```
select *  from(select *,ROW_NUMBER() OVER(order by boardid) as row from(  select
* from topic where boardid = 1) as b ) as a where row between 1 and 5
```

(3) 图 7.7 是在分页方法实现过程中的各个类、页面间的调用关系图。

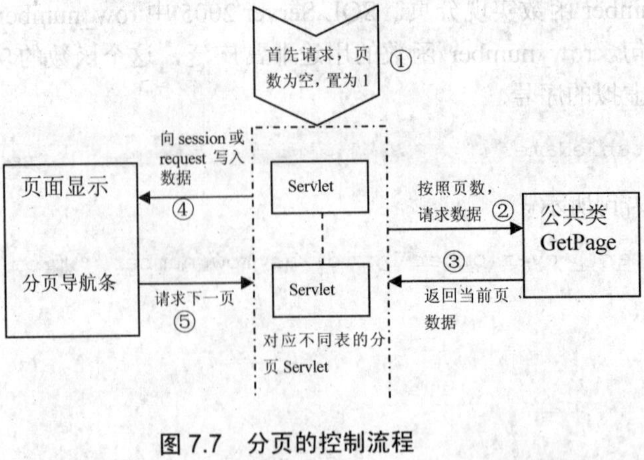

图 7.7 分页的控制流程

7.4　自定义标签在项目中的应用

7.4.1　自定义标签简介

标签元素共分为两种类型：一种是 JSP 标准行为元素(如 JSTL 标签)以及今后在 Struts 框架中使用的 Struts 标签；另一种则是用户自定义的行为元素。标准行为元素是 JSP 规范定义的、可以直接在 JSP 页面中使用的行为元素。自定义元素则要使用标记库和 TLD 文件定义标记，然后再通过 jsp:taglib 指示元素将它们引入到 JSP 页面中来。包括标准行为元素在内，所有标记在运行时都要被翻译成相应的方法，这些方法被加入到 JSP 实现类中，实现了标记的功能。

下面列出标签的相关的基本概念。

(1) 标签(Tag)：标签是一种 XML 元素，通过标签可以使 JSP 网页变得简洁并且易于维护，还可以方便地实现同一个 JSP 文件支持多种语言版本。由于标签是 XML 元素，所以它的名称和属性都是大小写敏感的。

(2) 标签库(Tag Library)：由一系列功能相似、逻辑上互相联系的标签构成的集合称为标签库。

(3) 标签库描述文件(Tag Library Descriptor)：标签库描述文件是一个 XML 文件，这个文件提供了标签库中类和 JSP 中对标签引用的映射关系。它是一个配置文件，和 web.xml 类似。

(4) 标签处理类(Tag Handle Class)：标签处理类是一个 Java 类，这个类继承了 TagSupport 或者扩展了 SimpleTag 接口，通过这个类可以实现自定义 JSP 标签的具体功能。

自定义标签是一个非常规范与程式化的过程，下面归纳出自定义标签的创建过程。

第一步，定义标记处理类，系统编译后将自动存储在/WEB-INF/classes 目录下。

第二步，定义标记描述文件，扩展名为.tld，在 tag 标记体中指定<name> 和<tagclass> 元素，其中<tagclass> 元素要指定完整的类名。

第三步，在 web.xml 文件的<taglib> 元素中指定<taglib-uri> 和<taglib-location>。

第四步，在使用扩展标记的 JSP 页面中，通过 taglib 指示元素将 TLD 文件引入到 JSP 页面中。

对于上面的步骤读者现在可能还没有领悟到它的实际过程及应用，下面从自定义标签类的介绍开始详细介绍自定义标签的定义过程。

自定义标记标签的设计关键就是生成能够实现标记功能的标签类以及实现标记体的方法，称包含这些方法的类为标记处理类(Tag Handler Class)。标记处理类是实现了 Tag 接口、IterationTag 接口或 BodyTag 接口的 Java 类，它们之间并不是相互独立的，而是有着十分密切的关系。其中，BodyTag 接口由 IterationTag 接口扩展而来，而 IterationTag 接口则由 Tag 接口扩展而来。如果定义的标记不需要处理标记体，就要实现 Tag 接口；如果定义的标记需要处理标记体，就要实现 BodyTag 接口；如果需要对标记体进行多次处理，则要实现 IterationTag 接口。javax.servlet.jsp.tagext 包中还定义了两个类，即 TagSupport 类和 BodyTagSupport 类，标记处理通常都是从这两个类扩展而来的。TagSupport 类实现了 IterationTag 接口，主要用于不需要处理标记体的标记；BodyTagSupport 类实现了 BodyTag 接口，主要用于需要对标记体进行处理的标记。

【任务 7.5】创建一个简单无标记体的标签

【任务描述】创建一个自定义标签，用于在页面上显示“这是我第一个自定义标签！”。

【任务分析】标签分为有标记体和无标记体两种情况，标记体是指标签中有至少一个标签属性，用于动态地将参数传入到执行的标签类中。当前任务中不需要设计有标签体的自定义标签。

【掌握技能】通过该任务应该掌握如下技能。

(1) 熟悉自定义标签的各个阶段。

(2) 熟练掌握标签类的设计。

(3) 能够在页面中引用自定义标签。

【任务实现】

第一步，定义标签类，注意该类要继承 javax.servlet.jsp.tagext 包下的 TagSupport 类，在该类中要重写 doStartTag 方法，这个方法是实现自定义标签功能的关键，用于实现自定义标签的主要功能。在 doStartTag 方法中创建 JspWriter 对象 out，用于向前台页面传送数据，具体代码如下。

```
package ch7;
import javax.servlet.jsp.tagext.*;
import javax.servlet.jsp.*;
import java.io.*;
public class FirstTag extends TagSupport {
 public int doStartTag() throws JspException{
   try {
    JspWriter out = pageContext.getOut();
    out.println("<h1>这是我第一个自定义标签!</h1>");
   }catch (IOException ex) { throw new JspException(ex.toString()); }
   return SKIP_BODY;
 }
 public int doEndTag(){  return EVAL_PAGE;  }
}
```

doStartTag 方法是在标记开始时容器要调用的方法，doEndTag 方法是在标记结束后容器要调用的方法。这两个方法都需要返回整型数值，容器会根据返回数值的不同而进行不同的处理。

doStartTag 方法的返回值的作用归纳如下。

(1) 返回 SKIP_BODY 时，容器将忽略标记体的全部内容。

(2) 返回 EVAL_BODY_INCLUDE 时，则会直接将标记体的内容复制到输出的响应中去。

doEndTag 方法的返回值的使用归纳如下。

(1) 返回 SKIP_PAGE 时，容器在处理完标记元素后将不再处理标记后面的 JSP 页面内容。

(2) 返回 EVAL_PAGE 时，容器会继续处理标记元素后面的内容。

第二步，定义完标记处理类之后，还不能直接使用，还要定义标记描述文件。标记描述文件(Tag Library Descriptor，TLD)是用来描述与自定义标记相关的各种信息的 XML 文件，扩展名必须为.tld。TLD 文件的主要作用是将标记映射到一个标记处理类上，TLD 文件编写完后应存储在 WEB-INF 目录或其任意子目录中。

TLD 文件的创建方法，鼠标右击 web-inf/lib 目录，选择 new 命令下的 other 菜单，进入创建新对象窗口，选择其中的 TLD File，单击 Next 按钮进入下一页面，给 TLD 文件命名，选择版本号，如图 7.8 所示。

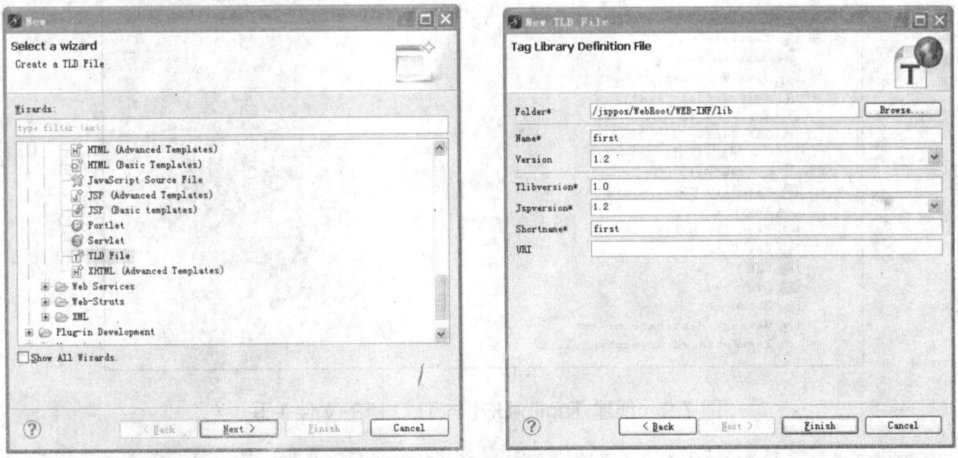

图 7.8 创建 TLD 标记描述文件的操作界面

下面是生成的 TLD 文件。

```
<?xml version="1.0" encoding="ISO-8859-1" ?>
<!DOCTYPE taglib
  PUBLIC "-//Sun Microsystems, Inc.//DTD JSP Tag Library 1.1//EN"
     "http://java.sun.com/j2ee/dtds/web-jsptaglibrary_1_1.dtd">
<taglib>
  <tlibversion>1.0</tlibversion>
  <jspversion>1.1</jspversion>
  <shortname>first</shortname>
  <info>   This is my first tag library!  </info>
  <tag>
    <name>first</name>
    <tagclass>ch7.FirstTag</tagclass>
  </tag>
</taglib>
```

上面文件中的 tag 标记中说明了标记的名称(name)和标记的后台类(tagclass)的具体包及类名，作用是将标签 first 映射到一个后台的标签类上，建立起关联关系。

第三步，创建自定义标签的 Taglib-URI，使 Taglib-URI 地址与自定义 TLD 文件关联。编写完标记处理类和标记描述文件后，定制标记的工作还没有完全结束。因为容器是通过读取标记描述文件来得到标记相关的全部信息的，所以还必须让容器知道 TLD 文件存储的路径。TLD 文件存储路径是在 web.xml 文件中指定的。<taglib>标记在 web.xml 文件中是有先后位置关系的，要严格按照这个位置关系定义。在 web.xml 中定义 Taglib-URI 关联的位置是在 JSP Config 节点中，该节点位于 Error Pages 节点之后。图 7.9 演示了在项目中如何通过图形界面创建 Taglib-URI 与 TLD 文件的关联，创建完成后这种关联将反映到 web.xml 文件中。

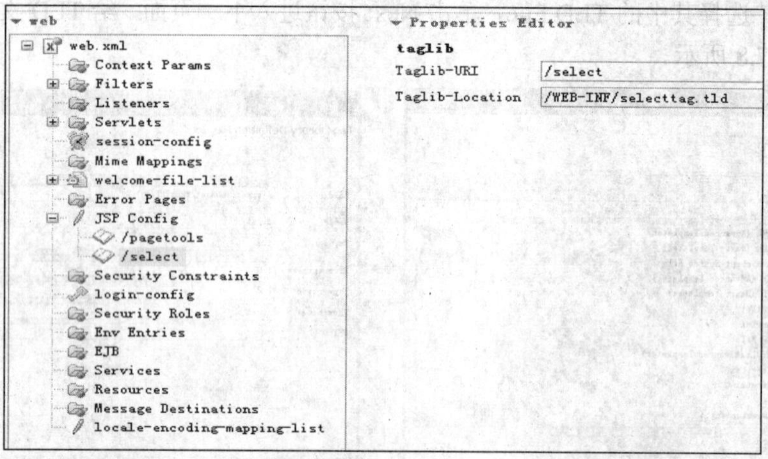

图 7.9 创建 Taglib-URI 与 TLD 标签文件关联

```
<?xml version="1.0" encoding="UTF-8"?>
<!DOCTYPE web-app PUBLIC "-//Sun Microsystems, Inc.//DTD Web Application
   2.3//EN" "http://java.sun.com/dtd/web-app_2_3.dtd">
<web-app>
......
   <jsp-config>
        <taglib>
          <taglib-uri>/tld</taglib-uri>
          <taglib-location>/WEB-INF/lib/first.tld</taglib-location>
      </taglib>
   </jsp-config>
......
</web-app>
```

第四步，在页面上引用自定义标签库，并使用自定义标签。

对自定义标签的使用与引用系统标签的过程一样，必须在页面中引入标签库，使用<%@ taglib uri="/tld" prefix="myTag" %>指令实现对自定义标签库的引用功能。uri="/tld"引用的是在web.xml 中定义的映射地址，在前期使用系统标准标签时应用的地址是一个网址uri="http://java.sun.com/jsp/jstl/core"，可能有的读者会误认为一定要上网才能使用标签，其实那只是一个映射地址。prefix="myTag"是前缀，是在页面上使用标签的句柄，通过它引用自定义标签的功能，这个前缀的名字可以任意命名，但不要与 Java 关键字重名。

```
<%@ page contentType="text/html; charset=GBK" %>
<%@ taglib uri="/tld" prefix="myTag" %>
<html>
  <head>
    <title>
      自定义标记试验
    </title>
  </head>
  <body bgcolor="#ffffff">
    <myTag:first/>
  </body>
</html>
```

【项目经验】

在这里总结归纳一下 JSP 自定义标签的执行顺序。首先来看一下简单标签接口的方法以及它的生命周期。

首先看没有标记体的简单标签的一些方法和执行生命周期。

1. SimpleTag 接口中的方法

(1) doTag()：void。

(2) getParent()：JspTag。

(3) setJspBody(javax.servlet.jsp.tagext.JspFragment body)：void。

(4) setJspContext(javax.servlet.jsp.JspContext pc)：void。

(5) setParent(javax，servlet.jsp.tagext.JspTag tag)：void。

2. SimpleTag 接口的生命周期

(1) 每次遇到 JSP 标签容器都要构造一个 SimpleTag 实例，这个构造方法没有参数。

(2) setJspContext()、setParent()，只有当前的标签在另一个标签之内时才调用 setParent 方法。

(3) 设置属性，调用每一个属性的 setter 方法。

(4) setJspBody(javax.servlet.jsp.tagext.JspFragment body)。

(5) doTag()，所有标签的逻辑迭代和 Body 计算都在这个方法中。

(6) return()。

下面是包含标记体的自定义标签类中的方法与执行生命周期。

1. BodyTag 自定义标签接口中的方法

(1) 必须实现 Tag 接口的 doStartTag 和 doEndTag 方法。

(2) 可以实现 IterationTag 接口的 doAffterBody 方法。

(3) 可以实现 BodyTag 接口的 doInitBody() 和 setBodyContent(javax.servlet.jsp.tagext.BodyContent bc)方法。

(4) doStartTag()可以返回的值 SKIP_BODY 代表不处理标签体；EVAL_BODY_INCLUDE 表示计算的结果被包含在 out(JspWriter)中输出；EVAL_BODY_BUFFERED 表示一个 BodyContent 对象被创建。

(5) doEndTag()可以返回 SKIP_PAGE 或者 EVAL_PAGE，以确定是否继续计算 JSP 页面中其余的页面。

(6) doAffterBody 可以返回 EVAL_BODY_AGAIN、SKIP_BODY，以确定是否再次计算标记体。

2. BodyTag 接口中各个方法的调用顺序与处理

(1) setPageContext(javax.servlet.jsp.PageContext pc)：void。

(2) setParent(javax.servlet.jsp.tagext.Tag tag)：void。

(3) doStartTag()：int。

(4) setBodyContext(BodyContext bc)：void。

(5) doInitBody()：int。

(6) doAffterBody()：int。

(7) doEndTag()：int。

(8) release()：void。

【任务 7.6】带标记体的自定义标签的创建

【任务描述】创建一个带有标记体的自定义标签，在页面调用该标签时传递字体大小信息，动态显示文本数据。执行效果如图 7.10 所示。

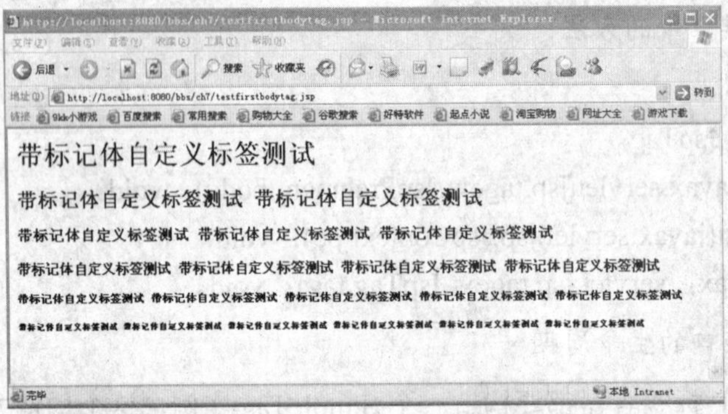

图 7.10　任务 7.6 的执行效果

【任务分析】本任务重点掌握带标记体的自定义标签的创建定义过程，学会如何在标签类中定义参数，如何得到标记体的内容。在网页上带标记体的标签的结构如图 7.11 所示。

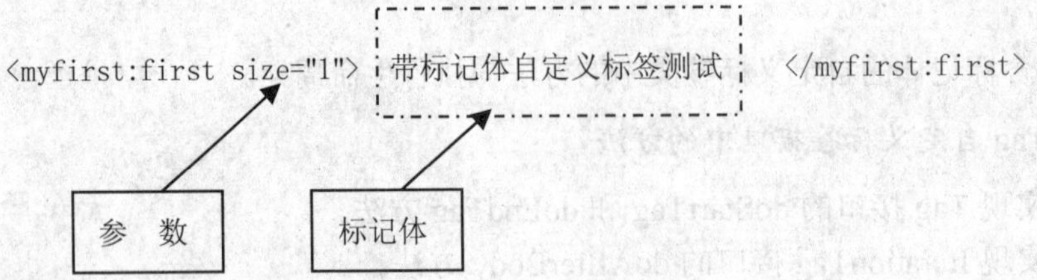

图 7.11　带标记体的标签结构

【掌握技能】

通过该任务应该掌握如下技能。

(1) 掌握带标记体的自定义标签类的定义。

(2) 熟练掌握创建带标记体的自定义标签的过程。

【任务实现】

创建一个带有标记体的自定义标签，在页面调用该标签时传递字体大小信息，动态显示文本数据。

第一步，定义有标记体的标签类。在标签类中设置 size 属性，用于动态加载字符大小。带标记体自定义标签类必须继承 BodyTagSupport 类，下面列出类中包括的几个主要需要重写的方法及其执行调用顺序：setPageContext → setParent → doStartTag → setBodyContext → doInitBody→doAffterBody→doEndTag→release。

当然，这些方法不一定都要全部重写，常用的是 doStartTag、doAffterBody 两个方法。这个类中可以加入自定义的方法，如在下面的代码中加入的对 size 变量的 get 和 set 方法等。doStartTag 方法是标签开始执行之前要执行的方法；setBodyContext 方法是获取标记体的内容的方法；doAffterBody 方法是执行完标记体后调用的方法；doEndTag 方法是标签结束时调用的方法。

在下面的代码中定义了 size 用于修饰页面字体的大小，并且为其配了 get 和 set 方法将页面标签中的参数传入到类中。在 doStartTag 方法中实现了对字体大小参数的逻辑判断，在网页中 H 标签的字体在 1～6 号字体范围内排列，如果参数中的数字大于 6 就说明是无效的参数，在方法中返回 SKIP_BODY 结束标签的执行。BodyTag 接口继承自 IterationTag 接口，增加了 setBodyContent、doInitBody 两个方法和 EVAL_BODY_BUFFERED 常量。当 doStartTag 方法返回 EVAL_BODY_BUFFERED 常量时，Web 容器会创建专门用于捕获标记体的运行结果 BodyContent 对象，然后调用标签处理器的 setBodyContent 方法将 BodyContent 对象传入标签处理器，Web 容器将标记体的执行结果写入 BodyContent 对象中。在标签处理器的后续事件方法中，可以通过对保存的 BodyContent 的对象的引用来获取标签体的执行结果，然后调用 BodyContent 对象特有的方法对 BodyContent 对象的内容进行修改和控制。JSP API 提供了 BodyTag 接口的实现类 BodyTagSupport。本例中的类就继承了 BodyTagSupport 类。

```
package ch7;
import javax.servlet.jsp.tagext.*;
import javax.servlet.jsp.*;
import java.io.*;
public class FirstBodyTag extends BodyTagSupport {
//元素属性
protected int size = 1;
//标签开始时调用的方法
public int doStartTag() throws JspException{
    if (size > 6) {
      JspWriter out = pageContext.getOut();
      try {
        out.println("<h1>字体大小参数设置错误!</h1>");
      }catch (Exception ex) {
        ex.printStackTrace();
   }
     return SKIP_BODY;
}else { return EVAL_BODY_BUFFERED;}
  }
  //标记体开始时的初始化方法
  public void doInitBody(){  }
  //标记体结束后调用的方法
  public int doAfterBody(){
     //读取标记体的内容
     BodyContent body = getBodyContent();
     String content = body.getString();
     JspWriter out = body.getEnclosingWriter();
         if (size < 7) {
              try {
                   //按元素属性设置的字体大小输出标记体内容
              out.println("<h" + size + ">" );
              out.println(content);
              out.println("</h" + size + ">");
              size++;
      }catch (Exception ex) {ex.printStackTrace();}
      return EVAL_BODY_AGAIN;
   }else{
```

```
      return SKIP_BODY;
  }
}
//元素结束时调用的方法
 public int doEndTag(){return EVAL_PAGE;}
 //设置元素属性的方法
 public int getSize(){
   return this.size;
 }
 //读取元素属性的方法
 public void setSize(int size){
   if (size < 7){
     this.size = size;
   }
 }
}
```

第二步，定义标签的 TLD 文件。设置<attribute>属性，用于接收页面上的参数，并将其导入标签类中的 size 属性，用于动态加载字符大小。

```
<?xml version="1.0" encoding="ISO-8859-1" ?>
<!DOCTYPE taglib
 PUBLIC "-//Sun Microsystems, Inc.//DTD JSP Tag Library 1.1//EN"
"http://java.sun.com/j2ee/dtds/web-jsptaglibrary_1_1.dtd">
<taglib>
  <tlibversion>1.0</tlibversion>
  <jspversion>1.2</jspversion>
  <shortname>first</shortname>
  <info>
    This is my first tag library!
  </info>
<tag>
     <name>first</name>
     <tagclass>ch7.FirstBodyTag</tagclass>
     <attribute>
             <name>size</name>
             <required>no</required>
             <rtexprvalue>yes</rtexprvalue>
     </attribute>
  </tag>
</taglib>
```

对于有标记体的自定义标签，要满足以下条件。

(1) 要为所有的标记属性在标记处理类中指定一个属性。

(2) 还要为这些属性分别定义 getXXX 方法和 setXXX 方法。

(3) 在 TLD 文件中需要在<tag>元素的标记体中添加<attribute> 元素，并指定它的<name>、<required>、<rtexprvalue>，其中：

① <name>：为属性的名字，在页面标签上使用。

② <required>：说明该属性是否必须使用，yes 表示必须使用，no 表示可选。

③ <rtexprvalue>：说明属性值在页面上的数据源类型，yes 表示既可以使用 JSP 表达式也

可以使用 EL 表达式，no 表示只能使用 EL 表达式。

第三步，在 web.xml 中配置自定义标签。

web.xml 中的定义可以通过图形界面的操作完成，如图 7.9 所示的操作过程。在 web.xml 中说明了映射的 URI 与后台的 TLD 文件的关系，最终生成的配置代码如下：

```
<jsp-config>
  <taglib>
   <taglib-uri>/firstbodytag</taglib-uri>
   <taglib-location>/WEB-INF/firstBodyTag.tld</taglib-location>
  </taglib>
 </jsp-config>
```

第四步，在页面中调用自定义标签。在页面中的标签内使用了标签属性 size，在运行加载标签时，会将属性传到标签类中，连同 JSP 页面一起编译生成目标文件。

```
<body bgcolor="#ffffff">
    <myTag:first size="1">     This is my first tag!    </myTag:first>
</body>
```

【项目经验】

读者需思考一个问题，使用 TagSupport 类扩展生成的标记处理类(或者是直接实现了 Tag 接口的类)能处理标记体吗？

答案是不能。一般如果要想处理带有标记体的自定义标签，则自定义标记处理类必须实现 BodyTag 接口或继承其子类，BodyTag 接口扩展 Tag 接口，具有 Tag 接口中所有的方法。在实现应用中通常都是扩展 BodyTagSupport 类来定义标记处理类。

BodyTag 标记声明的方法列举如下。

(1) doStartTag：标记开始时容器回调的方法。

(2) doEndTag ：标记结束时容器回调的方法。

(3) doInitBody：标记体被初始化时容器回调的方法。doInitBody 方法用于进行一些与标记体处理相关的初始化工作，它没有返回值。

(4) doAfterBody：标记体调用结束时容器回调的方法。

对 doStartTag 方法或 doAfterBody 方法返回值的说明如下。

(1) SKIP_BODY 提示容器忽略标记体内容。

(2) 返回 EVAL_BODY_BUFFERED 或 EVAL_BODY_AGAIN 时要处理标记体。

(3) 在实现了BodyTag接口的标记处理类中，doStartTag方法不能返回EVAL_BODY_INCLUDE。

(4) 实现了 Tag 接口的标记处理类的 doStartTag 方法不能返回 EVAL_BODY_BUFFERED 或 EVAL_BODY_AGAIN。

(5) doAfterBody 返回 EVAL_BODY_BUFFERED 或 EVAL_BODY_AGAIN 时，容器会再一次对标记体进行处理并调用 doAfterBody 方法；返回 SKIP_BODY 时，容器会停止对标记体的处理，并且不再调用 doAfterBody 方法。

7.4.2　自定义标签在项目中的应用

自定义标签的最大好处就是能够简化页面逻辑，将以前必须在页面上书写大量 Java 逻辑代码的方式改变成使用标签进行数据加载的方式，同时，标签的灵活性和通用性也是其他方法不能相比的。在项目开发中经常使用自定义标签规范前台 JSP 页面的开发，有的公司已经形成了一套公司内部的标签集，这些标签简化了 JSP 页面的开发。在本节学习任务中将向读者介绍下拉列表自定义标签的实现方法。

【任务 7.7】自定义标签实现下拉列表

【任务描述】该任务主要使用自定义标签实现通用的下拉列表功能，要求在调用时将查询的数据表名、查询字段名以及生成的下拉列表控件的名称传入自定义标签类中。

【任务分析】在以前的项目中，一般使用静态的<select>实现下拉列表，这样不符合动态系统的设计要求，如在系统中动态地修改了数据字典后，要动态地反映到页面上。本书前面讲解的都是使用在 JSP 页面中嵌入 Java 代码的方法实现上述动态功能，现在可以使用自定义标签实现这个功能。这个自定义标签使用的是无标记体结构，但要将运行参数传入到标签类中。

例如，在第 2 章中实现的房屋信息管理平台中存在有关区县、街道、物业类型等多处下拉列表控件的应用。现在利用自定义标签可以快速地构建 JSP 页面，通用性也非常强，其效果图如图 7.12 所示。

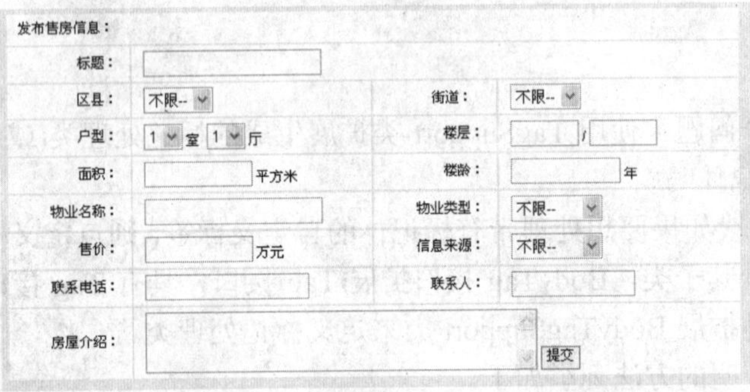

图 7.12　自定义标签实现页面下拉列表框

【掌握技能】通过该任务应该掌握如下技能。

(1) 熟练掌握带参数的标签类的定义。

(2) 熟练创建标签属性文件。

(3) 能够在 web.xml 中定义映射标签库文件。

(4) 能够在页面上引用所定义的标签。

【任务实现】

第一步，创建下拉列表的标签类。分析标签需求，要使用标签通用性，就不能将访问数据库的相关数据写死在标签类中，标签要提供相关标签属性，用于向标签类中传递数据，这些数据包括以下几类。

(1) 要访问的数据表名称。

(2) 要获得的表中的字段名称，一般为 Id 主键和 name 名称。

(3) 生成的 select 控件的名称，用于页面间的数据传递。

```
package ch7;
import java.io.IOException;
import java.sql.ResultSet;
import java.sql.SQLException;
import javax.servlet.jsp.JspException;
import javax.servlet.jsp.JspWriter;
```

```
import javax.servlet.jsp.tagext.TagSupport;
import common.DBConnect;
public class SelectTag extends TagSupport {
    protected DBConnect db;
    protected String tablename;     //定义表名属性
    protected String fieldname;     //定义字段名属性
    protected String controlname;   //定义生成控件的名称
    public int doStartTag() throws JspException {
        try {
            db = new DBConnect();   //定义数据库连接对象
            StringBuffer sb = new StringBuffer("");
            //定义一个可变长字符串 sb，用于构造 select 控件
            sb = sb.append("<select name='");
            sb = sb.append(controlname);
            sb = sb.append("'>");
            String sql = "select " + fieldname +" from " +tablename;
            try {
                ResultSet rs = db.executeQuery(sql);
                while(rs.next()){
                    String take =  rs.getString(fieldname);
                    sb = sb.append("<option value=''>");
                    sb = sb.append(take);
                    sb = sb.append("</option>");
                }
                sb = sb.append("</select>");
            } catch (SQLException e) {
                System.out.println("SelectTag Error"+e);
            }
            JspWriter out = pageContext.getOut();
            String ssb=sb.toString();
            out.println(ssb);
        } catch (IOException ex) {
            throw new JspException(ex.toString());
        }
        return SKIP_BODY;
    }
    public int doEndTag() {
        return EVAL_PAGE;
    }
    public String getTablename() {
        return tablename;
    }
    public void setTablename(String tablename) {
        this.tablename = tablename;
    }
    public String getFieldname() {
        return fieldname;
    }
    public void setFieldname(String fieldname) {
        this.fieldname = fieldname;
    }
    public String getControlname() {
```

```
        return controlname;
    }
    public void setControlname(String controlname) {
        this.controlname = controlname;
    }
}
```

第二步，创建自定义标签的属性文件，文件位于/web-inf/selecttag.tld。在属性文件中配置相应属性的参数。在文件中定义了标签的 3 个属性，并规定这 3 个属性是必须强制填写属性，可以使用 EL 表达式赋值。

```
<?xml version="1.0" encoding="ISO-8859-1" ?>
<!DOCTYPE taglib PUBLIC "-//Sun Microsystems, Inc.//DTD JSP Tag Library 1.1//EN"
     "http://java.sun.com/j2ee/dtds/web-jsptaglibrary_1_1.dtd">
<taglib>
  <tlibversion>1.0</tlibversion>
  <jspversion>1.1</jspversion>
  <shortname>first</shortname>
  <info> select tag</info>
  <tag>
    <name>select</name>
    <tagclass>ch7.SelectTag</tagclass>
    <attribute>
      <name>tablename</name>
      <required>yes</required>
      <rtexprvalue>yes</rtexprvalue>
    </attribute>
    <attribute>
      <name>fieldname</name>
      <required>yes</required>
      <rtexprvalue>yes</rtexprvalue>
    </attribute>
    <attribute>
      <name>controlname</name>
      <required>yes</required>
      <rtexprvalue>yes</rtexprvalue>
    </attribute>
  </tag>
</taglib>
```

第三步，在 web.xml 配置文件中映射所定义的自定义标签。例如，使用淮安信息学院的网址作为映射地址，映射配置如下。

```
<jsp-config>
        <taglib>
            <taglib-uri>http://www.hcit.edu.cn</taglib-uri>
            <taglib-location>/WEB-INF/selecttag.tld</taglib-location>
        </taglib>
    </jsp-config>
```

第四步，在页面中调用自定义标签，实现对所选表数据的动态加载。首先，要在页面引入自定义标签<%@ taglib uri="http://www.hcit.edu.cn" prefix="s"%>; 其次使用定义好的前缀 select

实现对标签的调用，在页面的适当地方加入对标签的引用。其中 controlname 是生成的下拉列表控件名。fieldname 是表中的字段名，这个字段的值将在页面下拉列表框中进行显示。tablename 是访问的数据库表名。

```
<s:select controlname="districtselect" fieldname="district_name"
                                  tablename="district"></s:select>
```

【项目经验】

与上面形成下拉列表控件相似，可以将分页的导航工具条做成通用的自定义标签。这样在创建分页 JSP 页面时就可以直接使用自定义标签实现导航工具条的设计。读者需注意上面的自定义标签是属于无标记体的自定义标签，所以可以直接继承 TagSupport。在标签实现逻辑功能时少不了要用到各种参数，注意参数要在类中配置 set、get 方法，同时要在 TLD 文件中设置参数的属性。

本 章 小 结

本章以 EL 表达式、JSTL 标签为授课重点，通过使用 EL 表达式和 JSTL 标签简化了页面逻辑，使 JSP 页面更加清晰，基本不含有 Java 代码。在页面中使用<c:if>与<c:foreach>核心标签实现页面流程的分支与循环迭代，更重要的是标签可以直接使用保存在隐式对象中的数据，这样就简化了编程环节。

针对在实际应用中信息集中显示分页的要求，专门设计了通用分页后台类，用于提取信息的当前页内容。

本章最后重点讲解了自定义标签的定义方法与定义过程，自定义标签分为有标记体和无标记体两种，在项目中无标记体标签会经常用到。

自定义标签的定义过程主要分为 4 个步骤，第一步是创建标签类，用于实现后台的业务过程；第二步是创建定义标记描述文件 TLD；第三步是在 web.xml 中定义自定义标签的引用地址；第四步是在页面中引入自定义标签，并在页面逻辑中使用自定义标签。

标签的实质是在页面建立与 Java 后台类的直接联系，但在页面上又看不到 Java 代码。

习　　题

1．EL 表达式能否在 JSP 页面中的 Java 代码内使用？EL 表达式的数据源在哪？

2．写出<c:if>与<c:foreach>标签的语法结构。

3．有标记体与无标记体自定义标签在定义过程中有什么区别？

4．结合本章中的分页任务，设计分页工具条的自定义标签。

第 8 章　POS 系统分析与设计

学习提示

本章主要以通用 POS 系统案例为依托，以软件工程生命周期为导向展开对 POS 系统的系统分析与设计。通过对一个系统完整的需求分析、系统分析与设计过程，使读者掌握软件项目的一般开发流程。

工作任务

- ✧ 完成通用 POS 系统的需求分析
- ✧ 完成通用 POS 系统的概要设计

技术要求

- ✧ 掌握软件开发生命周期
- ✧ 了解快速原型敏捷开发模式
- ✧ 掌握常用软件项目文档格式与编写

专用单词

Role	角色	User	用户
Requirement	需求	Use Case	用例
Diagram	图形	VISO	建模工具软件

8.1　POS 系统需求分析

8.1.1　软件需求分析任务

需求分析是软件系统开发过程中非常重要的一个阶段。需求有不同的层次，不同层次的需求分析有不同的方法与结果，同时需求开发同需求管理一样重要，它们是软件需求工程成功的重要保证。

在软件开发中，如何使软件的设计更贴近用户的要求并保证方向的正确，这些都要靠需求分析来实现。它不仅要在软件设计的初始过程中进行，在设计系统方案阶段同样需要有效的需求分析过程来保障项目视图与范围的准确性，但从用户和开发者的角度看，需求的内容有所不同。这就需要通过对软件需求工程的分解与层次化，在客户与开发人员之间建立一个更加有效、明确的桥梁，从而有效地推进软件系统的整个开发过程。

需求分析作为软件工程的基础需要广泛的人员参与，包括客户、用户、业务或需求分析人员、开发人员、测试人员、用户文档编写人员、项目管理人员和客户管理人员。客户所定义的“需求”对开发者来说似乎是一个较高层次的产品概念，并且在最初阶段需求往往是不确定的，而开发人员所说的“需求”对用户来说又是详细设计，与客户想象中的系统有较大的差异，双方在专业知识方面的差异给需求分析工作带来了很大的困难，往往会造成项目视图不能统一的局面。

实际上软件需求包含多个层次，不同层次的需求从不同角度与不同程度反映系统的细节问题。从用户角度的需求定义是“从系统外部能发现系统所具有的满足于用户的特点、功能及属性等”；从开发人员角度的需求定义是“需求是指明系统必须实现什么的规格说明，它描述了系统的行为、特性或属性，是在开发过程中对系统的约束”。

一般来讲，软件需求可以包括 3 个不同的层次——业务需求(Business Requirement)、用户需求(User Requirement)、功能和非功能需求(Functional and Nonfunctional Requirement)。业务需求反映了组织机构或客户对系统、产品高层次的目标要求，它们在项目视图与范围文档中予以说明；用户需求描述了用户使用产品必须完成的任务，这在使用实例说明中予以说明；功能需求定义了开发人员必须实现的软件功能，使得用户能完成他们的任务，从而满足业务需求，非功能需求是作为功能需求的补充，用来描述系统展现给用户的行为和执行的操作等，包括产品必须遵从的标准、规范和合约，和外部界面的具体细节、性能要求、设计或实现的约束条件及质量属性等，它们在软件需求规格说明书中进行说明。

在项目的开发中，不同层次的需求在不同的时间有着不同的来源，也有着不同的目标和对象，需以不同的方式编写成文档。

需求开发活动包括以下几个方面。

(1) 确定产品所期望的用户类。

(2) 获取每个用户类的需求。

(3) 了解实际用户任务和目标以及这些任务所支持的业务需求。

(4) 分析源于用户的信息以区别用户任务需求、功能需求、业务规则、质量属性、建议解决方法和附加信息。

(5) 将系统级的需求分为几个子系统，并将需求中的一部分分配给软件组件。

(6) 了解相关质量属性的重要性。

(7) 商讨实施优先级的划分。

(8) 将所收集的用户需求编写成规格说明和模型。

(9) 评审需求规格说明，确保对用户需求达到共同的理解和认识，并在整个开发小组接受说明之前将问题都解决完毕。

这些开发活动可被分配到 4 个阶段：问题获取、分析、编写规格说明和验证。在需求开发的 4 个阶段中需要贯彻的思想是：以系统结构为中心，以使用实例为驱动，注重增量迭代。

当今的软件开发越来越强调系统的框架结构，因为在软件的整个开发过程中，随着需求的变化，软件的功能也会不断地发生变化，但是作为系统的框架结构则具有相对的稳定性。从需求阶段即强调以结构为中心能有效地保证系统设计的稳定性、可重用性、模块化、层次化等高级特性，也有利于确定分系统的接口与功能。与传统的需求分析方法——功能分解不同，使用实例更加强调面向用户，要求对用户进行分类，有利于发现不同层次用户需求上的差异，另一方面，通过对系统与用户交互过程的分析能很方便地确定系统的功能、用户接口及交互的数据流、控制流。过程增量迭代在需求过程中的体现是指在每一个层次上，需求的开发都是一个增量迭代的过程，从需求获取到需求验证，如果验证的结果不能达到要求就需要再迭代一次，从而使需求不断地丰富、准确。针对需求的不同层次，需求开发有不同的重点，也会产生不同的结果。

在项目的初始阶段，客户仅对自己的需求有感性上的认识，不能具体化、层次化、精确化，考虑的因素也不全面，开发人员则对客户的真实需求不明了，不能确定系统的设计方案，双方对系统都没有明确的概念。这时需求开发主要处于业务需求阶段，要确定系统的结构、功能及范围，对其实现手段及约束条件、风险因素等作综合分析。业务需求确定后，通过对其的分析应能够得到系统的初步设计方案。此阶段的参与人员主要有市场人员、客户、项目经理、系统分析员及需求分析员。

在用户需求阶段，系统的框架方案、功能及范围已确定，系统有可能已被分成若干子系统，开发人员要通过与用户之间的细致的交流，使用 Use Case 等需求说明手段明确用户对分系统的各项要求。业务需求不仅决定了应用程序所能实现的业务任务(Use Case)的设置(即应用宽度)，还决定了对 Use Case 所支持的等级和深度，可以利用业务需求对使用实例及与它们相关的功能需求设置实现优先级。此阶段的参与人员主要有客户、领域专家、系统分析员及需求分析员。

在功能需求阶段，开发人员要从开发的角度对每项 use case 进行详细的过程描述，利用需求分析模型(如数据流图、状态迁移图、Petri 网等)对使用实例作静态与动态描述，明确分系统模块的功能与流程、分系统模块间的接口等，从而形成分系统的初步结构设计及功能说明，为进入设计阶段作充分的准备。此阶段的参与人员主要有客户、领域专家、系统分析员及需求分析员。

在软件开发中遇到的许多问题都是由于收集、编写、协商、修改产品需求过程中的手续和做法不完整带来的，例如出现涉及非正式信息的收集、未确定的或不明确的功能、未发现或未经交流的假设、不完善的需求文档以及突发的需求变更过程等，所以，完成需求开发并形成规格说明文档是非常重要的。开发人员必须能够真正把所有客户的需求应用到产品中，并能够有效地控制需求变更，才能保证需求与设计的一致性，最准确地实现既定的需求。所以，要规范项目组执行管理需求的步骤、文档化各种信息、持续有效地进行必要的项目活动。试考虑选择以下主题。

(1) 用于控制各种需求文档和单个需求版本的工具、技术和习惯做法。

(2) 建议、处理、协商、通告新的需求和变更给有关的功能域的方法。

(3) 如何制定需求基线。

(4) 将使用的需求状态，并且是谁允许作出的变更。

(5) 需求状态跟踪和报告过程。

(6) 分析已建议变动的影响应遵循的步骤。

(7) 在何种情况下需求变更将会怎样影响项目计划和约定。

一个有效管理软件开发过程的方法就是版本控制。版本控制是管理需求的一个必要方法。需求文档的每一个版本必须被统一确定。组内每个成员必须能够得到需求的当前版本，必须清楚地将变更写成文档，并及时通知到项目开发所涉及的人员。为了尽量减少困惑、冲突、误传，应仅允许指定的人来更新需求。这些策略适用于所有关键项目文档。每一个公布的需求文档的版本应该包括一个修正版本的历史情况，即已做变更的内容、变更日期、变更人的姓名以及变更的原因。

一个具有更高级别的版本控制包括用版本控制工具来存储需求文档，例如用登录(check-in)和检出(check-out)程序来管理源代码。这方面有很多商业配置管理工具，如 Microsoft 的 Visual Source Safe(VSS)和 CVS，项目需求分析人员具有对它读和写的权利，而其他成员只能读，这个工具在该项目的版本控制计划中工作得很好。

版本控制的最有力方法是用一个商业需求管理工具的数据库存储需求。这些工具能跟踪和报告每个需求的变动历史，这对当需要恢复早期的需求时很有价值。在添加、变动、删除、拒绝一个需求后，附加一些评语描述变更的原因在将来需要讨论时将会很有用。

8.1.2　《需求分析报告》的格式规范

1. 引言

在引言部分说明需求分析报告的编写目的、项目背景，定义需求报告中的术语的含义，指出引用的参考资料出处等。

2. 任务概述

2.1 项目目标:说明项目要达到的目的，简要说明用户的基本要求。

2.2 系统环境:列出系统开发要求的硬件环境与软件环境，列出使用的主要开发平台与工具。

2.3 条件与限制:说明系统开发与运行时必须满足的条件和受到的限制，同时突出解决方案。

3. 数据描述

3.1 静态数据:长期或暂时保持的数据。

3.2 动态数据:系统的输入、输出数据。

3.3 数据库:永久保存的数据处理与输入规定，根据系统的特点定义数据库逻辑特性与物理特性。

3.4 数据字典:设计系统的数据字典表。

4. 功能需求

4.1 功能划分:根据用户提出的基本要求，将系统按功能划分为几大功能模块，在开发系统时参考此划分。

4.2 功能描述:根据功能划分，详细说明每个功能模块中详细的功能设计。

5. 性能需求

5.1 数据精确度:定义规范系统中的数据类型的精度范围，确定最终输入输出数据的精度。

5.2 时间特性:根据系统要求规范数据分析、查询、输出、数据处理的响应时间。

5.3 适应性:主要说明软件系统对运行硬件环境、软件环境的适应能力，与其他系统集成的友好性、接口的适应性，以及产品的可重用性的好坏。

6. 运行需求

6.1 用户界面:说明本系统的界面设计风格、使用技巧、数据输入输出界面的格式规范、报表菜单的使用方法等。

6.2 硬件接口:说明本系统与硬件接口的逻辑关系，列出软件系统在运行时所需要的硬件设计列表，说明系统要求的硬件设备的最低配置参数等。

6.3 软件接口:写出系统运行的支持软件及其接口标准，标出接口说明、参数列表、软件版本号等信息。

6.4 故障处理:列出可能出现的软件、硬件故障以及对各项性能产生影响的后果，列出对各种故障处理的要求。

8.1.3 POS 系统功能需求分析

1. 引言

为明确软件需求、安排项目规划与进度、组织软件开发与测试，撰写本文档。在系统需求分析阶段，以教师为主导，向学生介绍系统的功能构成，同时向学生介绍软件项目的开发过程，说明各个阶段要完成的主要任务。文档由项目经理、设计人员、开发人员参考使用。

2. 任务概述

2.1 目标:作为对学习 JSP 应用开发的实践，要完成 POS 系统的进销存业务过程的设计与实现，能够实现商品入库、销售、库存盘点、退货等常用功能。

2.2 运行环境

操作系统:Microsoft Windows XP

支持环境:Tomcat 5.0

数 据 库:Microsoft SQL Server 2005

2.3 条件与限制：系统只能运行在 Java 环境中，使用的是 Microsoft SQL Server 2005 数据库，Web 服务器采用 Tomcat。

3. 数据描述

3.1 静态数据

3.2 动态数据:系统的输入数据包括商品基本信息、商品分类信息、供应商信息、操作用户信息等。

3.3 数据库介绍:数据库使用 Microsoft SQL Server 2005，能够实现向下兼容。

3.4 数据字典:系统中包括商品分类、供应商、用户基础信息数据字典。

4. 功能需求

4.1 功能划分:系统分为前台销售与后台管理两大模块。

4.2 功能描述:通用 POS 系统是应用 JSP 技术，基于 B/S 模式开发的一套应用于各大商场、超市的综合进销存管理系统。该系统分为前台收银和后台商品管理两部分，前台收银实现了商品销售管理、退货管理。后台主要实现了对用户、商品分类、商品明细、商品入库等多方面的管理。本部分将以该项目的实现为任务驱动，从系统的需求分析入手，了解软件的开发流程，同时，又将 JSP 的语法、指令等各方面的知识融入该项目中，使读者在完成项目的同时全面掌握软件开发技巧和 Java Web 相关知识。

根据用户的业务要求，系统后台主要完成以下几方面的功能。

1) 系统设置管理

本模块由系统管理员进行直接操作，主要维护以下几个方面。

(1) 用户管理：包括增加、删除、修改用户信息；设置用户是否有效；修改用户口令。

(2) 角色权限管理：包括创建角色；编辑角色权限。

2) 基本资料管理

本模块完成系统中各种基础信息的维护具体列举如下。

(1) 商品类别管理：包括增加、删除、修改商品分类信息。

(2) 商品管理：包括增加、删除、修改商品信息。

(3) 供应商信息管理：包括增加、删除、修改供应商信息。

3) 业务处理管理

本模块完成系统中的商品采购、向供应商退货、库存盘点和商品库存报警的功能，主要维护以下几个方面。

(1) 商品采购入库：采购商品通过该项功能进行入库。

(2) 供应商品退货：实现对已经采购入库的商品的退货处理。

(3) 库存盘点管理：实现对现有库存商品的数量、金额的统计。

(4) 库存报警处理：对库存商品数量超出报警上限或下限的商品进行报警提示。

4) 查询统计管理

本模块由业务主管进行直接操作，主要维护以下几个方面。

(1) 商品采购相关查询、统计：商品分类采购统计、供应商采购统计、商品采购查询、采购流水查询。

(2) 商品销售相关查询、统计：商品分类销售统计、营业员销售统计、商品销售查询、商品销售流水查询。

(3) 库存相关查询、统计：库存盘点、统计。

5) 系统前台销售软件功能需求分析

前台商品销售

本模块由收银员进行直接操作，主要是商品销售管理，包括：①商品销售；②向采购用户进行商品退货。

使用 VISO 或 Rational Rose 等 UML 建模工具实现用户功能的需求分析，绘制需求分析用例图。用例图(Use Case Diagram)是由软件需求分析到最终实现的第一步，它描述人们如何使用一个系统。用例图显示了谁是相关的用户、用户希望系统提供什么样的服务，以及用户需要为系统提供的服务，以便使系统的用户更容易理解这些元素的用途，也便于软件开发人员最终实现这些元素。用例图在各种开发活动中被广泛应用，但是它最常用来描述系统及子系统。

用例图主要包含 3 个元素，分别是参与者(Actor)、用例(Use Case)、关联关系(Association)。在绘制用例图时，主要从软件的功能出发，提取其中的用户角色，如在本系统中包含普通管理员、系统管理员、前台收银员、库存管理员、业务主管等用户角色。用例图如图 8.1 所示。

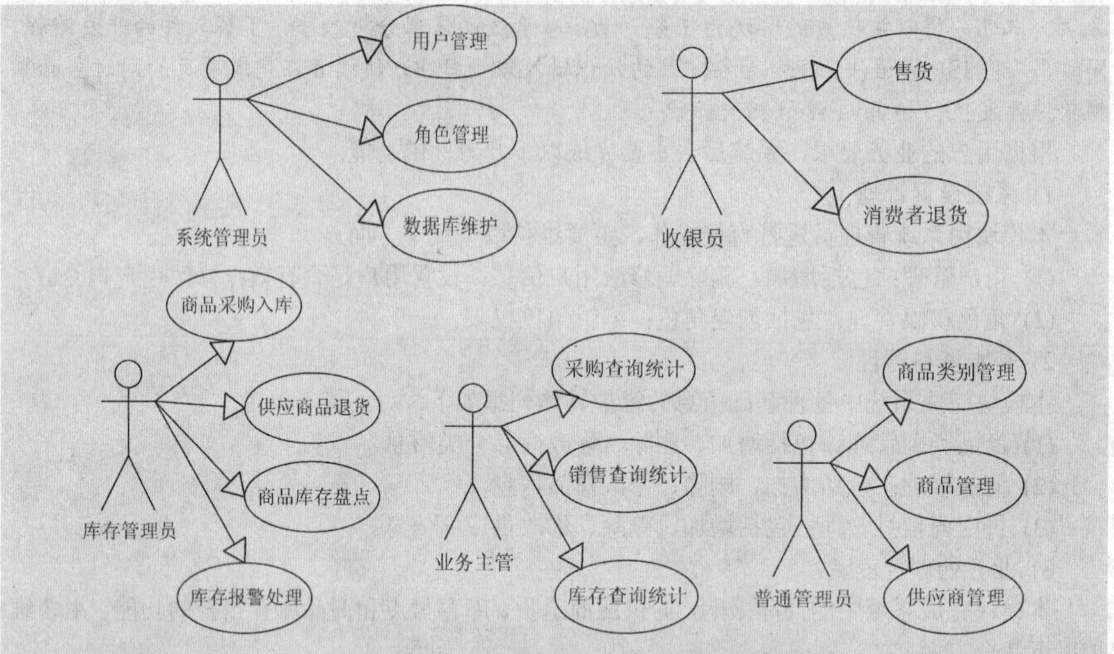

图 8.1 POS 系统需求用例分析

5 性能需求

5.1 数据精确度：金额小数点后保留两位，数量使用整数进行计量，重量保留小数点后两位有效位，时间采用年月日时分秒形式进行记载。

5.2 适应性：系统要求能够在支持 Java 运行环境的操作系统上都能正常运行。

6 运行需求

6.1 用户界面：收集基本素材，设计网页的结构草图，如图 8.2 所示。

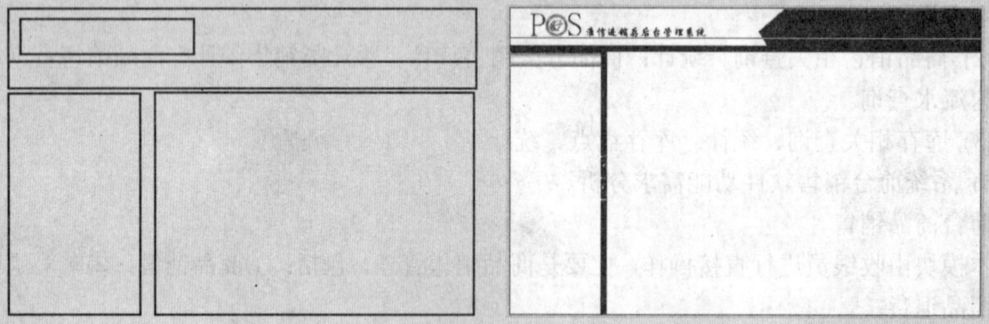

图 8.2 POS 系统界面草图与 PS 效果图

POS 系统界面首页如图 8.3 所示，POS 系统信息显示页面设计规范如图 8.4 所示。

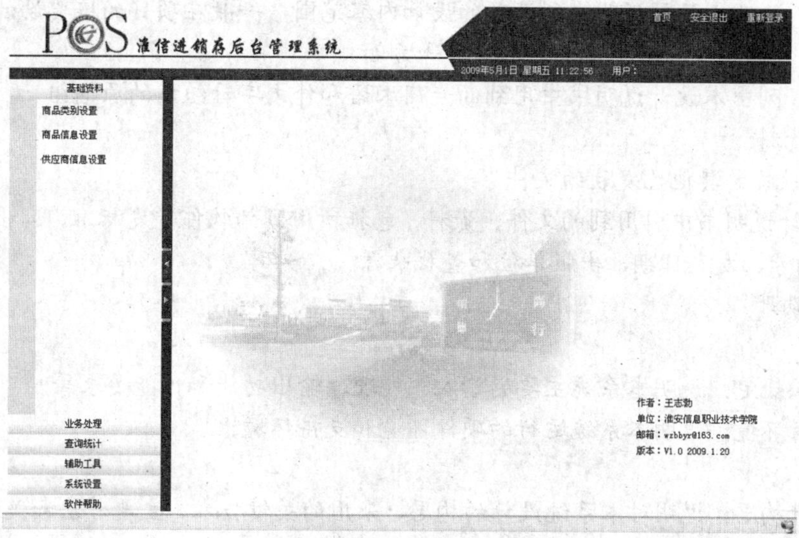

图 8.3 POS 系统界面首页

商品分类列表

查询： [查询]　　商品类别：日用百货

删除	商品短码	商品名称	商品条码	上限	下限	单位	售价	上次进价	编辑/查看
□				0	0		0.0	0.0	
□				0	0		0.0	0.0	
□	dsds	fddcfds	2	200	10	袋	2.0	40.0	

[增 加] [删 除]

图 8.4 POS 系统信息显示页面设计规范

6.2 硬件接口：要求有一台 Web 服务器用于系统运行。

6.3 软件接口：使用 JDBC 连接数据库。

8.2 软件工程概要设计模板

概要设计说明书规范软件的概要设计，又称为软件系统设计。本文件应说明软件系统即系统设计的总体考虑，包括系统的基本处理流程、软件系统的组织结构、模块划分、功能分配、数据结构、接口、运行、出错处理和系统维护等方面的设计，为详细设计提供基础。

1 引言

1.1 编写目的：说明编写本设计说明书的目的，指出预期的读者。

1.2 背景：

a.说明待开发软件系统的名称。

b.列出开发此软件系统的提出者、开发者和用户。

1.3 基线：基线是项目储存库中每个工件版本在特定时期的一个“快照”。它提供一个正式标准，随后的工作都基于此标准，并且只有经过授权后才能变更这个标准。建立一个初始基线后，以后每次对其进行的变更都将记录为一个差值，直到建成下一个基线。

1.4 范围：说明本设计说明书所涉及的设计内容范围。一般在项目的概要设计中包括项目的总体框架、技术框架、数据库、界面设计等方面。

1.5 定义：列出本设计说明书中用到的专门术语和外文字母组词的原词组。

1.6 参考资料：

(1) 属于项目的其他已发表的文件。

(2) 本设计说明书中引用到的文件、资料，包括所用到的软件开发标准，列出这些文件资料的标题、编号、发表日期、出版单位和查找来源。

2　总体设计

2.1 概述

2.1.1 需求规定：说明本系统主要的输入、处理、输出功能和性能要求等。

2.2.2 运行环境：说明本系统运行的硬件环境和支持环境。

2.2 设计

2.2.1 设计构思：说明对本系统设计的构思、采用的关键技术、主要算法和关键数据结构。

2.2.2 系统流程：

(1) 用流程图展示出本系统的主要控制流程和处理流程。

(2) 用流程图展示出本系统主要的数据通路，并说明处理的主要阶段。

2.2.3 结构设计：

(1) 系统元素确定本系统的元素及其功能，用一览表说明本系统的系统元素(各层模块、子程序、公用程序等)的划分，按层次给出它们的标识符和功能。

(2) 系统层次结构用框图分层次地给出各个系统元素之间的控制和被控制的关系。

2.2.4 功能需求与程序的关系：用功能需求与程序的矩阵图表形式表示出各项功能的实现与各系统元素之间的分配关系。

3　系统数据结构设计

3.1 数据结构：列出本系统所使用的主要数据结构，包括名称、标识符及数据项等。

3.2 数据结构与系统元素之间的关系用数据结构与系统元素之间的矩阵图表表示，显示出各个数据结构与访问这些数据结构的系统元素之间的关系。准信 POS 项目数据库表设计见附录 2。

4　接口设计

4.1 用户接口：说明本系统向用户提供的命令、语法结构及系统回答信息等。

4.2 外部接口：说明本系统的软件同硬件和支持软件之间的接口。

4.3 内部接口：说明本系统内部相关模块之间的接口。

5　运行设计

5.1 系统初始化：说明本系统初始化过程。

5.2 运行模块组合：说明本系统每项外界运行需经过哪些内部模块的组合和支持软件。

5.3 运行控制：说明每项外界运行的控制方式、方法和操作步骤。

5.4 运行时间：说明每项运行模块组合预计占用各种资源的时间。

5.5 运行安全：说明系统安全运行的控制。

6　信息结构设计

按逻辑结构和物理结构给出本软件有关信息的设计要点。

6.1 逻辑结构设计

6.1.1 图形设计

6.1.2 中文(包括单个汉字、短语、词组)设计

6.2 物理结构设计

6.2.1 图形设计

6.2.2 中文(包括单个汉字、短语、词组)设计

6.3 信息结构与程序的关系

用信息结构与系统元素之间的矩阵图表形式表示出各个信息结构与访问这些信息结构的系统元素之间的关系。

7　出错处理和维护

7.1 出错信息：用一览表列出本系统各种可能出错或故障的信息形式及其含义。

7.2 补救措施：说明系统故障出现后可能采取的变通措施，包括以下几方面。

(1) 后备技术：系统原始数据一旦丢失，启用副本的建立和启动技术。

(2) 降效技术：使用另一效率稍低的方法以求得所需结果的某些部分，如手工操作和人工记录数据。

(3) 恢复及再启动技术：让系统从故障点恢复执行或系统重新启动运行的方法等。

7.3 系统维护

说明专门安排用于系统检测与维护的检测点和系统检测维护的专用模块等。

8　尚待解决的问题

说明本设计中尚未解决而系统完成之前应该解决的问题。

本规范根据国家标准 GB/T 8566—1995 的规定，参照国家标准 GB 8567—88 而制定。

本章小结

本章选用通用 POS 商品进销存系统为案例，依据软件工程开发流程，实现了进销存系统的需求分析和系统概要设计。软件需求分析重点集中在软件的功能、用户角色分析上，软件的概要设计重点集中于使用什么样的框架完成所设计的项目、系统的数据库设计、系统的界面设计等。

习　　题

1．软件生命周期是由哪几个部分组成的?

2．通过网络搜索找出常用的软件开发过程模型有哪些，并分析各个模型的优缺点。

3．分析软件系统中角色与用户的关系。

第 9 章 项目安全处理

学习提示

本章主要围绕 B/S 模式项目系统的安全问题进行讲解和演练，通过使用 Servlet 容器过滤器达到系统安全的目的，使用 Filter 能实现对非法用户进行屏蔽。

工作任务

- ✧ 使用 Servlet Filter 实现对未登录用户的屏蔽
- ✧ 使用 Servlet Filter 实现汉字内码统一转换

技术要求

- ✧ 掌握 Servlet 中 Filter 的配置和应用
- ✧ 熟练使用 Filter 实现用户权限认证
- ✧ 熟练使用 Filter 实现汉字内码的统一转换

专用单词

Filter　　过滤器

9.1 使用过滤器 Filter 实现 B/S 项目安全

9.1.1 Filter 工作原理与配置过程

Filter 的基本功能是对 Servlet 容器调用 Servlet 的过程进行拦截，从而在 Servlet 进行响应处理前实现一些特殊的功能。在 Servlet API 中定义了 3 个接口供开发人员编写 Filter 程序：Filter、FilterChain、FilterConfig。

项目中的 Filter 程序是一个实现了 Filter 接口的 Java 类，与 Servlet 程序相似，它由 Servlet 容器进行调用和执行。Filter 程序需要在 web.xml 文件中进行注册和设置它所能拦截的资源，Filter 程序可以拦截 JSP 页面、Servlet、静态图片文件和静态 HTML 文件。

1. Filter 基本工作原理

当在 web.xml 中注册了一个 Filter 来对某类程序进行拦截处理时，这个 Filter 就成了 Servlet 容器与该类程序通信线路上的一道关卡，该 Filter 可以对 Servlet 容器发送给请求对象程序的请求进行拦截，可以决定是否将请求继续传递给该类程序，以及对请求和相应信息是否进行修改。在一个 Web 应用程序中可以注册多个 Filter 程序，每个 Filter 程序都可以对一个或一组 Servlet 程序、JSP 页面等目标对象进行拦截。

若有多个 Filter 程序对某类程序的访问过程进行拦截，当针对该类资源的访问请求到达时，Web 容器将把这多个 Filter 程序组合成一个 Filter 链(FilterChain，过滤器链)。Filter 链中各个 Filter 的拦截顺序与它们在应用程序的 web.xml 中映射的顺序一致。

2. Filter 接口中方法的介绍

与开发 Servlet 不同的是 Filter 接口并没有相应的实现类可供继承，要开发过滤器，只能直接实现 Filter 接口。

1) 初始化方法 init

```
init(FilterConfig filterConfig) throws ServletException
```

在 Web 应用程序启动时，Web 服务器将根据 web.xml 文件中的配置信息来创建每个注册的 Filter 实例对象，并将其保存在服务器的内存中。Web 容器创建 Filter 对象实例后，将立即调用该 Filter 对象的 init 方法。init 方法在 Filter 生命周期中仅执行一次，Web 容器在调用 init 方法时，会传递一个包含 Filter 配置和运行环境的 FilterConfig 对象，利用 FilterConfig 对象可以得到 ServletContext 对象，以及部署描述符中配置的过滤器的初始化参数。在这个方法中，可以抛出 ServletException 异常，通知容器该过滤器不能正常工作。

2) 销毁方法：destroy

在 Web 容器卸载 Filter 对象之前被调用。该方法在 Filter 的生命周期中仅执行一次。在这个方法中，可以释放过滤器使用的资源。

3) 过滤器执行方法 doFilter

```
doFilter(ServletRequest request,ServletResponse response,FilterChain chain) throws
java.io.IOException,ServletException
```

doFilter 方法类似于 Servlet 接口的 service 方法。当客户端请求目标资源的时候，容器就会调用与这个目标资源相关联的过滤器的 doFilter 方法。其中参数 request、response 为 Web

容器或 Filter 链的上一个 Filter 传递过来的请求和相应对象；参数 chain 代表当前 Filter 链的对象，在特定的操作完成后，在当前 Filter 对象的 doFilter 方法内部需要调用 FilterChain 对象的 chain.doFilter(request,response)方法才能把请求交付给 Filter 链中的下一个 Filter 或者目标 Servlet 程序去处理，也可以直接向客户端返回响应信息，或者利用 RequestDispatcher 的 forward 和 include 方法，以及 HttpServletResponse 的 sendRedirect 方法将请求转向到其他资源。这个方法的请求和响应参数的类型是 ServletRequest 和 ServletResponse，也就是说，过滤器的使用并不依赖于具体的协议。

3. Filter 在 web.xml 中的具体配置过程

在实现一个过滤器后，需要在 web.xml 中进行注册和设置它所能拦截的资源。这可以通过<filter>和<filter-mapping>元素来完成。

其配置方式和 Servlet 非常类似，下面是具体的配置代码。

```
<filter>
    <filter-name>testFilter</filter-name>
    <filter-class>ch7.TestFilter</filter-class>
    <!-- 配置当前 Filter 的初始化参数-->
    <init-param>
          <param-name>myname</param-name>
          <param-value>wzb</param-value>
    </init-param>
</filter>
<filter-mapping>
    <filter-name> testFilter </filter-name>
    <url-pattern>/*</url-pattern>
</filter-mapping>
```

在上述配置过程中，/*表示所有的 URL 都需要被这个过滤器所过滤。

在同一个 web.xml 文件中可以为同一个 Filter 设置多个映射。若一个 Filter 链中多次出现了同一个 Filter 程序，这个 Filter 程序的拦截处理过程将被多次执行。

【任务 9.1】 Filter 功能测试

【任务描述】 创建简单的过滤器读取 web.xml 中的初始化数据，体验过滤器的作用，对 Web 的所有请求进行过滤。

【任务分析】 创建一个最基本的 Filter 实现对所有请求的拦截效果，在过滤器的 doFilter 方法中读取 web.xml 中的初始化参数，在这个过程中体验过滤器的编写过程。

【掌握技能】 通过该任务应该掌握如下技能。

(1) 学会 Filter 类的设计，理解其中的 doFilter 方法的应用。

(2) 掌握在 web.xml 中对过滤器的配置过程。

(3) 掌握过滤范围的设定技巧。

【任务实现】

在本任务中创建测试过滤器 TestFilter，过滤范围对所有 Web 容器下的所有请求都起作用。

第一步，创建 Filter 过滤器类，在创建的过程中选择实现接口 Filter。如图 9.1 所示，在创建 TestFilter 类时要实现 javax.Servlet.Filter 接口，同时要选中界面中的 Inherited abstract methods 复选框，这样在生成的类中就会实现接口中的抽象方法。创建完成后的类初始状态中有若干方法，主要重写其中的 doFilter 方法。在下面的代码中使用了读取初始化数据的 FilterConfig 类定义的对象，使用该对象对初始化数据进行读取操作。

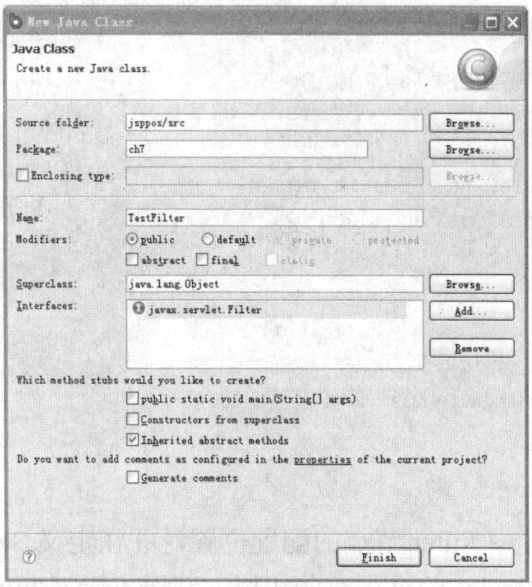

图 9.1　过滤器类创建

```
public class TestFilter implements Filter {
    FilterConfig fc;
    public void destroy() {}
    public void doFilter(ServletRequest request, ServletResponse response,
            FilterChain chain) throws IOException, ServletException {
        String username = fc.getInitParameter("username");
        System.out.println("username="+username);
    }
    public void init(FilterConfig arg0) throws ServletException { }
}
```

第二步，创建 web.xml 中 Filter 的配置、映射。

打开 web.xml 文件进入图形设计状态，创建 Filter 并配置初始化参数(如果有必要配置初始化参数)。配置完成后 web.xml 中的信息形式如下：该 Filter 中配置了一个初始化参数，参数名为 username，参数的值为“wzb”，如图 9.2 所示。

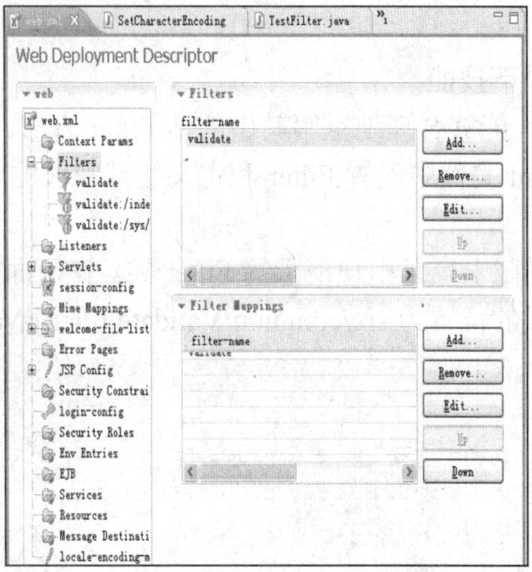

图 9.2　配置 web.xml

```
<filter>
    <filter-name>testFilter</filter-name>
    <filter-class>ch9.TestFilter</filter-class>
    <init-param>
        <param-name>username</param-name>
        <param-value>wzb</param-value>
    </init-param>
 </filter>
 <filter-mapping>
    <filter-name>testFilter</filter-name>
    <url-pattern>/*</url-pattern>
</filter-mapping>
```

【项目经验】

首先要明确在 web.xml 中 Filter 节点的配置位置，并在定义 Servlet 之前进行配置。其次，配置 Filter 的过程与配置 Servlet 的过程有些相似，都要先定义 Filter，然后映射 Filter 的作用范围。如果在项目中有多个 Filter 的话，要在全部都定义完成后再进行映射处理。

9.1.2 使用 Filter 实现用户登录的统一校验

一个项目从安全角度考虑，对没有经过用户权限认证的匿名用户是拒绝其使用任何功能的。在 B/S 项目中，各种操作地址都是通过地址栏的形式进行导航和链接的，若某个匿名用户记住了地址栏中的地址，然后绕过系统登录界面直接将地址输入地址栏，结果非法用户也进入到了系统操作中，这是非常危险的漏洞通过过滤器可以有效地解决非法用户的入侵行为。

【任务 9.2】使用 Filter 屏蔽非法用户

【任务描述】对没有通过登录界面而直接访问系统资源的用户进行必要的屏蔽，使之没有权利访问系统文件和进行各种操作。

【任务分析】该任务主要使用 Filter 拦截未登录用户的地址请求，将请求转到登录界面，首先要定义一个 Filter 类，实现 Javax.servlet.Filter 接口。创建简单的过滤器实现检验用户是否登录的校验，对 Web 的所有请求进行过滤，如果用户没有登录则限制用户使用任何系统网页资源，强制将其导航到登录页面。

【掌握技能】

通过该任务应该掌握如下技能。

(1) 熟练创建 Filter 类，能够合理地重写其中的 doFilter 方法。

(2) 熟练掌握在 web.xml 文件中配置 Filter 和定义拦截映射的方法。

【任务实现】

第一步，创建应用于拦截未登录用户请求的 Filter 类。在下面类的定义中有非常详细的解释说明，该类在项目中定义的位置为 src/common/ValidateFilter.java。

```
package common;
import javax.servlet.*;
import javax.servlet.http.HttpServletRequest;
import javax.servlet.http.HttpServletResponse;
import javax.servlet.http.HttpSession;
import java.io.IOException;
public class ValidateFilter implements Filter {
```

```
        //定义登录页面地址，当非法用户入侵时，强制导航到登录页面
    String loginPage="/jsppos/login.jsp";
        //定义过滤器链条对象
    protected FilterConfig filterConfig;
        //定义是否登录标志变量，初始化为空串
     String isLogin="";
     //过滤器初始化方法
public void init(FilterConfig filterConfig) throws ServletException {
        this.filterConfig=filterConfig;
    }
     //过滤器主方法
    public void doFilter(ServletRequest servletRequest, ServletResponse
            servletResponse, FilterChain filterChain)
            throws IOException, ServletException {
        //以下两条语句是转化请求和响应对象
            HttpServletRequest hreq=(HttpServletRequest)servletRequest;
        HttpServletResponse hrep=(HttpServletResponse)servletResponse;
        //定义 session 用于提取用户登录标志
            HttpSession session=hreq.getSession();
        try{
            //从 session 中获得用户是否登录的标准变量——isLogin
            isLogin=(String)session.getAttribute("isLogin");
            //判断，如果为空，则强制导航到登录界面，中断用户的当前请求
            if(isLogin==null){
                hrep.sendRedirect(loginPage);
            }
            else{
                //当登录标志不为空，判断是否为正确登录
                if(isLogin.equals("true")){
                    //为正确登录，通过 filterChain 过滤器链对象，将控制权传递到下一
                    //个过滤器中的 doFilter 方法中
                    filterChain.doFilter(hreq,hrep);
                }
                else{
                    hrep.sendRedirect(loginPage);
                }
            }
        }catch(Exception e){
            System.out.println(e.getMessage());
            e.printStackTrace();
        }
    }
    public void setFilterConfig(FilterConfig filterConfig) {
        this.filterConfig = filterConfig;
    }
    public void destroy() {
        this.filterConfig=null;
    }
}
```

第二步，在 web.xml 配置文件中创建 Filter 和 Filter Mapping(过滤器映射)。在一个项目中可以配置多个过滤器，过滤器的拦截顺序就是按照其在 web.xml 文件中的配置先后顺序进行调

用的。其中，每个过滤器都可以通过 Filter Mapping 节点配置多个针对项目不同路径的拦截地址，不在拦截地址范围内的资源将不受过滤器的保护。下面就是针对 POS 项目配置的过滤映射。在配置中设定对 ch3 到 ch9 的项目路径下的所有资源进行过滤，同时对项目根路径下的 index.jsp、left.jsp、main.jsp 3 个主要页面进行安全过滤。

```
<!--判断用户是否登录的过滤器配置-->
    <filter>
        <filter-name>ISLogin</filter-name>
        <filter-class>common.ISLoginFilter</filter-class>
    </filter>
    <!--过滤器映射配置-->
    <filter-mapping>
        <filter-name>ISLogin</filter-name>
        <url-pattern>/ch3/*</url-pattern>
    </filter-mapping>
    <filter-mapping>
        <filter-name>ISLogin</filter-name>
        <url-pattern>/ch4/*</url-pattern>
    </filter-mapping>
    <filter-mapping>
        <filter-name>ISLogin</filter-name>
        <url-pattern>/ch6/*</url-pattern>
    </filter-mapping>
    <filter-mapping>
        <filter-name>ISLogin</filter-name>
        <url-pattern>/ch9/*</url-pattern>
    </filter-mapping>
    <filter-mapping>
        <filter-name>ISLogin</filter-name>
        <url-pattern>/index.jsp</url-pattern>
    </filter-mapping>
    <filter-mapping>
        <filter-name>ISLogin</filter-name>
        <url-pattern>/left.jsp</url-pattern>
    </filter-mapping>
    <filter-mapping>
        <filter-name>ISLogin</filter-name>
        <url-pattern>/main.jsp</url-pattern>
    </filter-mapping>
```

【项目经验】

在规划创建 Web 项目之初，就要有预见性，按照不同模块的功能划分不同的包(在 src 下)或文件夹(在 WebRoot 下)，映射 Servlet 的时候也不要将 Servlet 的映射地址映射到项目的根目录上，主要目的是在项目后期做系统安全权限的时候，可以根据不同的路径映射过滤路径。将不需要受过滤器保护的资源散落在 WebRoot 的最外面，如本项目中的 login.jsp。

9.2　使用过滤器解决系统汉字乱码问题

在 Java Web 项目开发中不可避免地会出现汉字内码转换的问题，在页面上提交的汉字，到了后台的 Java 类中都变成了？？？，在前面的设计中用到了两种方法。

方法一：使用重新构造字符串的方法，单独对某个变量转换。

这种方法有效但效率不高，要针对每个获得的变量进行逐一地的转化，具体转换方法如下：

```
String userName = request.getParameter("uname");
userName = new String(userName.getBytes("iso-8859-1"),"gbk");
```

方法二：在使用 Servlet 接收前台数据的时候，通过设置请求字符集的办法实现对请求数据的整体编码转换，这种方法相对来说效率较高。

```
request.setCharacterEncoding("gbk");
```

在本小节中，将使用容器的 Filter 特性实现对项目中所有请求数据的编码转换。

【任务 9.3】使用 Filter 实现项目汉字内码统一转换

【任务描述】使用 Filter 对所有客户端请求的汉字内码进行统一转换，最终转换为 GBK 或 GB2312、UTF-8 等编码形式。

【任务分析】任务中通过使用过滤器能够拦截所有 Web 请求的特点，将请求中的汉字编码在 doFilter 方法中统一转换为 GBK 或 GB2312、UTF-8 等编码形式，彻底解决了项目中因为网络传输而造成的汉字乱码问题。

【掌握技能】通过该任务应该掌握如下技能。

(1) 进一步掌握 Filter 的参数配置方法。

(2) 熟练掌握在 web.xml 文件中配置 Filter 参数的方法。

【任务实现】

第一步，创建应用于汉字内码转换的 Filter 类。该类在项目中定义的位置为 src/common/SetCharacterEncodingFilter.java。

```
package common;
import java.io.IOException;
import javax.servlet.Filter;
import javax.servlet.FilterChain;
import javax.servlet.FilterConfig;
import javax.servlet.ServletException;
import javax.servlet.ServletRequest;
import javax.servlet.ServletResponse;
public class SetCharacterEncodingFilter implements Filter {
    //定义编码类型属性
    protected String encoding = null;
    //定义接收过滤器参数的对象
    protected FilterConfig filterConfig = null;
    //过滤器销毁方法
    public void destroy() {
        this.encoding = null;
```

```
        this.filterConfig = null;
    }
    //过滤器初始化方法，在该方法中读取 web.xml 中的配置数据
    public void init(FilterConfig filterConfig) throws ServletException {
     this.filterConfig = filterConfig;
        this.encoding = filterConfig.getInitParameter("encoding");
    }
    //过滤器主方法
    public void doFilter(ServletRequest request, ServletResponse response,
       FilterChain chain)throws IOException, ServletException {
        //如果过滤器配置编码格式不为空，进入设置
     if (this.encoding != null)
     {
         request.setCharacterEncoding(this.encoding);
     }
         // 继续执行后续的过滤方法
        chain.doFilter(request, response);
    }
}
```

第二步，在 web.xml 配置文件中创建字符转换 Filter 和 Filter Mapping(过滤器映射)。由于希望对所有请求都进行字符转换，所以使用/*处理过滤范围。

```
<!--定义字符转换过滤器-->
<filter>
        <filter-name>Set Character Encoding</filter-name>
        <filter-class>common.SetCharacterEncodingFilter</filter-class>
        <init-param>
            <!--设定参数名称及参数值-->
            <param-name>encoding</param-name>
            <param-value>GB2312</param-value>
        </init-param>
    </filter>
 <!--映射定义的 Filter，设定对所有请求进行过滤转换-->
    <filter-mapping>
        <filter-name>Set Character Encoding</filter-name>
        <url-pattern>/*</url-pattern>
    </filter-mapping>
```

本 章 小 结

本章介绍了Servlet容器中的Filter过滤器功能，详细描述了过滤器的工作原理与配置方法。使用过滤器实现了对非法用户的屏蔽与汉字编码的统一转换过程。为了配合在项目中使用过滤器，在项目规划过程中就要根据项目的模块规划好项目的目录结构，以便在配置过滤器的过滤路径时方便配置。

在配置过滤器过滤路径时有两种方法：一种是正逻辑；另一种是反逻辑。所谓正逻辑就是明确指出某个过滤器对项目中的哪些目录起到过滤作用。而反逻辑是指先对项目的全部路径都实现过滤，但在过滤器实现类中根据具体情况放行个别路径，使之排除在过滤器之外。

根据过滤器的特点，可以将项目的角色管理纳入到过滤器的管理范围内，从而实现了系统按钮级别的安全管理。

习 题

1．简述过滤器的原理与配置过程。

2．如果在项目中有多个过滤器，试问多个过滤器是如何协调工作的？

3．已知一个 Web 应用的程序已经编写、组织好，请问怎样用 Jar 命令打包，并在 Tomcat 上发布？(提示：利用集成开发环境 MyEclipse 中的导出功能实现可执行 Jar 包的导出。)

4．使用过滤器设计用户权限管理模块。

第 10 章 富客户端技术应用

学习提示

本章主要围绕当今比较热门的富客户端技术展开应用教学，通过在项目中的应用逐步介绍基础 Ajax、DWR 框架与 JQuery 脚本库的应用。通过使用 Ajax 相关技术实现用户界面无刷新操作，通过异步请求的方式与服务器进行数据交换，从而增加用户在前台页面的丰富操作体验。Ajax 技术的出现使平时很难完成的某些特殊操作变得非常容易实现。

工作任务

✧ 使用富客户端技术改造项目页面，增加页面操作友好性
✧ 增加项目的异步通信能力，实现页面动态无刷新显示

技术要求

✧ 掌握 Ajax 的基本应用
✧ 熟练使用 DWR 实现 Ajax 操作
✧ 熟练使用 JQuery 库

专用单词

Asynchronous	异步的	Synchronous	同步的
Focus	焦点	Direct	直接的
Remote	远程的	Initial	初始化

10.1 使用 XMLHttpRequest 对象实现用户注册校验

10.1.1 Ajax 的基本知识

与传统的 Web 应用不同，Ajax 采用异步(Asynchronous)交互过程。Ajax 在用户与服务器之间引入中间媒介，从而消除了网络交互过程中的处理—等待—处理—等待的缺点，界面请求数据时页面没有刷新现象。用户浏览器在执行任务时即装载了 Ajax 引擎，Ajax 引擎用 JavaScript 语言编写，通常藏在一个隐藏的框架中(如 DWR、ExtJS、JQuary 等框架)，它负责编译用户界面及与服务器之间的交互。Ajax 引擎允许用户与应用软件之间的交互过程异步进行，独立于用户与网络服务器间的交流。现在，可以用 JavaScript 调用 Ajax 引擎来代替产生一个 HTTP 请求的用户动作，内存中的数据编辑、页面导航、数据校验这些不需要重新载入整个页面的动作，可以交给 Ajax 异步来执行。

使用 Ajax，可以为开发人员、终端用户带来便捷，减轻服务器的负担。Ajax 的原则是“按需取数据”，可以最大程度地减少冗余请求和响应对服务器造成的负担，无刷新更新页面，减少用户心理和实际的等待时间。

Ajax 即 Asynchronous JavaScript and XML(异步 JavaScript 和 XML)。Ajax 并非是全新的技术，而是 JavaScript、XML、CSS 等多种技术的结合。JavaScript 通过 XMLHttpRequest 对象发送请求到服务器，并获得返回结果，然后用 JavaScript 更新页面。异步请求的意思是指 JavaScript 脚本发出请求后并不是一直等待服务器的响应，而是发送后继续做其他工作，当请求结果返回的时候，再通过回调函数完成对数据页面的加载工作。

10.1.2 使用 Ajax 实现用户添加校验

【任务 10.1】使用 Ajax 实现用户添加校验

【任务描述】在用户进行新用户的注册过程中，当完成用户名的输入，将焦点转移到用户密码或其他文本框时，使用 Ajax 技术验证该用户名是否已经被占用。

【任务分析】新用户添加时要校验该用户名是否已经被占用，如果不及时提示，而是当所有数据都填完提交时再提示，其他数据就都白输入了。当输入完新用户名后，焦点从本文本框进入到其他文本框，JavaScript 函数发出调用 Ajax XMLHttpRequest 对象的命令，实现对后台业务类的调用，并把数据返回到回调函数。

【掌握技能】通过该任务应该掌握如下技能。

(1) 掌握 Ajax 运行原理。

(2) 掌握 Ajax 应用编程过程。

【任务实现】

第一步：创建用户添加界面，并在用户名输入文本框控件的 onblur 事件中调用相应的监测方法(文件位置：ch8/user_add_edit.jsp)。

```
<input type="text" name="username" size="20"
 onblur="checkUserExists(this.value);" class="text" value="">
```

第二步，在本页面中加入以下 JavaScript 函数：

```
<script type="text/javascript">
    //定义 xmlHttpRequest 对象
    var xmlHttpRequest;
    //根据不同的浏览器，创建 xmlHttpRequest 对象
    function createXmlHttpRequest(){
        if(window.ActiveXObject){//IE 浏览器
            return new ActiveXObject("Microsoft.XMLHTTP");
        }else if(window.XMLHttpRequest){//非 IE 浏览器
            return new XMLHttpRequest();
        }
    }
    function checkUserExists(oCtl){
        var uname = oCtl.value;
        if (!uname){
            alert("用户名不能为空");
            oCtl.focus();
            return ;
        }
        //发送请求到服务器，判断用户名是否存在
        var url = "?uname="+uname;
        //创建异步通讯对象
        xmlHttpRequest = createXmlHttpRequest();
        //说明回调函数
        xmlHttpRequest.onreadystatechange = backcall;
      //向连接地址发送请求
       xmlHttpRequest.open("GET",url,true);
       xmlHttpRequest.send(null);
    }
    //定义回调函数
    function backcall(){
        if(xmlHttpRequest.readyState == 4){
          if(xmlHttpRequest.status == 200){
            var b = xmlHttpRequest.responseText;
            if (b=="true"){
                    alert("用户名已经存在");
            }else{
                   alert("用户名可以使用");
            }
          }
      }
    }
  </script>
```

这段 JS 代码中包含了 3 个函数，分别是 createXmlHttpRequest()、checkUserExists(oCtl)、backcall()。这 3 个函数的功能各不相同，说明如下。

(1) createXmlHttpRequest()：本函数的任务是根据不同的浏览器创建底层异步通信对象 xmlHttpRequest，该函数的返回值就是 xmlHttpRequest 对象。

(2) checkUserExists(oCtl)：本函数完成两项功能：第一是对用户输入的数据进行客户端校验，不允许用户名为空；第二项任务就是在用户名不空的情况下调用 createXmlHttpRequest() 函数创建 Ajax 底层异步通信对象，定义请求地址(一般为 Servlet)和回调函数，并打开请求连接。

(3) backcall()：在回调函数中根据返回的状态，将返回的信息或数据加载到当前页面的某个控件上，以达到异步通信的效果。在 Ajax 中返回的数据一般有两种类型，一种是文本类型，另一种是 XML 格式数据类型。对于 XML 类型的返回值处理方式比较复杂，在下一个任务中使用 DWR 框架解决复杂数据类型的数据返回问题。

第三步，创建后台 Servlet 提供数据服务。在 Servlet 中根据调用时的参数到数据库中进行检索，判断是否存在该用户名。

```
public void doGet(HttpServletRequest request, HttpServletResponse response)
            throws ServletException, IOException {
        PrintWriter out = response.getWriter();
        String username = request.getParameter("uname");
        DBConnect db= new DBConnect();
        String sql = "select * from usersinfo where username = ?";
        try {
            PreparedStatement ps = db.getPs(sql);
            ps.setString(1, username);
            ResultSet rs = ps.executeQuery();
            if(rs.next()){
                out.write("true");
            }else{
                out.write("false");
            }
        } catch (SQLException e) {
            System.out.println("CheckUserExist Error"+e);
        }
    }
```

【项目经验】

(1) xmlHttpRequest.readyState 与 xmlHttpRequest.status 的区别：

属性 xmlHttpRequest.readyState 是请求状态。

请求状态列举如下。

- ✧ 0——未初始化，(XMLHttpRequest)对象已经创建，但还没有调用 open 方法。
- ✧ 1——载入，已经调用 open 方法，但尚未发送请求。
- ✧ 2——载入完成，请求已经发送完成。
- ✧ 3——交互，可以接收到部分响应数据。
- ✧ 4——完成，已经接收到了全部数据，并且连接已经关闭。

每次状态改变都会调这个函数返回以上编码。

属性 xmlHttpRequest.status 是 HTTP 请求的服务器返回码。

HTML 返回码列举如下。

- ✧ 200——OK，工作过程正常。
- ✧ 404——Not found，没有找到资源。
- ✧ 500——服务器端出错。

(2) 返回给“回调函数”的数据。在 Servlet 中数据的返回不是通过 return 语句返回的，也不像 MVC 开发中将数据存入 request 或 session 中带回到前台页面。这一点是由 Ajax 的特点决定的，在 Servlet 中要通过定义 PrintWriter out 对象将数据结果写入到相应的输出流中。在页面

JS 回调函数中通过 var b = xmlHttpRequest.responseText 方法得到返回的文本类型数据(XML 类型的数据通过其他方法得到)，这种方法只适用于返回简单的文本，对于返回复杂对象的类型将使用其他方法处理。

10.2 使用 DWR 框架简化 Ajax 应用

10.2.1 DWR 框架介绍

当 Ajax 向人们袭来的时候，很多程序员看到了 Ajax 的发展前景，但并不是每一个程序员都能将页面与代码完美整合在一起，DOM、CSS、JavaScript 让人眼花缭乱，不知从何下手。通过 DWR 框架可以简化 Ajax 的应用，大大降低代码量，不用创建 Servlet 即可直接访问 Java 的后台类，并且可以自如地向前台页面返回各种复杂的数据类型，前台页面也比较容易接收这些数据。DWR 开源框架的实质也是 Servlet，通过对 DWR 的配置得到一个中间层，通过它访问后台的 Java 类。

DWR 是一个可以创建 Ajax Web 站点的 Java 开源库，它可以让你在浏览器中的 JavaScript 代码中调用 Web 服务器上的 Java 代码，就像在 Java 代码中调用 Java 对象一样。

DWR 包含两个主要部分：一部分是一个运行在服务器端的 Java Servlet，它处理请求并且向浏览器发回响应；另一部分是运行在浏览器端的 JavaScript，它发送请求而且还能动态更新网页。

DWR 的工作原理是动态地将 Java 类生成为 JavaScript。它的代码就像 Ajax 魔法一样，你感觉调用就像发生在浏览器端，但是实际上代码调用发生在服务器端，DWR 负责数据的传递和转换。这种从 Java 到 JavaScript 的远程调用功能的方式使 DWR 用起来非常像 RMI 或者 SOAP 的常规 RPC 机制，而且 DWR 的优点在于不需要任何的网页浏览器插件就能运行在网页上。

DWR 的开源包下载地址是 http://directwebremoting.org/dwr/download.html，在这个地址中可以下载最新的 DWR 开发包(jar)或开源项目(zip)。

【任务 10.2】DWR 框架的配置——创建“Hello！XXX”

【任务描述】完成最基本的 DWR 框架的配置与应用，在测试页面单击【测试】按钮调用 DWR 服务，将用户名传入到后台业务类中，在后台业务类中处理用户名，形成“Hello！XXX”的形式返回到客户端，如图 10.1 所示。

图 10.1 使用 DWR 测试页面

【任务分析】通过本任务重点掌握 DWR 框架的基本配置过程，理解框架的基础是 Servlet，掌握配置 DWR 在页面中的调用过程的方法。

【掌握技能】通过该任务应该掌握如下技能。

(1) 掌握 DWR 的基本配置过程。

(2) 能够在页面上正确编写调用函数和回调函数。

【任务实现】

第一步，将 dwr.jar 包放入工程 WebRoot/WEB-INF/lib 中，从官方网站下载 dwr.jar 包，同时，还要将 commons-logging-1.0.4.jar 包放到 lib 目录中。由于大多数 Servlet 容器都使用 commons-logging-1.0.4.jar，所以如果你的 webapp 不明确禁止使用 commons-logging，它将被默认设为可以使用。

第二步，编辑配置文件。

1. 编辑 web.xml

以下几行代码必须被添加到 WEB-INF/web.xml 文件中。注意，要把<servlet>和其他<servlet>放在一起，<servlet-mapping>要和其他<servlet-mapping>放在一起。

```
<servlet>
   <servlet-name>dwr-invoker</servlet-name>
   <servlet-class> org.directwebremoting.servlet.DwrServlet </servlet-class>
   <init-param>
      <param-name>debug</param-name>
      <param-value>true</param-value>
   </init-param>
</servlet>
<servlet-mapping>
   <servlet-name>dwr-invoker</servlet-name>
   <url-pattern>/dwr/*</url-pattern>
</servlet-mapping >
```

2. 编辑 dwr.xml 配置文件

在 web.xml 的同一目录下创建 dwr.xml，在 dwr.xml 中配置将要被调用的 Java 类。

```
<?xml version="1.0" encoding="UTF-8"?>
<!DOCTYPE dwr PUBLIC "-//GetAhead Limited//DTD Direct Web Remoting 2.0//EN"
"http://www.getahead.ltd.uk/dwr/dwr20.dtd">
<dwr>
   <allow>
      <create creator="new" JavaScript="service">
         <param name="class" value="ch8.HelloWorld" />
      </create>
   </allow>
</dwr>
```

第三步，编写后台类。写一个简单类，并加一个方法。

```
package ch8;
public class HelloWorld {
      public String sayHello(String uname){
         return "Hello !"+uname;
```

```
    }
}
```

第四步，测试 DWR 服务，将代码发布到应用服务器(比如 Tomcat)并启动，然后在地址栏输入 http://localhost:8080/工程名/dwr ，会出现如图 10.2 所示的界面。

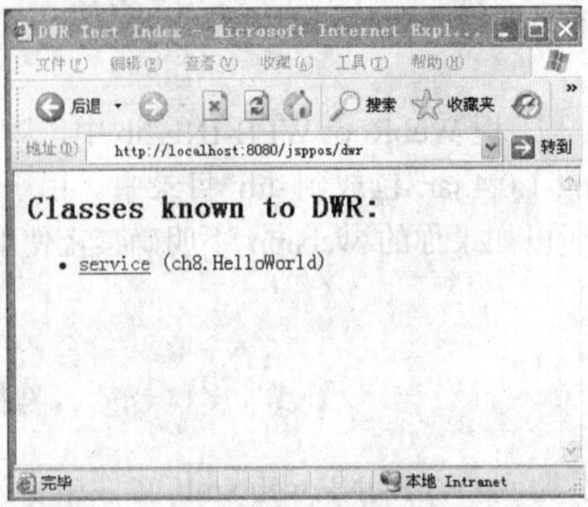

图 10.2　测试 DWR 是否成功配置

单击 service 超链接，会看到刚才写的 sayHello 方法，输入自己的名字后单击 Execute 按钮，如果发现确实是正确的返回结果，说明测试通过了，可以进入下一步了。

第五步，创建一个 JSP 页面，在其中加入 JS 函数，调用 DWR 定义的服务，并通过回调函数将数据返回到前台页面上。

```
<%@ page language="java" pageEncoding="UTF-8"%>
<html> <head>
<title></title>
     <!--  //注意：以下 3 个 JS 文件是虚拟的，项目中并没有这些 JS 文件
           //注意：这些文件的相对路径 -->
     <script type='text/JavaScript' src='../dwr/util.js'></script>
     <script type='text/JavaScript' src='../dwr/engine.js'></script>
     <script type='text/JavaScript' src='../dwr/interface/service.js'> </script>
     <script type="text/JavaScript">//调用入口
       function firstDwr(){
           service.sayHello("Jorwen",callBackHello);
       }
       //回调函数
       function callBackHello(data){
           alert(data);
       }
     </script>
 </head>
 <body>
    <input type="button" name="button" value="测试" onclick="firstDwr()">
 </body>
</html>
```

【项目经验】

页面中的 3 个 JS 文件并没有真实地存在于项目中，是 DWR 框架自带的文件，所以不用上网将 3 个文件下载下来拷入项目，但要注意引入的路径源于在 web.xml 文件中的映射。在本

例中的引入路径为 src='../dwr/util.js'，其中的/dwr/路径为在 web.xml 文件中的映射<url-pattern>/dwr/*</url-pattern>。如果引用地址与 web.xml 文件中的映射地址不同，在调用页面时会报出如图 10.3 所示的找不到对象的错误。

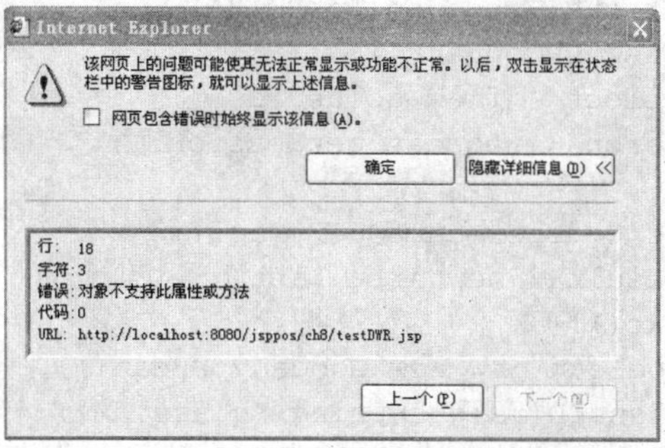

图 10.3　DWR 框架页面 JS 路径错误导致找不到对象

10.2.2　使用 DWR 提取复杂数据类型

在实际项目应用中常常会有对象或对象的集合等复杂数据类型返回到客户端，DWR 提供了一套简便的解决方案处理复杂数据类型。

【任务 10.3】使用 DWR 实现商品类别与对应商品的二级联动

【任务描述】创建二级联测试页面 ch8/goodtype_goods.jsp，在其中加入商品类型下拉列表和商品下拉列表，实现商品类别的选择与对应商品的二级联动，如图 10.4 所示。

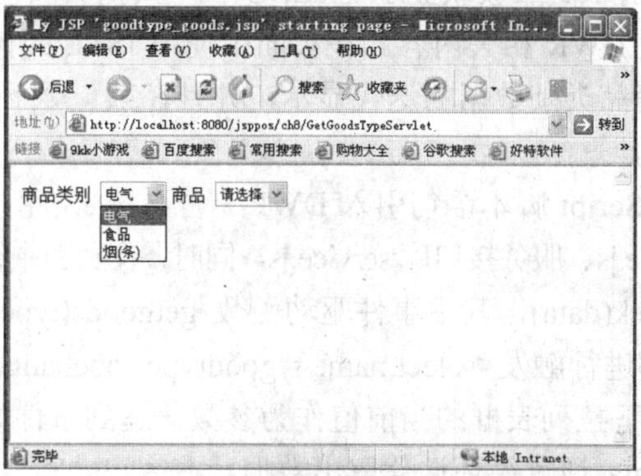

图 10.4　使用 DWR 返回复杂数据集

【任务分析】具体的设计思想是先创建商品类别提取 Servlet，该 Servlet 提取商品类别信息后导航到 ch8/goodtype_goods.jsp 页面，将商品类别信息加载到商品类型下拉列表中显示出商品类型信息，然后通过选取商品类别控件的动作调用 DWR 服务，进而调用后台业务类，实现对该类别的商品信息的提取，最终产生级联效果。

【掌握技能】通过该任务应该掌握如下技能。

(1) 熟练掌握 DWR 框架的配置过程。

(2) 掌握 DWR 复杂数据类型的返回方法。

【任务实现】

第一步，创建提取商品类别 Servlet，用于提取加载商品类别信息。当提取完商品类别信息之后导航到显示页面 ch8/goodtype_goods.jsp。在 Servlet 中用到了 GoodsTypeBean 实体类，该类是一个对商品类型表封装数据的 JavaBean。

```
public void doGet(HttpServletRequest request, HttpServletResponse response)
        throws ServletException, IOException {
    response.setCharacterEncoding("gb2312");
    DBConnect db = new DBConnect();
    String sql = "select * from goodsclass";
    HttpSession session = request.getSession();
    try {
        ResultSet rs = db.executeQuery(sql);
        ArrayList result = new ArrayList();
        while(rs.next()){
            GoodsTypeBean gt= new GoodsTypeBean();
            gt.setClassID(rs.getString("classid"));
            gt.setClassname(rs.getString("classname"));
            result.add(gt);
        }
        session.setAttribute("typelist", result);
        response.sendRedirect("/jsppos/ch8/goodtype_goods.jsp");
    } catch (SQLException e) {
        e.printStackTrace();
    }finally{    try { db.free();} catch (SQLException e) {e.printStackTrace();}
    }
}
```

第二步，创建商品类别和商品级联显示的 JSP 页面。具体页面代码如下，在页面代码中按照任务 10.2 中的情况配置 DWR 相关内容。在页面中使用 JSTL 的核心标签中的 forEach 标签实现了对 Servlet 返回的商品类别数据的迭代显示，并且在第一个下拉列表中加入了 onchange 事件用于触发调用 DWR 服务。

在页面中要使用 JavaScript 脚本语句引入 DWR 3 个系统 JS 库，这 3 个 JS 库名称分别为工具库 util.js、引擎库 engine.js、服务接口库 service.js，同时，在页面中编写事件驱动函数 getgoods (typeid)与回调函数 callback(data)，其中事件驱动函数 getgoods(typeid)由页面中商品类别下拉列表控件的 onchange 事件进行触发<select name="goodtype" onchange= "getgoods(this.value)">，并且在触发动作发生时将下拉列表框的当前值作为参数传递到事件处理函数中。在回调函数中将返回的集合类型数据 data 通过循环迭代取出数据，在客户端写入商品下拉列表控件中，在这个过程中使用了 JS 创建对象的方法 new Option(data[i]. goodsId,data[i].goodsName)，这条语句产生了下拉列表框中的数据成员。

```
<%@ page language="java" pageEncoding="UTF-8"%>
<%@ taglib uri="http://java.sun.com/jsp/jstl/core" prefix="c" %>
<html>
<head>
<title>My JSP 'goodtype_goods.jsp' starting page</title>
<script type='text/javascript' src='../dwr/util.js'></script>
<script type='text/javascript' src='../dwr/engine.js'></script>
<script type='text/javascript' src='../dwr/interface/service.js'> </script>
<script type="text/javascript">
    function getgoods(typeid){
            var tid = typeid;
```

```
        ggoods.getGoodsDWR(tid,callback);
    }
    function callback(data){
        with(document.form1){
            if(null!=data&&data.length>0)
            {
                //清除原 select,否则重复赋值
                goods.options.length=1;
                for(var i=0;i<data.length;i++)
                {       //将回调函数返回的 list 对象遍历,循环取出
                        //PO 类对象 user 的 id 和 name 属性,放在页面上对应的 select 里
                    goods.options[goods.options.length]
                     = new Option(data[i].goodsId,data[i].goodsName);
                }
            }
        }
    }
</script>
</head>
<body>
<form  name="form1" action="">
    商品类别
    <select name="goodtype" onchange="getgoods(this.value)">
        <c:forEach items="${sessionScope.typelist}"var="cur">
            <option value=${cur.classID}>${cur.classname}</option>
        </c:forEach>
    </select>
    商品列表
    <select name="goods">
        <option selected>请选择</option>
    </select>
</form>
</body>
</html>
```

第三步，创建 DWR 服务的后台类代码，在后台类中根据页面调用函数传递的商品类型检索出相应的商品信息数据集合，并将数据集合返回到前台页面的回调函数中。为配合复杂对象的数据收集和返回，定义了一个 JavaBean 实体类，用于封装商品信息列表数据，该类为 ch8/GoodsBean.java，代码如下：

```
package ch8;
import java.io.Serializable;
public class GoodsBean implements Serializable{
    private static final long serialVersionUID = 1L;
    String goodsId;
    String goodsName;
    public String getGoodsId() {
        return goodsId;
    }
    public void setGoodsId(String goodsId) {
        this.goodsId = goodsId;
```

```
    }
    public String getGoodsName() {
        return goodsName;
    }
    public void setGoodsName(String goodsName) {
        this.goodsName = goodsName;
    }
    }
```

创建 DWR 服务的后台类 ch8\GetGoodDWR.java，代码如下：

```
package ch8;
import java.sql.PreparedStatement;
import java.sql.ResultSet;
import java.sql.SQLException;
import java.util.ArrayList;
import java.util.List;
import common.DBConnect;
public class GetGoodsDWR {
public List getGoodsDWR(String typeid){
        DBConnect db = new DBConnect();
        String sql = "select * from goodsinfo where classid = ?";
        ArrayList list = new ArrayList();
        try {
            PreparedStatement ps = db.getPs(sql);
            ps.setString(1, typeid);
            ResultSet rs = ps.executeQuery();
            while(rs.next()){
                GoodsBean gb = new GoodsBean();
                gb.setGoodsId(rs.getString("goodsid"));
                gb.setGoodsName(rs.getString("goodsname"));
                list.add(gb);
            }
            return list;
        } catch (SQLException e) {
            e.printStackTrace();
        }finally{
            try {
                db.free();
            } catch (SQLException e) {
                e.printStackTrace();
            }
        }
        return null;
    }
    }
```

第四步，创建 DWR 服务配置文件。dwr.xml 起到配置服务的作用，具体配置方法如下，在本实例中共配置了两个 DWR 服务。

```
<?xml version="1.0" encoding="UTF-8"?>
<!DOCTYPE dwr PUBLIC "-//GetAhead Limited//DTD Direct
Web Remoting 2.0//EN" http://www.getahead.ltd.uk/dwr/dwr20.dtd">
```

```
<dwr>
<allow>
    <create creator="new" javascript="service">
        <param name="class" value="ch8.HelloWorld" />
    </create>
    <create creator="new" javascript="ggoods">
        <param name="class" value="ch8.GetGoodsDWR" />
    </create>
    <convert converter="bean" match="ch8.GoodsBean">
    <param name="include" value="goodsId,goodsName"/>
    </convert>
</allow>
</dwr>
```

下面对 dwr.xml 配置文件中的相应标签、规范进行说明。

1. creator 标签

creator 标签用于创建 DWR 调用类的实例。用“new”关键字创建对象是 creator 标签默认的属性值。

2. converter 标签

需要确保所得到的返回数据能够被正确地转换为目标类型，converter 标签指明了 DWR 返回数据的数据类型。DWR 可以直接使用 JDK 提供的类型，但是如果要转换自定义的数据对象，就必须告诉 DWR 框架。一般使用自定义的 JavaBean 作为参数需要一个<convert…>标签作为入口。下面列出的是 DWR 能够直接支持的数据类型，不需要在 dwr.xml 中<allow>部分的<convert>中定义，DWR 默认支持。

(1) 所有主要的类型，boolean、int、double 等。

(2) 包装类，Boolean、Integer 等。

(3) java.lang.String。

(4) java.util.Date 和 java.sql.Times、java.sql.Timestamp。

(5) 数组(存放以上类型的)。

(6) 集合类型(List、Set、Map、Iterator 等)(存放以上类型的)。

(7) DOM 对象(来自于 DOM、XOM、JDOM 和 DOM4J)。

两个没有默认打开的转换器是 Bean 和 Object 转换器。Bean 转换器可以把 POJO 实体类转换成 JavaScript 的数组(类似与 Java 中的 Map)，或者反向转换。这个转换器默认情况下是没打开的，因为 DWR 要获得你的允许才能动你的代码。Object 转换器与之很相似，不同的是它直接应用于对象成员，而不是通过 getter 和 setter 方法。

可以为某一个单独的类打开转换器：

```
<convert converter="bean" match="your.full.package.BeanName"/>
```

如果要允许转换一个包或子包下面的所有类，可以这样写：

```
<convert converter="bean" match="your.full.package.*"/>
```

3. BeanConverter 和 JavaBeans 规范

用于被 BeanConverter 转换的 Bean 必须符合 JavaBeans 的规范，因为转换器用的是 Java

的自省机制即 Introspection，而不是 Java 的反射 Reflection，这就是说属性要符合以下条件：属性要有 getXXX 和 setXXX 方法，setXXX 方法有一个参数，并且这个参数的类型是 getXXX 方法的返回类型。setXXX 方法应该返回 void 无值型，getXXX 应该没有任何参数。setXXX 没有重载，以上这些属于常识。在 MyEclipse 里自动为每个属性添加 setter、getter 类型，如果用的不是 JavaBean，那么应该用 ObjectConverter。

设置 JavaScript 变量

DWR 可以把 JavaScript 对象转换成 JavaBean 或者 Java 对象。

例子：

```
public class Remoted {
   public void setPerson(Person p) { // ... }
}
public class Person {
   public void setName(String name) { ... }
   public void setAge(int age) { ... }
   // ...
}
```

如果这个 Remoted 已经被配置成 Creator，Person 类也定义了 BeanConverter，那么可以通过下面的方式调用 Java 代码，将 JavaScript 数组传给 JavaBean 对象：

```
var p = { name:"Fred", age:21 };
Remoted.setPerson(p);
```

配置 JavaBean 对象转换的方法如下：

```
<convert converter="bean" match="com.example.Fred">
   <param name="include" value="property1, property2" />
</convert>
```

【项目经验】

将上述页面编辑好后，就可发布执行，首先调用 Servlet 后导航到目标页面。当在目标页面中触发第一个下拉列表的 change 事件时，会报出如下的错误：错误提示为未定义的 JS 对象，但测试配置的 DWR 服务一切运行正常，报错中提示找不到 ggoods 对象，如图 10.5 所示。

查找原因，找到在页面上有 3 个 JS 的引入文件，前两个是引用 DWR 系统虚拟路径下的 JS 文件，而第 3 个就是以在 dwr.xml 中配置的远程服务对象名命名的一个 JS 文件，在本例中，该文件还是沿用了任务 10.2 中的 service 服务名，所以找不到“ggoods”对象，将该段代码做如下调整：

将

```
<script type='text/javascript' src='../dwr/interface/service.js'></script>
```

改为

```
<script type='text/javascript' src='../dwr/interface/ggodds.js'>
```

错误就解决了。

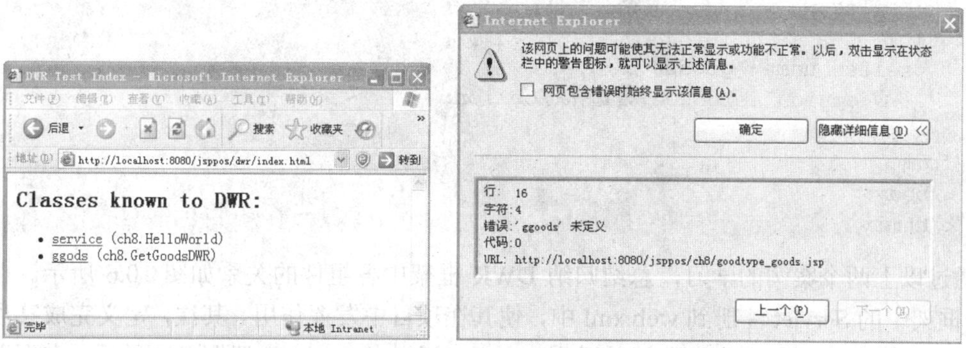

图 10.5　DWR 测试与报错

最后的正确页面如下：

```
<%@ page language="java" pageEncoding="UTF-8"%>
<%@ taglib uri="http://java.sun.com/jsp/jstl/core" prefix="c" %>
<%System.out.println(request.getContextPath()); %>
<html> <head>
<title> </title>
<script type='text/JavaScript'src='/jsppos/dwr/util.js'></script>
<script type='text/JavaScript' src='/jsppos/dwr/engine.js'></script>
<script type='text/JavaScript' src='/jsppos/dwr/interface/ggoods.js'></script>
<script type="text/JavaScript">
    function getgoods(typeid){
        var tid = typeid;
        ggoods.getGoodsDWR(tid,callback);
    }
    function callback(data){
        with(document.form1){
            if(null!=data&&data.length>0)
             {
                //清除原 select,否则重复对 select 赋值
                goods.options.length=1;
                for(var i=0;i<data.length;i++)
                {  goods.options[goods.options.length] =
                new Option(data[i].goodsId,data[i].goodsName);
                }
             }
        }
    }
</script>
</head>
<body>
<form  name="form1" action="">
    商品类别
    <img alt="" src="/jsppos/images/edit.gif">
    <select name="goodtype" onchange="getgoods(this.value)">
        <c:forEach items="${sessionScope.typelist}" var="cur">
            <option value=${cur.classID}>
                ${cur.classname}
        </option>
        </c:forEach>
```

```
        </select>
        商品
        <select name="goods" >
            <option selected>请选择</option>
        </select>
    </form>
  </body>
  </html>
```

通过以上两个案例的学习，总结归纳 DWR 框架中各组件的关系如图 10.6 所示。首先将 DWR 框架中的 Servlet 注册到 web.xml 中，使其在项目中发挥作用。其次，定义完成某项特定功能的后台业务类，负责收集数据并返回。之后，通过 dwr.xml 注册服务。最后，在页面中引用 DWR 框架的 JS 库以及注册的 DWR 服务，完成异步通信功能。

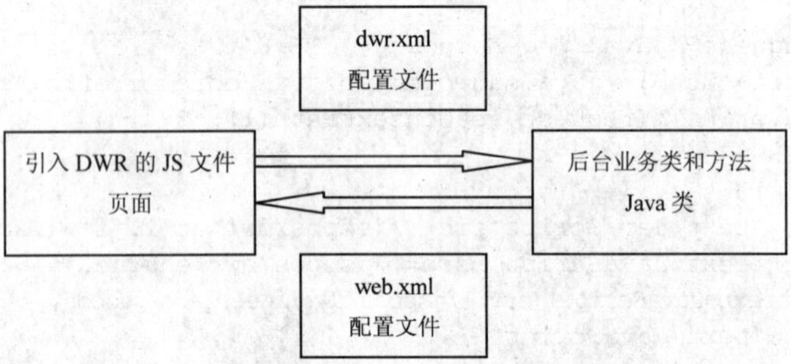

图 10.6　DWR 框架组件关系

10.3　实用的 JQuery 技术

10.3.1　JQuery 框架介绍

随着富客户端技术的再次兴起及 Ajax 技术在 Web 开发中的广泛应用，陆续出现了一些优秀的 JS 框架，其中比较著名的有 Prototype、ExtJS、JQuery、Mootools、Bindows 以及国内的 JSVM 框架等，通过将这些 JS 框架应用到项目中能够使程序员从设计和书写繁杂的 JS 应用中解脱出来，将关注点转向功能需求而非实现细节上，从而提高项目的开发速度。

JQuery 是继 Prototype 之后的又一个优秀的 JavaScript 框架。它是由 John Resig 于 2006 年初创建的，它有助于简化 JavaScript 以及 Ajax 编程。JQuery 是一个简洁、快速、灵活的 JavaScript 框架，它能让我们在网页上简单地操作文档、处理事件、实现特效并在 Web 页面中添加 Ajax 交互。

它具有如下一些特点。

(1) 语法简练、语义易懂、快速上手、文档资源丰富。

(2) JQuery 是一个轻量级的脚本，其代码非常小巧，最新版的 JavaScript 包只有 100 多 KB。

(3) JQuery 是跨浏览器的，它支持的浏览器包括 IE 6.0+、FF 1.5+、Safari 2.0+、Opera 9.0+。

(4) JQuery 的功能扩展容易。

(5) 将 JS 代码与 HTML 代码完全分离，便于页面代码维护和修改。

(6) 插件丰富，除了 JQuery 本身带有的一些特效外，可以通过插件实现更多功能，如表单验证、tab 导航、拖放效果、表格排序、DataGrid，树形菜单、图像特效以及 Ajax 上传等。

JQuery 的设计会改变写 JavaScript 代码的方式，降低学习使用 JS 操作网页的复杂度，提高网页 JS 开发效率。无论对于 JS 初学者还是资深专家，JQuery 都将是首选技术。JQuery 适合于设计师、开发者，同样适合用于商业开发，可以说 JQuery 适用于任何 JavaScript 应用的地方，可用于不同的 Web 应用程序中，同时有关 JQuery 的相关资料也非常丰富，下面列出了 JQuery 的常用资源网站。

官方站点地址：http://JQuery.com/。

中文站点：http://JQuery.org.cn/。

JQuery 的使用非常简单，在需要使用 JQuery 的页面中引入 JQuery 的 JS 文件即可。例如：

```
<script type="text/javascript" src="js/JQuery.js"></script>
```

引入之后便可在页面的任意地方使用 JQuery 提供的语法。

10.3.2　使用 JQuery 选择 HTML 页面元素

使用 JQuery 能够在页面上实现很多特效功能，而且使用方便，同时简化了 Ajax 的应用，通过 XML、JSon 等数据对象实现与后台数据的异步通信。首先体会一下 JQuery 的使用。

```
<%@ page language="java" pageEncoding="gbk"%>
<!DOCTYPE HTML PUBLIC "-//W3C//DTD HTML 4.01 Transitional//EN">
<html>
<head><title></title>
<script type="text/javascript" src="../js/jquery-1.4.2.js">
</script>
<script>
        $(document).ready(
            function() {
            $("input").click(
                function(){alert("hello"+this.name);}
            );
            }
        );
    </script>
        </head>
    <body>
    <form action="">
        <input type="text" name="n1" value=""><br>
        <input type="text" name="n2" value=""><br>
        <input type="text" name="n3" value=""><br>
        <input type="text" name="n4" value=""><br>
        <input type="text" name="n5" value=""><br>
        <input type="text" name="n6" value=""><br>
     </form>
    </body>
    </html>
```

在页面中使用<script type="text/JavaScript" src="../js/jquery-1.4.2.js">将 JQuery 引入到当前页面，同时在页面上使用 JQuery 的系统函数实现了一个简单的功能，即单击页面上所有输入文本框时都会出现一个提示对话框“hello，XXX”，而 hello 后面的就是所单击的控件的 name 属性。

首先使用了$()函数，该函数是 JQuery 中功能最强大的函数，也是一种选择器。通常，使用这个函数从文档中选择元素，选择的元素包括页面上的样式、对象、控件等。在本例中将输入控件类型名称的字符串传递给函数，然后 JQuery 尽可能高效地把这些元素找出来。$()函数返回一个含有所有与选择器匹配的 JQuery 对象。JQuery 对象类似于数组，是一个指定的对象集合，但是它附带有大量特殊的 JQuery 函数，这些函数也就是 JQuery 库中的主要内容。比方说，我们可以通过调用对象的 click()函数，把 click 处理函数指定给 JQuery 对象中的所有元素，还可以向$()函数传递一个元素或者一个元素数组，该函数将把这些元素封装在一个 JQuery 对象中，有的用户可能会想要使用这个功能将 JQuery 函数用于一些对象，比如在上面的简单例子中将页面上所有的 input 元素作为对象数据传递给 JQuery。

比较原有 JavaScript 与 JQuery 调用 DOM 对象的方法。例如，我们通常会像下面这样把函数分配给加载事件：

```
window.onload = function() {
   // do this stuff when the page is done loading
};
```

使用 JQuery 编写的功能相同的代码如下：

```
$(window).load(function() {
   // run this when the whole page has been downloaded
});
```

有时候等待窗口加载的过程是非常慢，这是因为必须等待整个页面加载完所有的内容，包括页面上所有的图片。但是在大多数情况下，只要加载超文本标志语言就可以了。通过在文档中创建特殊的 ready 事件，JQuery 解决了这个问题，方法如下：

```
$(document).ready(function() {
   // do this stuff when the HTML is all ready
});
```

这段代码围绕 document 元素创建了一个 JQuery 对象，然后建立一个函数，用于在 HTML DOM 文档就绪的时候调用实例，我们可以根据需要任意地调用这个函数。

10.3.3 使用 JQuery 实现 Ajax 调用

使用 JQuery 将使 Ajax 变得极其简单，它提供了一些十分有用的函数。Ajax 最常见的用法就是把一块后台的数据与 HTML 代码加载到页面的某个区域中去，为此只需简单地选择所需的元素，然后使用 load()函数即可。下面是一个用于更新统计信息的示例：

```
$('#stats').load('stats.html')
```

其中'#stats'是当前页面上的元素标记，'stats.html'是远程的一个页面，其作用就是将远程的一个 HTML 页面加载到当前的页面中的某个元素上。

JQuery 的 Ajax 操作可以得到 3 种形式的返回数据，分别是字符串、XML 格式数据和 JSon 数据。在下面的讲解中将分别使用字符串、XML 格式数据和 JSon 数据作为数据类型返回所需数据。

通常只需简单地把一些参数传递给服务器中的某个页面或地址即可。使用 JQuery 实现这一操作非常简单，可以使用$.post()或者$.get()，这由所需的方法决定。如果需要的话，还可以传递一个可选的数据对象和回调函数。$.post()或$.get()的语法形式如下所示：

```
$.post(url, [{data}, callback() {回调函数}]);
$.get(url, [{data}, callback() {回调函数}]);
```

其中，url 为 String 类型，是待调用 HTML 网页网址或其他可请求网络资源地址。data 是以 Map 的键值对形式出现的数据，为可选项。key 为发送至服务器时的识别参数。callback (回调函数)也为可选项，是当 url 地址调用载入成功后所调用的回调函数。如下面的简单示例，通过调用 Ajax 的 post 方法，在方法中请求 save.jsp 页面，参数为 text: 'my string', number: 23，回调函数为 function()。

```
$.post('save.jsp',
   {text: 'my string', number: 23},
   function() { alert('Your data has been saved.');}
);
```

如果确实需要编写一些复杂的 Ajax 脚本，则要用到 $.ajax() 函数。可以指定 XML、Script、HTML 或者 JSon 为返回数据类型，JQuery 将自动为回调函数准备合适的结果，这样就可以立即使用该结果。还可以指定 beforeSend、error、success 或 complete 回调函数，向用户提供更多有关 Ajax 体验的反馈。此外，还有一些其他的参数可供使用，可以使用它们设置 Ajax 请求的超时，也可以设置页面“最近一次修改”的状态。系列代码显示了一个使用参数检索 XML 文档的示例。

```
$.ajax({
   url: 'data.xml',
   type: 'GET',
   dataType: 'xml',
   timeout: 1000,
   error: function(){
      alert('Error loading XML data');
   },
   success: function(xml){
      // do something with xml
   }
});
```

当成功调用目标 XML 资源，使用 success 所指示的“回调函数”返回 XML 文档后，可以使用 JQuery 检索这个 XML 文档，其方式与检索 HTML 文档一样，这样使得处理 XML 文档变得相当容易，并且把内容和数据集成到了想显示的 Web 站点里面。下面的代码显示了 success 函数的一个扩展功能，它在 XML 中的每个<item>元素中都添加了一个 Web 页面中的列表项。

```
success: function(xml){
   $(xml).find('item').each(
        function(){
        var item_text = $(this).text();
        $('<li></li>').html(item_text).appendTo('ol');
        }
   );
}
```

在上面讲述的例子中，所使用的 XML 数据是在静止的资源文件中的，但在实际项目应用中数据常常是动态的，下面就使用 JQuery 实现在任务 10.3 中实现的无刷新级联操作功能。

【任务 10.4】使用 JQuery 实现二级联动

【任务描述】要求使用 JQuery 实现任务 10.3 中下拉列表框的二级联动效果，使用 XML 格式作为返回数据标准。

【任务分析】该任务是一个综合利用 JQuery 实现 Ajax 功能的专项训练，要求使用 XML 作为数据返回格式。实现过程中使用 Servlet 作为 JQuery 的请求 Web 资源，在后台类中按照 XML 格式构造数据并通过 Servlet 写入到数据流中。最后在页面的动作中调用 JQuery 函数，触发 Ajax 动作，在回调函数中将数据写到页面中。

【掌握技能】通过该任务应该掌握如下技能。

(1) 掌握 JQuery 的 Ajax 函数的使用方法。

(2) 使用 JQuery 读取 XML 格式数据。

(3) 理解 JQuery 的数据交互过程。

【任务实现】

第一步，创建 Servlet 调用后台类，实现对级联数据的提取，并在 Servlet 中将提取的数据组织成 XML 对象格式，通过输出流输出给调用的 JQuery 函数。下面代码是 Servlet 中 doPost() 方法的具体执行过程。

```
public void doPost(HttpServletRequest request, HttpServletResponse response)
        throws ServletException, IOException {
    response.setContentType("text/xml;charset=utf-8");      //防止汉字乱码
    response.setCharacterEncoding("UTF-8");                 //设置汉字的编码格式
    response.setHeader("Cache-Control", "no-cache");
    //创建输出流对象，一定要在前面两条语句的后面
    PrintWriter out=response.getWriter();

    String goodtypeid = request.getParameter("name");
    //获取 JQuery 前台传递的数据
    GetGoodsDWR getGoods = new GetGoodsDWR();
    List result = getGoods.getGoodsDWR(goodtypeid);
    StringBuilder sb=new StringBuilder();
    sb.append("<?xml version='1.0' encoding='UTF-8'?><goods>");
    //最外层节点应唯一，否则报错
    for(int i=0;i<result.size();i++){
        GoodsBean g = new GoodsBean();
        g = (GoodsBean) result.get(i);
        sb.append("<good>");
        sb.append("<goodid>"+g.getGoodsId()+"</goodid>");
        sb.append("<goodName>"+g.getGoodsName()+"</goodName>");
        sb.append("</good>");
    }
    sb.append("</goods>");
    System.out.println(sb.toString());
    out.print(sb.toString());
    out.flush();
    out.close();
}
```

在 Servlet 中调用后台类，返回的是 List 类型数据。为了能够让 JQuery 读取到 XML 形式

的数据，在 Servlet 中要将数据写成 XML 形式：

```
<?xml version='1.0' encoding='UTF-8'?>
<goods>
  <good>
    <goodid>sdds</goodid>
    <goodName>fddcfds</goodName>
  </good>
</goods>
```

第二步，在页面创建用于读取级联数据的 JQuery 动作函数。在这段 JS 代码中首先引入了调用的 JQuery 函数库，在本例中使用的 JQuery 版本为 1.4.2 最新版本。当第一级下拉列表动作时触发事件调用 getgoods(goodtype)方法，并且将选中的商品类别编码传入到该函数中。在函数中使用了$.ajax 方法。

```
<script type="text/javascript" src="../js/jquery-1.4.2.js">
    </script>
    <script>
    function getgoods(goodtype){
        var servleturl="GetGoodsServlet";
        $.ajax({
            url:servleturl,
            type: 'POST',
            dataType: 'xml',
            data: {name:goodtype},
            timeout: 1000,
            error: function(){ alert('Error loading XML document'); },
            success: function(xml){
             $(xml).find("good").each(
                    function(){
                        $('#goods').empty();
                        $('#goods').append('<option>请选择</option>');
                        var goodid=$(this).children("goodid").text();
                        var goodname=$(this).children("goodName").text();
                        var tempOption = document.createElement("option");
                        tempOption.value = goodid;
                        tempOption.innerHTML  = goodname;
                        $('#goods').append(tempOption);});

              }
            }
        );
    }
    </script>
```

第三步，构造准备接收数据的页面，在本例中使用的是 JSP 页面，同时使用了 JSTL 标签对第一级下拉列表数据进行赋值。

```
<form  name="form1" action="">
        商品类别 
        <select name="goodtype" onchange="getgoods(this.value)">
            <c:forEach items="${sessionScope.typelist}" var="cur">
```

```
            <option value=${cur.classID}>${cur.classname}</option>
        </c:forEach>
    </select>
    商品
    <select name="goods" id="goods"  >
        <option selected>请选择</option>
    </select>
</form>
```

【项目经验】

JQuery 底层 Ajax 实现：简单易用的高层实现可以通过调用$.get、$.post 等方法实现。

$.ajax()返回其创建的 XMLHttpRequest 对象。大多数情况下无需直接操作该对象，但特殊情况下可用于手动终止请求。$.ajax()的参数形式为 key/value 对象，包含各配置及回调函数信息。如果指定了 dataType 选项，确保服务器返回正确的 MIME 信息，如指定为 XML 返回类型则返回 "text/xml"。错误的 MIME 类型可能导致不可预知的错误。

options:AJAX 为请求设置。所有选项都是可选的，具体列举如下。

(1) data(Object,String)：发送到服务器的数据，将自动转换为请求字符串格式。GET 请求将附加在 URL 后，必须为 Key/Value 格式。如果为数组 JQuery，将自动为不同值对应同一个名称，如将{foo:["bar1", "bar2"]} 转换为 '&foo=bar1&foo=bar2'。

(2) dataType(String)：预期服务器返回的数据类型。如果不指定，JQuery 将自动根据 HTTP 包的 MIME 信息返回 responseXML 或 responseText，并作为回调函数参数传递；具体返回值的类型如下。

- Xml：返回 XML 文档，可用 JQuery 处理。
- html：返回纯文本 HTML 信息，包含 Script 元素。
- script：返回纯文本 JavaScript 代码，不会自动缓存结果除非设置了 cache 参数。
- json：返回 JSon 数据。
- jsonp：JSonp 格式。使用 JSonp 形式调用函数时，如"myurl?callback=?"JQuery 将自动替换？为正确的函数名，以执行回调函数。
- text：返回纯文本字符串。

(3) error (Function)：请求失败时调用该函数。参数：XMLHttpRequest 对象、错误信息、(可选)捕获的错误对象。

(4) success (Function)：请求成功后回调函数。参数：服务器返回数据，数据格式。

(5) timeout (Number)：设置请求超时时间(毫秒)。该设置将覆盖全局设置。

(6) type (String)：默认为 GET 请求方式，可以选择 POST 提交方式。注意其他 HTTP 请求方法，如 PUT 和 DELETE 也可以使用，但仅部分浏览器支持。

(7) url (String)：发送请求的地址，默认为当前页地址。

在任务 10.4 中实现了使用 JQuery 对 XML 格式返回数据的处理过程，在实际项目的开发过程中有许多复杂数据对象返回到用户的页面，这时使用 XML 格式就有些力不从心了。可以通过使用 JSon 对象实现对复杂数据类型的操作。下面的任务将使用 JSon 处理同一个问题，解决下拉列表级联操作。

【任务 10.5】JQuery 处理 JSon 实现二级联动

【任务描述】完成与任务 10.4 中同样的二级菜单的联动效果，要求使用 JQuery 的 Ajax 功能，调用处理 JSon 数据类型，实现对复杂数据类型的处理。

【任务分析】该任务是一个综合利用 JQuery 实现 Ajax 功能的专项训练，要求使用 JSon 作为数据返回格式。实现过程中使用 Servlet 作为 JQuery 的请求 Web 资源，在后台类中按照 JSon 格式构造数据并通过 Servlet 写入到数据流中。最后在页面的动作中调用 JQuery 函数，触发 Ajax 动作，通过回调函数将数据写到页面中。

在 Servlet 返回 JSon 形式数据时必须将数据转换为 JSon 所要求的语法形式，可以通过两种方式：第一种是在 Java 的 Servlet 类中编写专门的方法，将数据转换成 JSon 格式；第二种是通过引用第三方 Jar 包的形式实现数据格式转换过程。下面分别用这两种使用 JSon 的方法实现对复杂数据类型的调用。

使用 JSon 进行数据回馈的实质还是将数据转换成纯文本的形式，通过 I/O 流的形式写回到客户端。与之相比在通信形式上还是 DWR 更方便实用，但 JQuery 对 HTML 的控制是 DWR 所不能比拟的。

【掌握技能】通过该任务应该掌握如下技能。

(1) 掌握 JSon 的数据格式，能够在 Servlet 中构造 JSon 数据。

(2) 使用 JQuery 读取 JSon 格式数据。

【任务实现】

方法一：使用自编方法合成 JSon 数据。

第一步，准备工作。编写提取第一级菜单的 Servlet，用于提取商品类别信息。在本轮中提取商品类别信息的 Servlet 为 GetGoodsTypeServlet，具体的代码如下：

```
public void doGet(HttpServletRequest request, HttpServletResponse response)
        throws ServletException, IOException {
    response.setCharacterEncoding("gb2312");
    DBConnect db = new DBConnect();
    String sql = "select * from goodsclass";
    HttpSession session = request.getSession();
    try {
        ResultSet rs = db.executeQuery(sql);
        ArrayList result = new ArrayList();
        while(rs.next()){
            GoodsTypeBean gt= new GoodsTypeBean();
            gt.setClassID(rs.getString("classid"));
            gt.setClassname(rs.getString("classname"));

            result.add(gt);
        }
        session.setAttribute("typelist", result);
        //response.sendRedirect("/jsppos/ch8/goodtype_goods.jsp");
        //response.sendRedirect("/jsppos/ch10/jquery_xml.jsp");
        response.sendRedirect("/jsppos/ch10/jquery_json.jsp");
    } catch (SQLException e) {
        e.printStackTrace();
    }finally{
        try {
            db.free();
        } catch (SQLException e) {
            e.printStackTrace();
```

```
            }
        }
    }
```

请求该 Servlet 后导航到 JSP 页面，如图 10.7 所示。

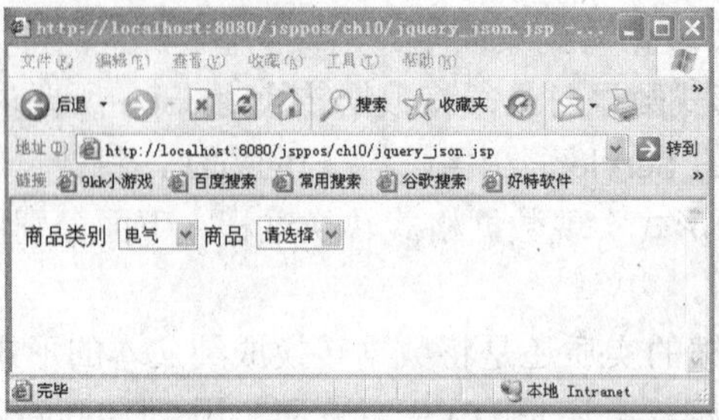

图 10.7 二级联动菜单界面

第二步，编写带有 JQuery 功能的 JSP 页面。在第一级菜单的 onchange 事件中调用本页面的 JS 函数，在 JS 函数中实现 JQuery 的异步通信功能。

```
<form  name="form1" action="">
        商品类别 
        <select name="goodtype" onchange="getgoods(this.value)">
            <c:forEach items="${sessionScope.typelist}" var="cur">
                <option value=${cur.classID}>${cur.classname}</option>
            </c:forEach>
        </select>
        商品
        <select name="goods" id="goods"  >
            <option selected>请选择</option>
        </select>
    </form>
```

在本页面中的 JS 函数代码如下。

```
<script type="text/JavaScript" src="../js/jquery-1.4.2.js">
    </script>
    <script>
    function getgoods(goodtype){
        var servleturl="ReJsonServlet";
        $.ajax({
            url:servleturl,
            type: 'POST',
            dataType: 'json',
            data: {name:goodtype},
            timeout: 1000,
            error: function(){
             alert('json 数据格式出错了！');
            },
            success: function(json){
                $('#goods').empty();
                $('#goods').append('<option>请选择</option>');
                $.each(json,function(i){
```

```
                var goodid=json[i].goodid;
                var goodname=json[i].goodName;
                var tempOption = document.createElement("option");
                tempOption.value = goodid;
                tempOption.innerHTML  = goodname;
                $('#goods').append(tempOption);});
            }
        }
    );
}
</script>
```

代码中首先引入了 JQuery 的工作包，在本例中使用的是 1.4.2 版本，然后定义了 getgoods 函数，函数参数为商品类型代码。在 getgoods 函数中定义了请求 Servlet 的地址，并且使用了 JQuery 的$.ajax 方法实现了异步通信功能。在$.ajax 方法中实现了以下几方面功能：

(1) url 为异步通信请求的地址，在 JSP 项目中通常用 Servlet 作为请求地址。

(2) Type 说明了请求的提交方式，在本例中使用了 POST 方式进行提交数据。

(3) dataType 定义了返回数据的数据类型。在本例中设定返回数据类型为 JSon 类型。

(4) success 函数实际上就是 Ajax 中的回调函数，当请求正常、返回数据正确时调用该回调函数。

在本例的回调函数中完成了以下几个方面的工作。

(1) 清空网页上 id 为 goods 的控件中的成员。

(2) 将“请选择”添加到 id 为 goods 的下拉列表中。

(3) 使用$.each()方法，遍历返回对象 JSon 中的成员，其中 function(i)中的 i 为 JSon 对象下标索引，通过这个索引可以遍历 JSon 对象中的成员分量。

(4) 将得到的数据加载到页面中的 goods 控件中，进行显示。

第三步，创建 Servlet 调用后台类，实现对级联数据的提取，并在 Servlet 中将提取的数据组织成 JSon 对象格式，通过输出流输出给调用的 JQuery 函数。根据商品类型 ID 访问数据库的后台类代码在此省略，试参考前面的任务完成。下面代码是 Servlet 中 doPost()方法的具体执行过程：

```
public void doPost(HttpServletRequest request, HttpServletResponse response)
        throws ServletException, IOException {
    response.setContentType("text/xml;charset=utf-8");     //防止汉字乱码
    response.setCharacterEncoding("UTF-8");           //设置汉字的编码格式
    response.setHeader("Cache-Control", "no-cache");
  //创建输出流对象，一定要在前面两条语句的后面
    PrintWriter out=response.getWriter();
    //获取 JQuery 前台传递的数据
    String goodtypeid = request.getParameter("name");
    //创建数据库访问操作对象，用于访问数据库提取数据
    GetGoodsDWR getGoods = new GetGoodsDWR();
    List result = getGoods.getGoodsDWR(goodtypeid);
    //调用自定义 JSon 数据格式转换方法
    out.write(toString(result));
  }
  //自定义方法，用于将 List 集合转换为 JSon 形式
```

```
    public String toString(List s)
    {
        String str="";
        str ="[";
       for(int i=0;i<s.size();i++){
        GoodsBean dt=(GoodsBean)s.get(i);
        str +="{\"goodid\":\""+dt.getGoodsId() +"\",\"goodName\":\""
                        +dt.getGoodsName()+"\"}";
        str +=",";
       }
       str=str.substring(0,str.length()-1)+"]";
       System.out.println(str);
       return str;
    }
```

至此，使用自定义方法转换 JSon 数据格式的 JQuery 异步通信的案例讲解完毕，下面将使用第二种方法，借助于第三方 Jar 包来实现对 JSon 数据的转换与解析，完成同样的任务，读者需对比两种方式的差异以达到灵活应用的目的。

方法二：

第一步，首先将解析 JSon 的第三方 Jar 包下载加载到项目中。

JSon 必需的包有：

commons-httpclient-3.1.jar、commons-lang-2.4.jar、commons-logging-1.1.1.jar、json-lib-2.2.3-jdk13.jar、ezmorph-1.0.6.jar、commons-collections-3.2.1.jar。

以上包可以从 http://commons.apache.org/index.html 、 http://json-lib.sourceforge.net/ 、http://ezmorph. sourceforge. net/、http://morph.sourceforge.net/、http://www.docjar.com/。等网址下载。

第二步，编写请求 Servlet，基本设计思想与方法一中的相似，只是不用自己编写处理 JSon 数据格式的自定义方法，而是采用 Jar 包提供的系统方法完成对 JSon 数据的构造与解析。在页面部分也与第一种方法完全一致，但需要注意的是提取成员名称要与 JavaBean 中的成员名相同。

```
public void doPost(HttpServletRequest request, HttpServletResponse response)
        throws ServletException, IOException {
      //防止汉字乱码
      response.setContentType("text/xml;charset=utf-8");
      //设置汉字的编码格式
      response.setCharacterEncoding("UTF-8");
      response.setHeader("Cache-Control", "no-cache");
      //创建输出流对象，一定要在前面两条语句的后面
      PrintWriter out=response.getWriter();
      //获取 JQuery 前台传递的数据
      String goodtypeid = request.getParameter("name");
      //创建用于提取数据的后台 Java 类对象
      GetGoodsDWR getGoods = new GetGoodsDWR();
      List result = getGoods.getGoodsDWR(goodtypeid);
      JSONArray array = new JSONArray();
      out.print(array.fromObject(result));
```

```
        out.close();
    }
```

【项目经验】

1. JSon 数据格式

JSon 是一种轻量级的数据格式，它基于 JavaScript 语法子集，即数组和对象表示。由于使用的是 JavaScript 语法，因此 JSon 定义可以包含在 JavaScript 文件中，对其的访问无需通过基于 XML 的语言来额外解析。不过在使用 JSon 之前，很重要的一点是理解 JavaScript 中数组及对象字面量的特殊语法。

(1) 数组字面量：数组是用一对方括号括起的一组用逗号隔开的 JavaScript 值，例如：

```
var userNames=["王平", 12, true , null];
```

(2) 对象字面量：对象是通过两个花括号来定义的。在花括号内可以放置任意数量的“名称-值”对，定义格式字符串值。除了最后一行外，每个“名称-值”对后必须有一个逗号。例如：

```
var oCar = {
    "color": "red",
    "doors" : 4,
    "paidFor" : true
};
```

(3) 混合数据类型：可以混用对象和数组来创建一个对象数组，或一个包含数组的对象。例如：

```
{ comments:[
   {     id:1,
      author:"someone1",
      url:"http://someone1.x2design.net",
      content:"hello"
   },
   {    id:2,
      author:"someone2",
      url:"http://someone2.x2design.net",
      content:"hello"
   },
]};
```

2. JSON 语法

在 Ajax 应用中，服务器直接生成 JavaScript 语句，客户端获取后直接用 eval 方法来获得这个对象，这样就可以省去解析 XML 的性能损失，同时在 JavaScript 通信中使用 JSon 作为数据格式的好处很明显，可以立即获得数据的值，因此可以更快地访问其中包含的数据。可以使用只用来将 JSON 代码转换为 JavaScript 的解析器 JSON.parse 方法来实现，例如：

var oObject = JSON.parse (sJSON);

同时，它也提供了一种将 JavaScript 对象转换为 JSON 字符串(数据传输时使用的)的工具(在 JavaScript 中没有内建这种功能支持)，你要做的只是将对象传入到 JSON.Stringify 方法中，如下面的例子：

```
var oCar = new Object();
```

```
oCar.doors = 4;
oCar.color = "blue";
oCar.year = 1995;
oCar.drivers = new Array("Penny", "Dan" , "Kris");
document.write(JSON.stringify(oCar));
```

这段代码将输出如下所示的 JSON 字符串：

```
{
    "doors" : 4,
    "color" : "blue",
    "year"  :1995,
    "drivers" : ["Penny", "Dan" , "Kris"]
}
```

JSON 不仅减少了解析 XML 带来的性能问题和兼容性问题，而且对于 JavaScript 来说也非常容易使用，可以方便地通过遍历数组以及访问对象属性来获取数据，其可读性也不错，基本具备了结构化数据的性质，不得不说是一个很好的办法，而且事实上 Google Maps 就没有采用 XML 传递数据，而是采用了 JSON 方案。

JSON 的另外一个优势是跨域可行性，例如你在 www.xxx.com 的网页里使用是完全可行的，这就意味着你可以跨域传递信息，而使用 XMLHttpRequest 却获取不了跨域的信息，这是由 JavaScript 内部的安全性质所限制的。

3. JQuery.ajax 不能解析 JSON 对象，报错的原因和解决方法

Invalid JSON 错误导致的 JSON 对象不能解析，一般都是服务器返回的 JSON 字符串的语法有错误。在这种情况下，只需要仔细地检查一下 JSON 就可以解决问题。

下面说一下在使用 JQuery 1.4 中使用$.ajax()方法解析 JSON 对象遇到的问题。JSON 对象是：

```
[
{ name:'二手房出售',infoCount:0,pageUrl:'/ershoufang'},
{ name:'二手房求购',infoCount:0,pageUrl:'/qiugou'},
{ name:'二手房装修',infoCount:0,pageUrl:'/esfzhuangxiu'},
{name:'二手回收',infoCount:0,pageUrl:'/huishou'},
{name:'二手摩托车',infoCount:0,pageUrl:'/motor'},
{name:'二手汽车求购',infoCount:0,pageUrl:'/ershoucheqg'},
{name:'二手汽车转让',infoCount:9,pageUrl:'/ershouche'},
{name:'二手市场',infoCount:0,pageUrl:'/ershoushichang'}
]
```

不知道大家有没有发现这段 JSON 对象的问题。这样的写法在 JS 脚本和 JQuery 1.4 之前的版本都是没有问题的。因为在 JQuery 1.3 及更早版本中，JQuery 通过 JavasScript 的 eval 方法来解析 JSON 对象。在 JQuery 1.4 中 JQuery 使用了更严格的方法来解析 JSON，所有的内容都必须使用双引号，这点从 JQuery.parseJSON(json) 可以看出，parseJSON 在文档中的解释是：接受一个 JSON 字符串，返回解析后的对象，传入一个畸形的 JSON 字符串会抛出一个异常。

比如下面的都是畸形的 JSON 字符串：

{test: 1}：test 没有包围双引号。

{'test': 1}：使用了单引号而不是双引号。

另外，如果什么都不传入或者传入一个空字符串、null 或 undefined 时，parseJSON 都会返回 null。凡是字符串都需要用双引号括起来，数字、null、true、false 可以直接使用。

本章小结

本章以 Ajax 技术为基础，实现了页面无刷新的富客户端设计。Ajax 通过 XMLHttpRequest 对象实现异步通信，使用回调函数将数据动态无刷新的写到 HTML 页面进行显示。DWR 是一个可以允许创建 Ajax Web 站点的 Java 开源库，通过配置使普通的后台 Java 类成为能够接受 DWR 客户端请求的网络资源。DWR 的优点在于不需要任何的网页浏览器插件就能直接调用后台普通 Java 类，实现业务处理和数据回调。在本章最后讲解了 JQuery 技术，通过在项目中引入 JQuery 开发包，实现 Ajax 的异步通信功能。

习　题

1．写出 Ajax 的基本执行过程。

2．DWR 基于 Servlet 技术，是实现前台页面与后台类直接交互的有效方法。写出在项目中配置 DWR 的 5 个基本步骤。

3．如何在项目中使用 JQuery？

4．写出 JSON 对象的格式规范。

5．写出使用 JQuery 解析 JSON 返回数据的 Ajax 调用过程。

附录 1　任务汇总表

序号	任务名称	对应知识点	所属章节
1	【任务 1.1】JDK 环境安装	Java 运行环境安装	1.1.1 JDK 的安装
2	【任务 1.2】Tomcat 6.0 安装	Tomcat 服务器的安装配置	1.1.2 Tomcat 6.0 安装
3	【任务 1.3】Web 项目的创建	在 MyEclipse 中创建 Web 项目	1.2.1 创建 Web 项目
4	【任务 1.4】项目发布、启动和访问	使用集成环境部署 Web 项目	1.2.2 项目的发布、启动和访问
5	【任务 2.1】房屋交易信息网上发布平台系统需求分析	软件需求分析过程	2.1.2 房屋交易信息网上发布平台的需求分析
6	【任务 2.2】房屋交易信息网上发布系统主页模板设计	静态页面布局	2.2.1 系统主页模板设计
7	【任务 2.3】使用 Table + iFrame 布局页面	使用 Table 实现主页布局	2.2.2 利用 Table 实现页面的布局
8	【任务 3.1】数据库连接类的设计	掌握 JDBC 方式访问数据库，设计通用数据库连接类	3.1.2 数据库连接类的设计
9	【任务 3.2】用户注册页面的 JS 校验	熟练使用 JavaScript 设计客户端校验代码	3.3.1 房屋信息系统中的 JS 设计
10	【任务 3.3】个人房屋信息管理页面多导航的 JS 实现	掌握 JavaScript 中的多种导航方式	3.3.1 房屋信息系统中的 JS 设计
11	【任务 4.1】用户注册功能实现	使用 JSP 页面实现基本数据库访问，掌握 JSP 基本语法	4.2.1 用户注册功能的实现
12	【任务 4.2】用户登录功能实现	熟练使用 JSP 实现数据库查询编程	4.2.2 用户登录功能的实现
13	【任务 5.1】房屋信息查询功能实现	使用 JSP 的 JavaBean 指令实现页面间数据的传送	5.2.1 实现房屋信息查询
14	【任务 5.2】个人房屋信息管理	JSP 隐式对象的使用，页面信息列表及增删改查操作	5.2.3 个人房屋信息管理
15	【任务 6.1】使用 Servlet 实现用户登录	Servlet 技术的基本应用	6.2.3 创建一个简单的 Servlet
16	【任务 6.2】使用 Servlet 实现论坛版块显示	进一步熟练 Servlet 应用，使用 MVC 三层模式开发	6.3.1 使用 Servlet 实现论坛版块显示
17	【任务 6.3】使用 Servlet 实现显示主题帖	使用 request、session 隐式对象存储数据，掌握请求转发与重定向，使用 Java 代码控制页面逻辑	6.3.2 使用 Servlet 实现显示主题帖功能
18	【任务 6.4】主题帖发表功能的实现	掌握复杂业务流程的实现过程	6.3.3 主题帖发表功能的实现
19	【任务 7.1】使用 JSTL 与 EL 实现页面欢迎语	在项目中导入 JSTL 标签，在页面中引用标签，使用<c:if>标签实现页面分支控制	7.1.3 JSTL 与 EL 在页面上的综合应用
20	【任务 7.2】使用<c:foreach>标签实现版块页面重构	使用<c:foreach>实现页面循环控制	7.2.1 使用<c:foreach>标签实现版块页面重构

续表

序号	任务名称	对应知识点	所属章节
21	【任务 7.3】使用<c:foreach>标签重构主题帖页面	进一步掌握 JSTL 标签的使用，使用<c:foreach>迭代多种类型集合对象	7.2.2 使用<c:foreach>标签重构主题帖页面
22	【任务 7.4】分页功能的实现	综合使用 Servlet、JavaBean、JSTL 标签、EL 表达式的能力	7.3.2 分页功能的实现
23	【任务 7.5】创建一个简单无标记体的标签	自定义标签的基本实现过程	7.4.1 自定义标签简介
24	【任务 7.6】带标记体的自定义标签的创建	带标记体标签的定义方法	7.4.1 自定义标签简介
25	【任务 7.7】自定义标签实现下拉列表	自定义标签在项目中的应用实例	7.4.2 自定义标签在项目中的应用
26	【任务 9.1】Filter 功能测试	Filter 的基本工作原理	9.1.1Filter 工作原理与配置过程
27	【任务 9.2】使用 Filter 屏蔽非法用户	使用 Filter 实现对未登录用户的屏蔽	9.1.2 使用 Filter 实现用户登录的统一校验
28	【任务 9.3】使用 Filter 实现项目汉字内码统一转换	Filter 在解决汉字乱码中的应用	9.2 使用过滤器解决系统汉字乱码问题
29	【任务 10.1】使用 Ajax 实现用户添加校验	Ajax 的基本运行原理	10.1.1Ajax 的基本知识
30	【任务 10.2】DWR 框架的配置——创建“Hello！XXX”	DWR 的配置使用方法	10.2.1DWR 框架介绍
31	【任务 10.3】使用 DWR 实现商品类别与对应商品的二级联动	使用 Dwr 处理复杂数据类型，在项目中 Dwr 的应用	10.2.2 使用 DWR 提取复杂数据类型
32	【任务 10.4】使用 JQuery 实现二级联动	JQuery 的基本使用方法	10.3.1JQuery 框架介绍
33	【任务 10.5】JQuery 处理 JSon 实现二级联动	使用 JQuery 实现 Ajax 调用，JSon 数据处理	10.3.3 使用 JQuery 实现 Ajax 调用

附录 2　淮信 POS 项目数据库表设计

1. 系统数据库表汇总

序号	表名	中文名	说明
1	SupplierInfo	供应商信息表	存储供应商基本信息
2	GoodsClass	商品类别表	商品类别分类信息
3	GoodsInfo	商品信息表	存储商品详细信息
4	UsersInfo	用户表	系统用户表
5	PurchaseInfo	进货信息表	采购进货信息记录
6	PurchaseDetails	进货明细表	采购进货详细信息记录
7	SalesType	销售类型表(字典表)	销售数据字典
8	SalesInfo	销售信息表	销售信息记录
9	SalesDetails	销售明细表	销售信息详细记录
10	CheckInfo	库存盘点信息表	库存盘点主表
11	CheckDetails	库存盘点明细表	库存盘点明细记录

2. SupplierInfo(供应商信息表)

序号	列名	数据类型	长度	列名含义	说明
1	SupplierID	int		供应商编号	主键(流水生成)
2	SupplierName	varchar	250	供应商名称	非空
3	ShortCode	varchar	50	助记码(缩写)	
4	Address	varchar	500	联系地址	默认值“地址不详”
5	Linkman	varchar	10	联系人	
6	Phone	varchar	20	电话	
7	Mobile	varchar	20	手机	
8	Fax	varchar	20	传真	
9	Postcode	varchar	6	邮政编码	检查约束 (6 位数字)
10	E-Mail	varchar	50	电子邮件	检查约束 (含“@”符号)
11	HomePage	varchar	50	主页	
12	BankName	varchar	50	开户行	
13	BankAccount	varchar	50	银行账号	
14	TaxID	varchar	50	税号	

3. GoodsClass(商品类别表)

序号	列名	数据类型	长度	列名含义	说明
1	ClassID	int		商品类别	主键(流水生成)
2	ClassName	varchar	50	商品类别名称	非空

4. GoodsInfo(商品信息表)

序号	列名	数据类型	长度	列名含义	说明
1	GoodsID	int		商品编号	主键(流水生成)
2	ClassID	int		商品类型	外键
3	GoodsName	varchar	250	商品名称	非空
4	ShortCode	varchar	50	拼音简码	
5	BarCode	varchar	20	条形码	唯一性约束
6	GoodsUnit	varchar	50	计量单位	
7	StoreLimit	int		库存上限	默认值 0
8	StoreBaseline	int		库存下限	默认值 0
9	Price	money		单价	默认值 0
10	StopUse	bit	50	是否可用	
11	StoreNum	int	50	库存数量	默认值 0
12	LastPurchasePrice	money		上次进价	默认值 0

5. UsersInfo(用户表)

序号	列名	数据类型	长度	列名含义	说明
1	UserID	int		用户编号	主键(流水生成)
2	UserName	varchar	10	用户名	非空
3	Password	varchar	50	密码	
4	Rights	varchar	max	权限	子菜单项名称集
5	Available	varchar	bit	是否可用	默认值 1

6. PurchaseInfo(进货信息表)

序号	列名	数据类型	长度	列名含义	说明
1	PurchaseID	varchar	50	进货单号	主键(程序生成)
2	PurchaseDate	datetime		进货日期	
3	SupplierID	varchar	20	供应商编号	外键
4	UserID	int		操作员	外键
5	PurchaseMoney	meney		进货金额	
6	PurchaseType	int		进货类型	检查约束 (值为：1，2) 默认值 1

7. PurchaseDetails(进货明细表)

序号	列名	数据类型	长度	列名含义	说明
1	ID	int		编号	主键(流水生成)
2	PurchaseID	varchar	50	进货单号	外键
3	GoodsID	int		商品编号	外键
4	UnitPrice	meney	20	单价(实际)	默认值 0
5	PurchaseCount	int		进货数量	默认值 0
6	GoodsUnit	varchar	50	计量单位	

8. SalesType 销售类型表(字典表)

序号	列名	数据类型	长度	列名含义	说明
1	ID	int		编号	主键(流水生成)
2	Name	varchar	50	名称	取值： 零售、批发、团购

9. SalesInfo(销售信息表)

序号	列名	数据类型	长度	列名含义	说明
1	SalesID	varchar	50	销售单号	主键(程序生成)
2	SalesType	int		销售类型	外键
3	SalesMoney	money		销售金额	默认值 0
4	UserID	varchar	20	操作员	外键
5	SalesTime	datetime		销售时间	默认值 getdate()

10. SalesDetails(销售明细表)

序号	列名	数据类型	长度	列名含义	说明
1	ID	int		编号	主键(流水生成)
2	SalesID	varchar	50	销售单号	外键
3	GoodsID	int		商品编号	外键
4	SalesCount	int		数量	默认值 0
5	UnitPrice	meney		单价	默认值 0
6	GoodsUnit	varchar	50	计量单位	

11. CheckInfo(库存盘点信息表)

序号	列名	数据类型	长度	列名含义	说明
1	CheckID	varchar	50	盘点单号	主键(程序生成)
2	CheckDate	datetime		盘点日期	默认值
3	UserID	varchar	20	操作员	外键

12. CheckDetails(库存盘点明细表)

序号	列名	数据类型	长度	列名含义	说明
1	ID	int		编号	主键(流水生成)
2	CheckID	varchar	50	盘点单号	外键
3	GoodsID	int	50	商品编号	外键
4	StoreNum	int		库存数量	默认值 0
5	CheckNum	int		盘点数量	默认值 0

参 考 文 献

[1] 林上杰，林康司．JSP 2.0 技术手册[M]．北京：电子工业出版社，2004．

[2] 闻道工作室．JSP 技术大全[M]．北京：机械工业出版社，2001．

[3] 明日科技．JSP 开发技术大全[M]．北京：人民邮电出版社，2007．

[4] 刘绍华，译．J2EE 设计模式[M]．北京：中国电力出版社，2005．

全国高职高专计算机、电子商务系列教材推荐书目

【语言编程与算法类】

序号	书号	书名	作者	定价	出版日期	配套情况
1	978-7-301-13632-4	单片机 C 语言程序设计教程与实训	张秀国	25	2011	课件
2	978-7-301-15476-2	C 语言程序设计(第 2 版)(2010 年度高职高专计算机类专业优秀教材)	刘迎春	32	2011	课件、代码
3	978-7-301-14463-3	C 语言程序设计案例教程	徐翠霞	28	2008	课件、代码、答案
4	978-7-301-16878-3	C 语言程序设计上机指导与同步训练(第 2 版)	刘迎春	30	2010	课件、代码
5	978-7-301-17337-4	C 语言程序设计经典案例教程	韦良芬	28	2010	课件、代码、答案
6	978-7-301-09598-0	Java 程序设计教程与实训	许文宪	23	2010	课件、答案
7	978-7-301-13570-9	Java 程序设计案例教程	徐翠霞	33	2008	课件、代码、习题答案
8	978-7-301-13997-4	Java 程序设计与应用开发案例教程	汪志达	28	2008	课件、代码、答案
9	978-7-301-10440-8	Visual Basic 程序设计教程与实训	康丽军	28	2010	课件、代码、答案
10	978-7-301-15618-6	Visual Basic 2005 程序设计案例教程	靳广斌	33	2009	课件、代码、答案
11	978-7-301-17437-1	Visual Basic 程序设计案例教程	严学道	27	2010	课件、代码、答案
12	978-7-301-09698-7	Visual C++ 6.0 程序设计教程与实训(第 2 版)	王　丰	23	2009	课件、代码、答案
13	978-7-301-15669-8	Visual C++程序设计技能教程与实训——OOP、GUI 与 Web 开发	聂　明	36	2009	课件
14	978-7-301-13319-4	C#程序设计基础教程与实训	陈　广	36	2010	课件、代码、视频、答案
15	978-7-301-14672-9	C#面向对象程序设计案例教程	陈向东	28	2011	课件、代码、答案
16	978-7-301-16935-3	C#程序设计项目教程	宋桂岭	26	2010	课件
17	978-7-301-15519-6	软件工程与项目管理案例教程	刘新航	28	2009	课件、答案
18	978-7-301-12409-3	数据结构(C 语言版)	夏　燕	28	2011	课件、代码、答案
19	978-7-301-14475-6	数据结构(C#语言描述)	陈　广	28	2009	课件、代码、答案
20	978-7-301-14463-3	数据结构案例教程(C 语言版)	徐翠霞	28	2009	课件、代码、答案
21	978-7-301-18800-2	Java 面向对象项目化教程	张雪松	33	2011	课件、代码、答案
22	978-7-301-18947-4	JSP 应用开发项目化教程	王志勃	26	2011	课件、代码、答案

【网络技术与硬件及操作系统类】

序号	书号	书名	作者	定价	出版日期	配套情况
1	978-7-301-14084-0	计算机网络安全案例教程	陈　昶	30	2008	课件
2	978-7-301-16877-6	网络安全基础教程与实训(第 2 版)	尹少平	30	2011	课件、素材、答案
3	978-7-301-13641-6	计算机网络技术案例教程	赵艳玲	28	2008	课件
4	978-7-301-18564-3	计算机网络技术案例教程	宁芳露	35	2011	课件、习题答案
5	978-7-301-10226-8	计算机网络技术基础	杨瑞良	28	2011	课件
6	978-7-301-10290-9	计算机网络技术基础教程与实训	桂海进	28	2010	课件、答案
7	978-7-301-10887-1	计算机网络安全技术	王其良	28	2011	课件、答案
8	978-7-301-12325-6	网络维护与安全技术教程与实训	韩最蛟	32	2010	课件、习题答案
9	978-7-301-09635-2	网络互联及路由器技术教程与实训(第 2 版)	宁芳露	27	2010	课件、答案
10	978-7-301-15466-3	综合布线技术教程与实训(第 2 版)	刘省贤	36	2011	课件、习题答案
11	978-7-301-15432-8	计算机组装与维护(第 2 版)	肖玉朝	26	2009	课件、习题答案
12	978-7-301-14673-6	计算机组装与维护案例教程	谭　宁	33	2010	课件、习题答案
13	978-7-301-13320-0	计算机硬件组装和评测及数码产品评测教程	周　奇	36	2008	课件
14	978-7-301-12345-4	微型计算机组成原理教程与实训	刘辉珞	22	2010	课件、习题答案
15	978-7-301-16736-6	Linux 系统管理与维护(江苏省省级精品课程)	王秀平	29	2010	课件、习题答案
16	978-7-301-10175-9	计算机操作系统原理教程与实训	周　峰	22	2010	课件、答案
17	978-7-301-16047-3	Windows 服务器维护与管理教程与实训(第 2 版)	鞠光明	33	2010	课件、答案
18	978-7-301-14476-3	Windows2003 维护与管理技能教程	王　伟	29	2009	课件、习题答案
19	978-7-301-18472-1	Windows Server 2003 服务器配置与管理情境教程	顾红燕	24	2011	课件、习题答案

【网页设计与网站建设类】

序号	书号	书名	作者	定价	出版日期	配套情况
1	978-7-301-15725-1	网页设计与制作案例教程	杨森香	34	2011	课件、素材、答案
2	978-7-301-15086-3	网页设计与制作教程与实训(第 2 版)	于巧娥	30	2011	课件、素材、答案
3	978-7-301-13472-0	网页设计案例教程	张兴科	30	2009	课件
4	978-7-301-17091-5	网页设计与制作综合实例教程	姜春莲	38	2010	课件、素材、答案

序号	书号	书名	作者	定价	出版日期	配套情况
5	978-7-301-16854-7	Dreamweaver 网页设计与制作案例教程(2010 年度高职高专计算机类专业优秀教材)	吴　鹏	41	2010	课件、素材、答案
6	978-7-301-11522-0	ASP.net 程序设计教程与实训(C#版)	方明清	29	2009	课件、素材、答案
7	978-7-301-13679-9	ASP.NET 动态网页设计案例教程(C#版)	冯　涛	30	2010	课件、素材、答案
8	978-7-301-10226-8	ASP 程序设计教程与实训	吴　鹏	27	2011	课件、素材、答案
9	978-7-301-13571-6	网站色彩与构图案例教程	唐一鹏	40	2008	课件、素材、答案
10	978-7-301-16706-9	网站规划建设与管理维护教程与实训(第 2 版)	王春红	32	2011	课件、答案
11	978-7-301-17175-2	网站建设与管理案例教程(山东省精品课程)	徐洪祥	28	2010	课件、素材、答案
12	978-7-301-17736-5	.NET 桌面应用程序开发教程	黄　河	30	2010	课件、素材、答案

【图形图像与多媒体类】

序号	书号	书名	作者	定价	出版日期	配套情况
1	978-7-301-09592-8	图像处理技术教程与实训(Photoshop 版)	夏　燕	28	2010	课件、素材、答案
2	978-7-301-14670-5	Photoshop CS3 图形图像处理案例教程	洪　光	32	2010	课件、素材、答案
3	978-7-301-12589-2	Flash 8.0 动画设计案例教程	伍福军	29	2009	课件
4	978-7-301-13119-0	Flash CS 3 平面动画案例教程与实训	田启明	36	2008	课件
5	978-7-301-13568-6	Flash CS3 动画制作案例教程	俞　欣	25	2010	课件、素材、答案
6	978-7-301-15368-0	3ds max 三维动画设计技能教程	王艳芳	28	2009	课件
7	978-7-301-14473-2	CorelDRAW X4 实用教程与实训	张祝强	35	2009	课件
8	978-7-301-10444-6	多媒体技术与应用教程与实训	周承芳	32	2011	课件

【数据库类】

序号	书号	书名	作者	定价	出版日期	配套情况
1	978-7-301-10289-3	数据库原理与应用教程(Visual FoxPro 版)	罗　毅	30	2010	课件
2	978-7-301-16900-1	数据库原理及应用 SQL Server 版	武洪萍	31	2010	课件、素材、答案
3	978-7-301-13663-8	数据库原理及应用案例教程(SQL Server 版)	胡锦丽	40	2010	课件、素材、答案
4	978-7-301-16900-1	数据库原理及应用(SQL Server 2008 版)	马桂婷	31	2010	课件、素材、答案
5	978-7-301-15533-2	SQL Server 数据库管理与开发教程与实训(第 2 版)	杜兆将	32	2010	课件、素材、答案
6	978-7-301-13315-6	SQL Server 2005 数据库基础及应用技术教程与实训	周　奇	34	2011	课件
7	978-7-301-15588-2	SQL Server 2005 数据库原理与应用案例教程	李　军	27	2009	课件
8	978-7-301-16901-8	SQL Server 2005 数据库系统应用开发技能教程	王　伟	28	2010	课件
9	978-7-301-17174-5	SQL Server 数据库实例教程	汤承林	38	2010	课件、习题答案
10	978-7-301-17196-7	SQL Server 数据库基础与应用	贾艳宇	39	2010	课件、习题答案
11	978-7-301-17605-4	SQL Server 2005 应用教程	梁庆枫	25	2010	课件、习题答案

【电子商务类】

序号	书号	书名	作者	定价	出版日期	配套情况
1	978-7-301-10880-2	电子商务网站设计与管理	沈凤池	32	2011	课件
2	978-7-301-12344-7	电子商务物流基础与实务	邓之宏	38	2010	课件、习题答案
3	978-7-301-12474-1	电子商务原理	王　震	34	2008	课件
4	978-7-301-12346-1	电子商务案例教程	龚　民	24	2010	课件、习题答案
5	978-7-301-12320-1	网络营销基础与应用	张冠凤	28	2008	课件、习题答案

【专业基础课与应用技术类】

序号	书号	书名	作者	定价	出版日期	配套情况
1	978-7-301-13569-3	新编计算机应用基础案例教程	郭丽春	30	2009	课件、习题答案
2	978-7-301-18511-7	计算机应用基础案例教程(第 2 版)	孙文力	32	2011	课件、习题答案
3	978-7-301-16046-6	计算机专业英语教程(第 2 版)	李　莉	26	2010	课件、答案

电子书(PDF 版)、电子课件和相关教学资源下载地址：http://www.pup6.com/ebook.htm，欢迎下载。

欢迎免费索取样书，请填写并通过 E-mail 提交教师调查表，下载地址：http://www.pup6.com/down/教师信息调查表 excel 版.xls，欢迎订购，欢迎投稿。

联系方式：010-62750667，liyanhong1999@126.com.，linzhangbo@126.com，欢迎来电来信。